教育部高等学校高职高专电子信息类专业教学指导委员会规划教材

数据库实用技术
——SQL Server 2008

徐志立　主　编

李子平　张　东　副主编

石　刚　王冠宇　温绍洁　参　编

秦　勇　孙　岩

U0310357

中国铁道出版社
CHINA RAILWAY PUBLISHING HOUSE

内容简介

本书是采用"工作过程导向"模式规范编写的教材，共 14 章，全书以创建"物流配送系统"数据库为工作任务，具体内容包括数据库的概念和类型、数据库范式、设计数据库、创建数据库、创建表、更新和查询记录、T-SQL、视图和索引、用户自定义函数、存储过程、触发器、数据库安全配置、备份与恢复数据库、导入和导出数据库中的数据、事务的创建和并发等，最后一章介绍了综合项目实训——物流配送系统的设计，从而完成了一个完整的数据库系统设计。

本书以关系数据库理论知识为基础，注重操作技能的培养和实际问题的解决，旨在使学生掌握 Microsoft SQL Server 2008 的使用和管理，适合作为高等职业教育计算机及相关专业的教材，也可作为等级考试、职业资格考试或认证考试等各种培训班的培训教材，还可用于读者自学。

图书在版编目（CIP）数据

数据库实用技术：SQL Server 2008 / 徐志立主编.
— 北京：中国铁道出版社，2013.1（2018.1重印）
教育部高等学校高职高专电子信息类专业教学指导委员会规划教材
ISBN 978-7-113-14054-0

Ⅰ. ①数… Ⅱ. ①徐… Ⅲ. ①关系数据库系统－数据库管理系统－高等职业教育－教材 Ⅳ. ①TP311.138

中国版本图书馆 CIP 数据核字(2012)第 237372 号

书　　名：数据库实用技术——SQL Server 2008
作　　者：徐志立　主编

策　　划：秦绪好　王春霞　　　　　　　　读者热线：(010) 63550836
责任编辑：秦绪好　何　佳
封面设计：付　巍
封面制作：白　雪
责任印制：李　佳

出版发行：中国铁道出版社（100054，北京市西城区右安门西街 8 号）
网　　址：http://www.tdpress.com/51eds/
印　　刷：虎彩印艺股份有限公司
版　　次：2013 年 1 月第 1 版　　　　2018 年 1 月第 3 次印刷
开　　本：787mm×1092mm　1/16　印张：15.75　字数：365 千
印　　数：5 001～6 000 册
书　　号：ISBN 978-7-113-14054-0
定　　价：31.00 元

《国家中长期教育改革和发展规划纲要（2010—2020年）》确立了职业教育发展目标：到2020年，形成适应经济发展方式转变和产业结构调整要求、体现终身教育理念、中等和高等职业教育协调发展的现代职业教育体系，满足人民群众接受职业教育的需求，满足经济社会对高素质劳动者和技能型人才的需要。

高等职业教育是我国职业教育体系中的重要组成部分，具有高等教育和职业教育双重属性，其主要任务是培养生产、服务、管理第一线的高素质技能型专门人才。在建设现代职业教育体系中发挥引领、示范和骨干作用。1998年以来，我国高职院校培养的毕业生已经超过了1300万人，目前全国高等职业院校共有1200余所，年招生规模达到310万人，在校生达900万人。随着我国《中华人民共和国国民经济和社会发展第十二个五年规划纲要》、《国家中长期教育改革和发展规划纲要（2010—2020年）》、《国家中长期人才发展规划纲要（2010—2020年）》、《国家中长期科学和技术发展规划纲要》的颁布和实施，我国经济社会发展进入新的时期。面对当前的新形势、国家发展战略对高等职业教育改革提出的新需求，高等职业教育必须以服务为宗旨、以就业为导向，坚持产学研一体化的办学方针，以提高质量为核心，以增强特色为重点，创新体制机制，深化教育教学改革，抓住机遇、迎接挑战。进一步明确经济社会发展和高素质技能型专门人才培养对高等职业教育提出的新期望，进一步准确把握高等职业教育在建设现代职业教育体系中的时代定位，进一步明确新时期赋予高等职业教育的新任务，推动高等职业教育事业在新时期实现科学发展，努力办出中国特色、世界水准的高等职业教育。

教育部高等学校高职高专电子信息类专业教学指导委员会（以下简称电子信息教指委）致力于推动高职高专电子信息类专业的教学改革，面向我国电子信息产业的发展与人才需求，积极借鉴国外先进的课程建设理念，探索具有中国特色的高职课程改革模式，根据教育部的工作部署和电子信息教指委的工作计划，切实落实教育部《关于全面提高高等职业教学教学质量的若干意见》（教高[2006]16号）文件及教育部近年有关高职教育教学等重要会议和相关文件精神，强化内涵，突出特色，把提高质量与促进发展作为高职电子信息类专业规范建设与改革创新的主线。在电子信息教指委第一批专业教学改革立项课题结题成果和《高职高专电子信息类指导性专业规范（Ⅰ）》研制、发布基础上，2009年电子信息教指委再次立项，进一步开展电子信息类专业教学改革研究，重点结合高职高专电子信息类专业在目前形势下教学改革中亟待解决的热点、难点问题，立足于深入贯彻专业规范，引领专业改革和教学资源建设，并为《高职高专电子信息类教学指导性专业规范（Ⅱ）》的研制奠定坚实的基础。经过专家和电子信息教指委推荐、院校申请，并经专家研讨和审核之后，电子信息教指委批准确立第二批教学改革研究项目50个，共有31个单位参加项目的研究工作。

电子信息类教指委推动专业教学改革主要包含两个方面的内容：第一方面是专业和课程教学内容的改革；第二方面是专业人才培养模式的改革。具体内容如下：

首先电子信息产业是发展非常快的朝阳产业，这主要得益于电子信息技术的发展，电子信息技术具有研发创新周期短、新技术应用变化快的特点，要求从业人员能实时跟进电子信息技术发展和电子信息基本技能的发展要求，这就要求高职电子信息类专业和课程内容要针对高素质技能型专门人才的职业工作需要及时调整教学内容和基本技能训练内容，以反映电子信息新技术发展和技术应用要求。电子信息教指委重点推进的基本技能训练包括电子电路设计与制作技术、芯片级检测与维修技术、编码与程序设计技术；重点推进的应用型新技术包括嵌入式技术、信息安全技术、3G 技术、新一代企业信息化应用技术、物联网技术、新能源电子技术。同时，推动这些新技术应用尽快反映在教材中，从而尽快引入专业教学。

无论是新技术引进，还是原有课程内容都需要进行改革，使其适应高等职业教育的发展规律，体现高等职业教育的特色。电子信息教指委在人才培养模式改革和专业课程体系建设方面，遵循产学合作、工学结合的指导思想，将职业竞争力导向的"工作过程-支撑平台系统化课程"模式作为电子信息类专业教学改革指导性课程模式。这一模式是在学习借鉴德国设计的基于工作过程课程模式和国内外高职教学改革经验基础上，由原北京联合大学高等技术与职业教育研究所提出，经电子信息教指委在电子信息类专业教学改革实践中应用和不断完善，从而形成的一个科学先进、实用可行、体现中国特色和适应电子信息类专业需求的人才培养模式和系统化的课程开发方法，在众多高职院校电子信息类专业教学中受到欢迎并得到应用。这一模式具有以下特点：

- 以产学合作、工学结合为指导思想；
- 贯彻职业竞争力导向的职业教育理念；
- 创新面向技能型专门人才的职业分析方法；
- 构建工作过程-支撑平台系统化的专业课程体系；
- 提出专业课程体系中的三种基本的课程类型。

"工作过程-支撑平台系统化课程"模式中关于高等职业教育专业课程体系是由三种典型的基本课程类型构建的，第一类称为相对系统的专业知识性课程，第二类称为基本技术技能的训练性实践课程，第三类称为理论-实践一体化的学习领域课程。这三类课程有时也分别简称为 A、B、C 类课程。调研显示，经过近 20 年的改革，绝大部分高等职业教育专业人才培养方案都是由这三类课程为主组成的，所以问题的关键不是存在这三类课程，而是如何改革，或者说有没有一套能按现代职业教育和中国高职教育的特点，分别设计这几类课程的系统性课程设计方法。

伴随"工作过程-支撑平台系统化课程"模式给出的工作过程-支撑平台系统化课程开发方法，对 A、B 类课程，强调基于职业分析，以支持典型工作任务完成的基础知识和基本技能构成课程主要内容，满足职业工作需要；课程和教材结构设计采用案例或任务引导，深入浅出，易于学生学习。C 类课程是以典型工作任务为载体，旨在培养综合职业能力，但不选择目前培养综合职业能力较普遍采用的综合实训课程、任务课程或项目课程等形式，而强调采用对培养综合职业能力更具优势和系统性的学习领域课程，再通过项目教学方式和行动导向的教学法完成学习领域课程教学。三类课程中每一门课程都要遵循工作过程-支撑平台系统化课程开发方法给出的设计步骤，以职业分析为起点，经过专业课程体系设计，再完成具体课程设计，设计过程和案例可参见我们编写出版的《高职高专电子信息类指导性专业规范（Ⅱ）》和《高等职业教育课程设计手册》等书。

为把电子信息教指委教学改革研究立项成果落实于教学实践中，切实提高人才培养质量，配合电子信息教指委正在实施的优质教学资源建设工作，电子信息教指委组织了高等职业院校一线教师及行业企业专家共同开发"教育部高等学校高职高专电子信息类专业教学指导委员会规划教材"。本系列教材开发贯彻高职课程改革的指导思想，采用职业竞争力导向的"工作过程-支撑平台系统化课程"模式和课程开发方法，学校教师、企业专家相互合作、优势互补，教材开发得到多家出版社支持。

"教育部高等学校高职高专电子信息类专业教学指导委员会规划教材"包括电子信息类多个专业不同类型的典型课程教材，也包括电子类和信息类专业共同的基本技术技能训练性实践课程（B类）教材。参加编写的学校有北京信息职业技术学院、深圳信息职业技术学院等17所，企业有神州数码、中兴通讯等12家，出版社有中国铁道出版社、人民邮电出版社等4家。

目前，建设现代职业教育体系，创新中国特色高等职业教育人才培养模式，已成为高等职业教育发展的主流趋势。机遇与挑战并存，我们要抓住机遇，迎接挑战，培养出符合社会需求的高素质技能型专门人才。希望通过电子信息类专业规划教材的出版，大力推动我国高等职业教育改革，实现优质资源共享，提高高等职业教育人才培养质量，为我国现代经济社会发展做出应有的贡献。

教育部高等学校高职高专电子信息类专业教学指导委员会
2011年6月

为了配合落实《国家中长期教育改革和发展规划纲要（2010—2020 年）》，贯彻《关于全面提高高等职业教育教学质量的若干意见》（教高[2006]16 号）文件精神，推动高职高专电子信息类专业的改革，教育部高等学校高职高专电子信息专业教学指导委员会（以下称"电子信息教指委"）组织开展了电子信息类专业教学改革研究。电子信息类专业人才培养模式改革和专业课程体系建设遵循产学合作、工学结合的指导思想，将职业竞争力导向的"工作过程-支撑平台系统化课程"模式作为电子信息类专业教学改革指导性课程模式，并按照该模式开发应用电子技术、电子信息工程技术、嵌入式系统工程、信息安全技术、数字媒体技术、计算机信息管理、电子信息工程技术（下一代网络及信息技术应用方向）、物联网工程技术 8 个专业和电子类基本技术技能课程和信息类基本技术技能课程两组支撑平台课程。

"高职高专电子信息类专业信息类基本技术技能平台课程建设"于 2009 年 12 月立项，目的是把电子信息教指委教学改革研究立项成果落实于教学实践中，切实提高人才培养质量，配合电子信息教指委正在实施的优质教学资源建设工作，深圳职业技术学院、深圳信息职业技术学院、重庆城市职业技术学院、北京信息职业技术学院、黄冈职业技术学院、北京联合大学、东营职业技术学院、山东商业职业技术学院、北京青年政治学院、江苏建筑职业技术学院、黑龙江信息职业技术学院、杭州职业技术学院、北京工业职业技术学院、北京电子科技职业学院、上海电子信息职业技术学院、Intel 有限公司、西门子有限公司、Digital China 神州数码控股有限公司、中盈创信（北京）科技有限公司、Redhat红帽软件（北京）有限公司、北京敦煌禾光信息技术有限公司、中国铁道出版社等院校和企业参与了"高职高专电子信息类专业信息类基本技术技能平台课程建设"课题的研究。

基本技术技能型课程，也称为 B 类课，以掌握工作（典型工作任务）需要的专门（单项）技术技能为目的，使学生具备专门人才必备的基本技术技能。B 类课程主要具备以下特征：

1. 技能点

核心技能点来自典型工作任务和职业标准。

2. 课程内容

课程可以分为基本技能、单项技术、技术应用等不同性质的课程；课程标准要遵循技术标准和技术训练标准两个标准；理论知识为掌握基本技术技能服务，不是课程最终目标。

3. 教学法

主要采用训练教学法，按技术标准考核实际技术能力的掌握。

本套教材具有以下特点：

- 采用"职业竞争力导向的'工作过程-支撑平台系统化课程'模式和课程开发方法，建设出训练性实践课程教材；

- 为培养学生实践能力的实训课程服务，目的是使学习者掌握完成工作任务所需要的基本技术技能，课程中可能涉及的技术理论、方法、规范等内容是课程的重要组成部分，但不是课程的最终目标，实训课程要贯彻"做中学"的教育理念；

- 教材编写采用归纳法，即提出问题、举例（案例）说明或项目引导、总结归纳的编写方法；
- 突出适用性和实用性，注重实践能力的培养，遵循循序渐进的原则，内容编排方面力求由浅入深，通俗易懂。

希望通过本套教材的出版，为推广高等职业教育教学改革成果，实现优质教材资源共享，提高教学质量和人才培养质量，为我国高等职业教育的发展做出贡献。

本套教材不足之处，敬请各位专家、老师和广大同学不吝赐教。

高职高专电子信息类专业信息类基本技术技能课程建设项目组
2011 年 6 月

　　本书汲取了北京青年政治学院等多家高职院校的教学经验，以及中软国际真实的项目实施经验，针对计算机相关专业对数据库技术应用需求和典型工作任务进行编写，是一本数据库实用技术教材。本书遵循 CVC2010 有关数据库设计师所对应的参考课程大纲的基础上，保证知识深度与广度，同时融入了由浅入深的教育教学方法以及软件行业"在做中学"的实践型人才培养方法。

　　本书在"数据库实用技术"课程体系的总体布局下以一个真实客户需求的数据库设计项目为主线，对 SQL Server 2008 数据库技术理论进行了详细的阐述，并配有相应的实训任务。有了明确的需求和来自于客户的压力和动力，学生就会深刻感受到自己所学知识的重要性和巨大的社会价值。书中选择了中软国际成功开发过的一套物流配送平台做为贯穿全书的实训案例。该系统在行业中具有明显的代表性，对于学生今后从事数据库相关工作具有较全面的参考意义。

　　从未来发展趋势而言，今后学生所面对的岗位需求、项目需求以及客户软硬件环境，不再是自己写一个程序并能运行。新的需求和挑战一定是多线程的、并发的、远程的等纷繁复杂的环境。而在复杂的环境下运行的数据库以及应用程序，必须能够应付这种并发性、安全性以及性能上带来的挑战。所以在教材中，我们将这些复杂的运行环境引入到教学的过程中，让学生亲身感受到大型项目的考验和压力，让学生从学习解决复杂问题中找到快感和今后努力的方向。

　　总体而言，本书教学内容的安排反映了一个项目管理中的二八原则，采用理论和实践相结合的学习方法比较合适，全书总课时需 64 学时以上。前 10 章，需要用反复的、条件反射式的训练来让学生对所学知识点形成执行力和生产力。而最后的 11～14 章，才是真正的精华和挑战。如果在课程结束后，学员能够对这些问题都了如指掌，那么他们的竞争力和体现出的价值，将会得到企业的认可，从而使自己受益并不断进步。

　　本书共分为 14 章，各章主要内容和编写分工如下：

　　本书由徐志立任主编，李子平和张东任副主编，其中徐志立老师进行了全书的统稿工作，并编写了第 1 章和第 13 章。第 2 章由秦勇老师编写；第 3 章和第 4 章由石刚老师编写；第 5 章和第 6 章由李子平老师编写；第 7 章、第 10 章和第 11 章由王冠宇老师编写；第 8 章由温绍洁老师编写；第 9 章、第 12 章和第 14 章由中软工程师张东和孙岩编写。

　　本书在前期策划中受到了高林教授、盛鸿宇老师、王春霞老师，以及中软国际等各级领导的支持和指导，在此一并表示感谢！

　　由于时间仓促和水平有限，书中不足之处在所难免，敬请各位读者批评指正。

编　者

2012 年 12 月

前　言

目录

第 1 章　SQL Server 数据库概述 1

1.1　数据库技术介绍 1

1.1.1　数据库的类型 1

1.1.2　数据库对象 2

1.1.3　数据库管理系统的
基本功能 3

1.2　数据库应用背景 3

1.3　课程学习内容与标准 4

1.4　典型应用案例——物流配送系统 ... 5

1.4.1　物流配送系统业务 6

1.4.2　模块流程描述 7

小结 10

第 2 章　SQL Server 2008 系统环境 ... 11

2.1　SQL Server 2008 数据库概况 11

2.1.1　SQL Server 的发展历史 11

2.1.2　SQL Server 2008 的版本 13

2.2　SQL Server 2008 的安装 14

2.2.1　环境需求 14

2.2.2　SQL Server 2008 的
安装过程 15

2.3　SQL Server 2008 常用工具 22

2.4　SQL Server 2008 系统数据库ase ... 24

小结 26

实训 26

第 3 章　数据库设计 27

3.1　数据库范式 27

3.1.1　第一范式（1NF） 28

3.1.2　第二范式（2NF） 28

3.1.3　第三范式（3NF） 28

3.1.4　BCNF 29

3.1.5　反规范化 29

3.2　E-R 图及其基本要素 29

3.3　数据库存储结构 30

3.3.1　数据库的逻辑结构 30

3.3.2　数据库的物理结构 31

3.3.3　数据库的数据独立性 31

3.4　数据库创建 32

3.4.1　使用 SQL Server Management
Studio 创建用户数据库 ... 32

3.4.2　使用 CREATE DATABASE
语句创建用户数据库 ... 34

3.5　数据库修改 35

3.5.1　更改数据库的所有者 35

3.5.2　添加和删除数据文件和
日志文件 36

3.5.3　重命名数据库 37

3.6　数据库删除 38

3.6.1　使用 SQL Server Management
Studio 删除数据库 38

3.6.2　使用 DROP DATABASE
语句删除数据库 38

3.7　数据库分离和附加 38

3.7.1　数据库的分离 39

3.7.2　数据库的附加 40

拓展部分 41

小结 42

实训 43

第 4 章　数据表设计 45

4.1　数据表的概念 45

4.2　数据字段和数据类型 46

4.3　数据字段约束 50

4.3.1　数据完整性 50

4.3.2　数据字段约束 50

4.4　表的创建 55

4.5　表的修改 57

4.6　表的删除 59

4.7　主外键关联 59

4.8　级联操作 60

拓展部分 61

小结 62

实训 63

第 5 章　SQL 基础 64

5.1　界面操作 64

5.2　简单查询 65

  5.2.1　查询所有数据 66

  5.2.2　查询指定字段数据 66

  5.2.3　查询不重复的数据 66

  5.2.4　对查询结果排序 67

  5.2.5　按照分组进行查询 67

5.3　条件查询 68

  5.3.1　比较条件查询 68

  5.3.2　范围条件查询 68

  5.3.3　多值条件查询 68

  5.3.4　模糊查询 69

  5.3.5　HAVING 条件查询 69

5.4　连接查询 70

  5.4.1　内连接（INNER JOIN）... 70

  5.4.2　外连接（OUTER JOIN）.... 71

  5.4.3　交叉连接

    （CROSS JOIN）............. 71

5.5　子查询 71

  5.5.1　比较运算符的子查询 72

  5.5.2　使用 IN 或 NOT IN 的

    子查询 73

  5.5.3　使用 ANY、SOME 和 ALL

    的子查询 74

  5.5.4　使用 EXISTS 或 NOT EXISTS

    的子查询 75

  5.5.5　使用 HAVING 的子查询 ... 76

  5.5.6　使用 UPDATE、DELETE 和

    INSERT 的子查询 77

5.6　数据插入、删除和修改 78

  5.6.1　向表中插入数据 78

  5.6.2　修改表中数据 79

  5.6.3　删除表中数据 79

小结 79

实训 80

第 6 章　SQL Server 2008 系统环境 ... 81

6.1　T-SQL 基础 81

  6.1.1　T-SQL 简介 81

  6.1.2　语法 82

  6.1.3　常量和变量 83

  6.1.4　运算符与表达式 84

  6.1.5　注释 87

6.2　流程控制语句 88

  6.2.1　BEGIN…END 语句 88

  6.2.2　IF…ELSE 语句 88

  6.2.3　CASE…END 语句 89

  6.2.4　WHILE…CONTINUE…BREAK

    语句 90

  6.2.5　WAITFOR 语句 92

6.3　游标操作 92

  6.3.1　游标概述 92

  6.3.2　游标基本操作 93

小结 97

实训 97

第 7 章　索引与视图 98

7.1　索引的概念 98

7.2　索引的创建 100

7.3　索引的删除 103

7.4　视图的概念 103

7.5　视图的创建 104

7.6　查询视图 106

7.7　更新视图 106

7.8　修改视图的定义 107

7.9　删除视图 108

小结 108

实训 108

第 8 章　函数 110

8.1　函数概述 110

8.2　系统内置函数 110

8.2.1　聚合函数 111

8.2.2　日期和时间函数 111

8.2.3　数学函数 112

8.2.4　字符串函数 112

8.3　用户自定义函数 114

8.3.1　标量函数 114

8.3.2　表值函数 116

8.4　管理用户自定义函数 118

8.4.1　删除用户自定义函数 ... 118

8.4.2　修改用户自定义函数 ... 119

小结 119

实训 120

第9章　存储过程 125

9.1　存储过程概述 125

9.2　存储过程的设计 127

9.2.1　创建存储过程
基本语法 128

9.2.2　创建不带参数的
存储过程 128

9.3　执行存储过程 133

9.4　创建带参数的存储过程 135

9.5　执行带参数的存储过程 137

9.6　带参数的存储过程的模糊匹配 ... 138

9.7　修改和删除存储过程 140

9.8　存储过程输出参数 141

9.9　存储过程异常处理 145

9.9.1　使用@@Error 146

9.9.2　在存储过程
中使用 TRY/CATCH 148

9.9.3　在异常出现之前
屏蔽异常 150

小结 151

实训 151

第10章　触发器 154

10.1　触发器概述 154

10.2　触发器的分类 155

10.3　DML 触发器 156

10.4　DDL 触发器 159

10.5　修改触发器 160

10.6　删除触发器 161

10.7　禁用或重新启用数据库
触发器 161

小结 162

实训 162

第11章　数据库安全配置 165

11.1　SQL Server 2008 的身份
验证模式 165

11.2　建立和管理用户账户 166

11.2.1　界面方式管理
用户账户 166

11.2.2　命令方式管理
用户账户 168

11.3　服务器角色与数据库角色 170

11.3.1　固定服务器角色 170

11.3.2　固定数据库角色 172

11.3.3　用户自定义
数据库角色 174

11.4　服务器权限的管理 176

11.4.1　授予权限 176

11.4.2　拒绝权限 179

11.4.3　撤销权限 180

小结 181

实训 181

第12章　事务与并发 182

12.1　事务概述 183

12.2　事务的语法 183

12.3　事务的特点 188

12.4　并发控制 188

12.5　锁 192

12.5.1　可锁的资源 194

12.5.2　锁定模式 194

12.5.3　锁的兼容性 195

12.6　设置隔离级别 195

12.7 处理死锁 197
小结 198
实训 198

第13章 备份与恢复....................200

13.1 SQL Server 2008 数据库
　　　备份机制 200
　13.1.1 备份类型 200
　13.1.2 创建备份设备 201
　13.1.3 备份数据 202
　13.1.4 备份压缩 210
13.2 SQL Server 2008 数据库
　　　恢复机制 211
　13.2.1 恢复模式 211
　13.2.2 恢复数据 213
13.3 分离数据库 216
13.4 附加数据库 218
小结 219
实训 220

第14章 综合项目实训——
　　　　物流配送系统设计.........221

14.1 实训总体方案.................221

14.2 需求分析阶段 221
　14.2.1 阶段目标 221
　14.2.2 实训组织方式.............221
　14.2.3 实战项目 221
　14.2.4 阶段提交物 222
　14.2.5 提交物参考实例.........222
14.3 数据库设计阶段 225
　14.3.1 阶段目标 225
　14.3.2 实训组织方式.............225
　14.3.3 阶段提交成果...........225
　14.3.4 提交成果参考实例......225
14.4 数据库开发阶段 230
　14.4.1 阶段目标 230
　14.4.2 实训组织方式.............230
　14.4.3 实训提交成果...........231
　14.4.4 提交成果参考实例......231
14.5 实训考核体系 233
　14.5.1 考核原则 233
　14.5.2 各阶段考核安排.........233
14.6 实训准备 233
14.7 参考资料和提交
　　　成果配备 233

第 1 章
SQL Server 数据库概述

【任务引入】

数据库是依照数据模型组织起来并存放数据的集合，它包含了系统运行所需的全部数据，在信息管理、企业运营中扮演着重要的角色。数据库管理系统是管理数据库的软件，提供了用户与数据库之间沟通的渠道。用户通过数据库系统图形化的窗口，进行数据的存储、读取以及维护等操作。

【学习目标】

- 掌握 SQL Server 主流数据库产品
- 掌握和理解数据库的类型
- 掌握和理解数据库对象
- 了解数据库管理系统的基本功能
- 理解典型数据库设计案例

1.1 数据库技术介绍

数据库技术经过长期的发展，逐渐形成了一套系统的科学理论。SQL Server 被列为企业级数据库产品，它能够快速地返回查询结果，在支持高端服务级协议方面也有很大的改进。数据库的工作性能一直是企业级数据库的关键属性，SQL Server 的数据采集器能够帮助数据库管理员收集和性能相关的数据，并将其存储在数据库中，使数据挖掘以及报表生成变得更加简单。

1.1.1 数据库的类型

根据数据存储的数据模型，数据库系统可以分为结构型数据库、网络型数据库、关系型数据库。SQL Server 2008 是以关系数据模型为基础的数据库，具有许多数据库系统的新特性。

1. 结构型数据库

结构型数据库是树形结构，它的数据存储在不同的层次之下。结构型数据模型的提出是为了模拟按照层次组织起来的事物，其最基本的数据关系是基本层次关系。如果数据向纵向发展，则横向关联很难建立，管理起来非常不方便。

2. 网络型数据库

网络型数据库把每条记录做为结点，记录之间通过指针建立关联，能够实现多对多的关联。其优点是很容易反映实体之间的关联，避免了数据的重复性。缺点是这种关联错综复杂，当数据库逐渐增多时，很难对结构中的关联进行维护。当数据库的数据变得越来越大时，关联性的维护将非常复杂。

3．关系型数据库

关系型数据库使用的存储结构是多个二维表格，在每个二维表格中，每一行是一条记录，可以描述一个对象的信息。每一列是一个字段，可以描述对象的属性。数据表之间存在关联，这些关联可用来查询相应的数据。

1.1.2 数据库对象

数据库由多种数据对象构成，SQL Server 数据库对象有很多，包括数据表、视图、索引等。

1．数据表

数据表包含数据库中的所有数据。数据在表中是按照行和列的格式来组织的，每一行代表一条记录，每一列代表一个字段。通常在制作大型信息系统之前，需要先设计好数据库的表结构。

2．视图

视图是一个虚拟表，可以通过查询来定义视图的具体内容。视图和表一样，包含一系列带有名称的列和行数据。它并不能存储为物理数据，调用的是数据表的数据。对于需要引用的基础表来说，视图的作用类似于筛选。

对于 SQL Server 2008 数据库，"对象资源管理器"窗口可以浏览到"视图"目录，其中包括系统视图和用户定义视图。

3．索引

数据库中的索引能够让用户快速找到表中的相应信息。创建良好的索引，可以显著提高数据库查询的性能。索引能够使表中的记录具有唯一性，确保数据库中数据的完整性。SQL Server 2008 数据库有很多索引类型，包括聚集索引、非聚集索引、唯一索引和包含性索引等。

4．主键与外键

数据表中有一列或者多列数据用于唯一标识表中的每一行，这样的一列或者多列称为表的主键。主键能够强制表的实体完整性。每一个表只有一个主键约束，设置成主键约束的列不能填写空值。

公共关键字如果在一个关系中是主关键字，那么此公共关键字称为另一个关系的外键。外键用来实现表与表之间的关系。

5．存储过程

存储过程是由结构化查询语句编写的一组代码，它在经过编译和优化后存入数据库。由于经过编译，所以运行速度比执行结构化查询语句快。

对于 SQL Server 2008 数据库，可以使用 T-SQL 编写存储过程，存储过程不能返回取代其名称的值，也不能在表达式中使用。

6．触发器

触发器由某个事件来触发，是特殊的存储过程。如对一个表进行插入、修改等操作时，会激发触发器来执行。触发器用于增强数据的完整性约束。

7．约束

约束是为了保证数据的完整性而实现的机制，它能应用到列或者整个表。约束包括主键约束、外键约束、Unique 约束和 Check 约束等。

8．默认值

如果用户在数据表中插入数据，对于没有指定具体数值的字段，数据库会自动添加设置好的默认值。

9．用户和角色

用户指的是有权限访问数据库的一种身份。角色使用户集中到集合里，然后对该集合授予权限。对于一个角色进行授予、拒绝或者废除权限等操作，角色中任何成员的权限都会有相应的更改。

1.1.3　数据库管理系统的基本功能

数据库管理系统是管理数据库的软件，主要功能是系统的管理和维护，它包括以下几种功能：

1．定义数据

数据库管理系统提供了定义数据类型和数据存储形式的功能。每一条记录中每一个字段的信息都作为一个数据，通过定义表的数据类型来保证数据的完整性。

2．处理数据

数据库管理系统提供了多种处理数据方式，通过良好的人性化界面，用户可以更方便地处理数据。通常采用数据操纵语言来实现数据的查询、插入、修改和删除等操作。

3．数据安全

数据控制语言能够设置以及更改数据库用户或者角色等权限。SQL Server 2008 数据库中使用 GRANT、DENY、REVOKE 等语句为用户授权。在多个用户共享数据时，只有被授权的用户才可以修改或者查询数据，从而保证了数据的安全性。

4．备份和恢复数据

数据库管理系统提供了数据备份和恢复功能，当数据库出现问题后，可以还原到备份时的状态。数据库管理员应该经常备份数据库，确保数据安全。

1.2　数据库应用背景

在当今科技高速发展的社会中，数据库的应用已经无所不在。许多重要信息系统的开发领域，如智能信息系统、企业资源计划、客户关系管理系统等，都应用着强大的数据库技术。

SQL Server 是一个关系型数据库系统。关系数据库是指基于关系模型的数据库，其应用范围与网状和层次数据库系统相比要广泛得多。关系数据库拥有一套完善的规范化理论，确保数据库的各种操作不出现异常。其特点是将每个相同属性的数据独立地存储于一个表中，用户维护表中的数据而不会影响这个表中其他的数据。关系型数据库从系统功能上分为：数据库操纵语言、数据库模式定义语言、数据库系统运行控制和数据库维护。

1．数据库操纵语言

数据库操纵语言是应用程序实现操纵数据库中各项数据的语言，其操作功能有查询、增加、修改、删除等。

2．数据库模式定义语言

数据库模式定义语言是描述数据库存储实体的语言。关系数据库使用 SQL 描述关系模式，并通过 SQL 的 CREATE 语句来创建模式。

3．数据库系统运行控制

数据库的各种操作是在数据库管理程序下完成的。它是数据库系统运行的核心，包括数据完整性约束检查、数据库的维护、事务管理及并发控制和通信功能。

4．数据库维护

数据库维护指的是对数据库对象和数据库的安全保护。通常数据库维护会执行查询、增加、修改和删除等操作。初始化数据的载入、数据的发布、报表的输出等功能也经常使用。

数据库维护的同时要保证数据的完整性。完整性规则指的是对数据的约束，具体包括实体完整性规则、参照完整性规则和用户定义完整性规则。

SQL Server 数据库具备关系型数据库功能强大、容易维护和安全可靠等优点。它广泛应用于各大企业之间，得到了大多用户的认可。

1.3 课程学习内容与标准

本节循序渐进地描述了 SQL Server 2008 数据平台的基本功能。SQL Server 2008 数据库是 SQL Server 数据库的第三个版本。SQL Server 数据库的每一次发布都会为开发者以及数据库管理员带来一些新特性，其所包含的特性对从事数据维护的工作人员极其具有吸引力。本书共分为 14 章，采用理论和实践相结合的学习方法比较合适。全书总课时需 64 学时以上，各章主要内容如下：

第 1 章介绍了数据库的概念和类型，重点描述了常见的数据库对象和数据库管理系统的基本功能。在了解数据库概念的基础上，深入掌握数据库的常见对象。本章需要 4 学时，主要是理论学习。

第 2 章从实用角度介绍了 SQL Server 2008 数据库的软件和硬件安装环境，接着详细描述 SQL Server 2008 的安装过程。了解 SQL Server 的发展历史以后，还需要掌握 SQL Server 2008 的环境需求以及整个安装方法。同时要掌握 SQL Server 2008 服务器的网络和防火墙的配置。本章需要 4 学时，主要是实践学习。

第 3 章主要介绍了数据库的范式、存储结构。详细说明了数据库的创建、修改和删除等操作。在熟悉数据库的范式等数据库理论知识基础上，深入掌握维护数据库的操作方法。本章需要 8 学时，主要是理论加实践学习。

第 4 章介绍了数据表的概念以及设计数据表时所涉及的字段、约束、主外键和级联等操作。首先需要了解设计数据表的思路，然后重点掌握数据表约束、数据表的主外键和数据表的级联。本章需要 8 学时，主要是理论加实践学习。

第 5 章主要介绍了简单查询、条件查询、连接查询、子查询以及表数据的维护操作。需要掌握的知识有数据的插入、删除、修改和查询等语句。本章需要 8 学时，主要是理论加实践学习。

第 6 章首先介绍了 T–SQL 基础，接着讲到了 T–SQL 流程控制和高级查询。T–SQL 是对标准结构化查询语言的实现和扩展，具有简单易学、功能强大等特点。本章需要了解 T–SQL 的语法规范，掌握各种控制和查询语句。本章需要 6 学时，主要是理论加实践学习。

第 7 章主要介绍了索引和视图的概念以及设计方法。创建索引可以提高搜索数据的能力，提高查询效率。读者应了解索引和视图的概念，掌握索引和视图的创建方法。本章需要 4 学时，主要是理论加实践学习。

第 8 章讲解用户定义函数的创建以及管理等方法。用户定义函数是系统函数的补充，它与存储过程类似，由多行 T–SQL 语句组成，能够接收函数并可以返回数值。需要掌握的内容有创建、使用和管理用户定义函数。本章需要 4 学时，主要是理论加实践学习。

第 9 章主要介绍了存储过程的相关知识，包括存储过程概念、存储过程的设计和存储过程的维护。存储过程是重要的数据对象，它可以将 T–SQL 语句和控制流语句预编译成集合保存到服务器。了解存储过程规则的同时，需要掌握存储过程的创建、查看、修改和删除等操作。本章需要 6 学时，主要是理论加实践学习。

第 10 章介绍的是触发器的知识，其中包括触发器的概念、触发器的作用和触发器的设计。触发器与存储过程相似，它可以在执行维护数据的前/后自动由 SQL Server 2008 触发。触发器的概念属于了解的内容，需要掌握的内容有创建、修改和删除触发器。本章需要 4 学时，主要是理论加实践学习。

第 11 章主要介绍了数据库安全的知识，包括数据库用户管理、数据库权限分配和角色的分配。读者需要了解 SQL Server 2008 数据库的安全机制，掌握创建用户和管理用户的方法，同时还要掌握权限分配和角色分配等知识。本章需要 2 学时，主要是理论加实践学习。

第 12 章介绍了事务的创建和并发管理，事务概述是了解的内容，需要掌握事务的创建和并发控制等内容。本章需要 4 学时，主要是理论加实践学习。

第 13 章介绍了数据库的备份和恢复机制，需要掌握备份和恢复数据库的各种方法，同时分离和附加数据库也是重点掌握的内容。本章需要 2 学时，主要是理论加实践学习。

第 14 章主要完成某中型企业物流配送系统的需求分析和数据库设计，是对前面所学知识的综合实训。实训分为三个阶段：需求分析阶段（3 天）、数据库设计阶段（2 天）和数据库开发阶段（5 天）；总长度 2 周（共 10 个工作日）。

1.4 典型应用案例——物流配送系统

某中型企业物流配送系统应用的是 SQL Server 2008 数据库，它要求系统稳定、性能卓越和操作方便。物流公司的主要业务是为客户配送货物，公司的组织结构分为总公司和配送点。总公司主要负责车辆、配送点、路线和运输价格的维护。配送点主要负责接收客户订单，并联系总公司车队将货物运送到收货配送点。由配送点制定价格，然后提交给总公司进行审核。客户为配送货物需要支付相应的费用。

1.4.1　物流配送系统业务

1．业务过程描述

客户通过网络向配送点下订单，然后自己将货物送到配送点。配送点人员验货，货物没有损坏并且数量正确则更改订单状态，正式生成。配送点根据定单的目的地址和要求的发车时间将订单归类，将同类的订单合并后生成交接单，交给司机送货。司机将货物送到目的配送点后，返回线路的起始配送点。如果没有货物回送，则直接返回；若有货物发往起始配送点，则装货以后返回。目的配送地点验收货物，并更改订单状态。目的配送地点根据订单上的地址，将货物送到客户手上，客户验货和签收之后配送点更改订单状态。

2．各角色职责及细节描述

总公司的车辆管理包括有车辆和车牌号码等。每天按时间发车，车到达目的地后，再返回起始点。车与线路都是绑定的，某车固定跑某线路。

3．配送点管理

线路管理包括实现线路的增删改查，线路是确定的，不管途经的配送点是否有货物，车都按照定好的线路运行，相同的起点和终点，有不同的线路（途经不同配送点）。

4．分成管理

运输费用：配送点间运送价格；

配送费用：配送点到客户间运送价格；

货物费用：运输费用+配送费用；

总公司提成：运输费用×提成比例；

发货配送点提成：运输费用×提成比例；

收货配送点：配送费用。

5．价格审核

货物运送费用（包括运输费用、本地配送费用）均由配送点制定，总公司负责审核，通过审核的价格表才有效。

6．配送点

配送点属性：地址、电话、配送范围（要求不同城市划分方式不同，如北京按环路分，长沙按市区、郊区分）

订单属性：客户、货物名、数量、发货日期、到达日期、保价金额、状态、备注；

订单状态：未确认—已验货—配送中—目的配送点已签收—客户已签收；

验货后才生成有效订单，送货后订单不可修改/取消；

交接单属性：货物名、到达地点、货物的重量、签名处。

7．下单

有上网直接下订单和电话预定、管理员录入订单2种方式。

8．送货

按订单的时间、目的地归类，生成交接单，交给汽车司机配送。

9. 起始配送点送到目的配送点

由目的配送点验货收取。

10. 目的配送点送到具体客户手上

客户收货后回执，改变订单状态。

11. 收货

验收送到该配送点的货物，并更改订单状态。

12. 价格管理

线路按单程定价，A 地到 B 地与 B 地到 A 地的价格可以不同；

货物可根据体积或重量计费，取价格较大值；

货物价格：配送点间运送价格+配送点到客户间运送价格；

配送点到客户间运送价格：按首公斤/首体积、次公斤/次体积计算，送货较多可打折；

配送点到客户间运送价格：确定值。

13. 注册

网上注册用户信息。

14. 查询订单状态

可以跟踪订单实时状态。

1.4.2 模块流程描述

模块的流程如下：

① 客户有货物需要配送，注册客户可以在网上下订单或电话联系本地配送点下订单。

② 未注册客户可以电话联系本地配送点下订单。网上下单直接生成订单，电话订单需要本地配送点管理员输入订单，订单生成的初始状态为未生效。订单状态处于未生效时，客户可以自行删除订单。如果在规定时间内订单仍未生效，则系统自动删除订单。客户网上下单时可以输入估计的体积重量，订单记录。

③ 客户运送货物到本地配送点，由本地配送点员工检查货物，确定准确的体积重量，修改订单中的原始信息，生成确实的价格，生成条形码，订单修改为待运输状态。

④ 车辆管理员根据路线上某一个发车时间进行运输力调度，根据待运输货物的总重量及总体积大致估算需要几辆车，为车辆分配司机。配送车辆进行装车，根据装车情况生成交接单。所有订单的状态变更为运输中。

⑤ 货物到达收货配送点，收货配送点清点货物并签收交接单。所有订单的状态变更为待配送。

⑥ 收货配送点进行货物配送，订单状态变更为配送中。

⑦ 客户接收货物并签收《签收单》。

⑧ 收货配送点修改订单状态为客户已收。

⑨ 各模块流程图见图 1-1～图 1-8。

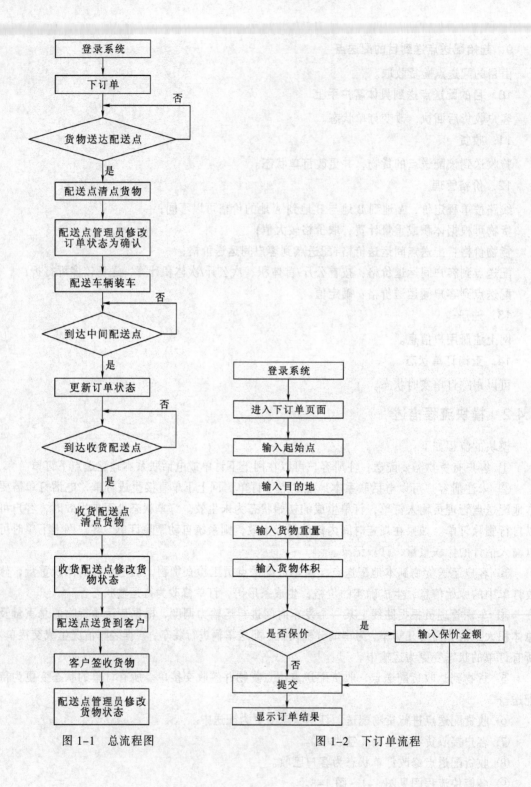

图 1-1　总流程图

图 1-2　下订单流程

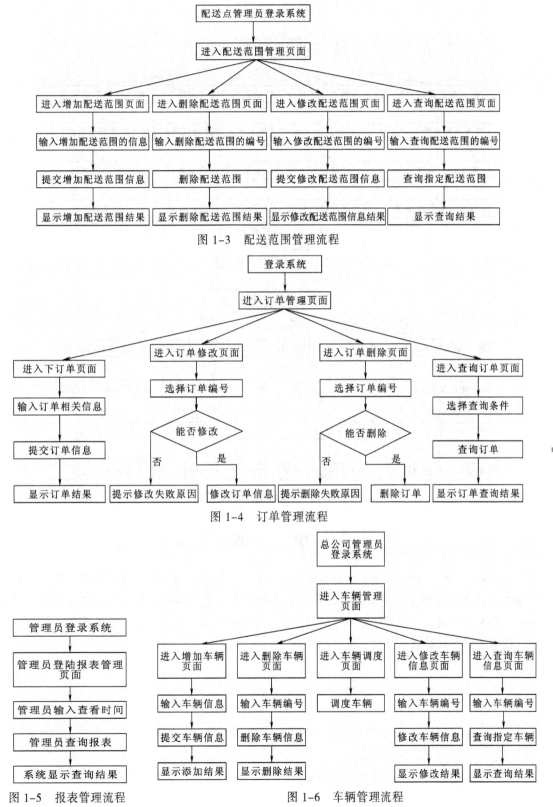

图 1-3 配送范围管理流程

图 1-4 订单管理流程

图 1-5 报表管理流程

图 1-6 车辆管理流程

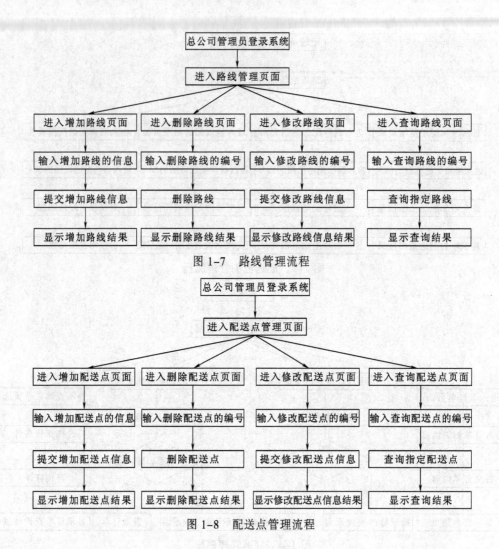

图 1-7　路线管理流程

图 1-8　配送点管理流程

小　结

　　SQL Server 2008 被列为企业级数据库主流产品，它能够快速地返回查询结果，在支持高端服务级协议方面也有很大的改进。数据库的工作性能一直是企业级数据库的关键属性，SQL Server 2008 的数据库对象能够帮助数据库管理员收集和管理相关的数据，并将其存储在数据库中，使数据挖掘以及报表生成变得更加简单。

第 2 章
SQL Server 2008 系统环境

【任务引入】

作为一款优秀的数据库产品，SQL Server 2008 在 Microsoft 的数据平台上发布，能够帮助企业用户随时随地管理数据。了解和掌握 SQL Server 2008 的系统环境，对于企业的数据库管理者来说就是一件非常重要的任务。

任务 1：以 SQL Server 的发展历程为基础，选择适合企业需求的 SQL Server 2008 版本；

任务 2：SQL Server 2008 在 Microsoft Windows 系统平台上的安装；

任务 3：SQL Server 2008 常用工具的使用；

任务 4：SQL Server 2008 系统数据库的认知。

【学习目标】

- 掌握在 Windows 平台上安装 SQL Server 2008 的方法
- 掌握使用 SQL Server Management Studio 管理数据库的方法
- 掌握配置和管理 SQL Server 2008 服务器的方法

2.1 SQL Server 2008 数据库概况

SQL Server 2008 是 Microsoft 发布的 SQL Server 数据库服务器产品中的一个重大的产品版本，是典型的关系型数据库管理系统，其中 2008 是产品版本号。该版本在 SQL 2000 和 SQL 2005 的基础上推出了许多新的特性和关键改进，使得其成为至今为止最强大和最全面的 SQL Server 版本。

SQL Server 2008 是一个可信任的、高效的、智能的平台，能够帮助用户解决信息数据剧增的难题，同时又能够降低用户管理数据基础设施、发送信息给其他所有用户的成本。

2.1.1 SQL Server 的发展历史

SQL Server 对于从事数据库管理和软件开发的 IT 从业人员来说，第一印象便是微软的 Microsoft SQL Server，然而从 SQL Server 的发展历程来讲，SQL Server 与 Microsoft SQL Server 却是不同的。这就要从 SQL 和关系数据库的产生及 SQL Server 数据库的具体版本发展谈起。

1. SQL 和关系型数据库的产生

SQL Server 作为典型的关系数据库管理系统，其产生离不开关系数据库管理系统和 SQL 语言的诞生，不得不提的就是 IBM 公司的两个重量级人物——E.F.Codd 博士和 Don Chamberlin 博士的研究。

E.F.Codd 博士最早提出了关系数据库管理系统（Relational Database Management System，RDBMS）模型，而 Don Chamberlin 博士则是 SQL 和 XQuery 语言的主要创造者之一。

E. F. Codd 博士在 1970 年 6 月发表了里程碑性的论文《大型共享数据库数据的关系模型》，确立了关系数据库的概念。Don Chamberlin 于 1973 年加入 IBM 新成立的项目 System R，在研究高层的关系数据系统（Relational Data System，RDS）时选择了自然语言作为研究方向，其结果就是诞生了结构化英语查询语言（Structured English Query Language，SEQUEL）。后来，由于商标之争，SEQUEL 更名为 SQL。随着时间的推移，SQL 的简洁、直观，在市场上获得了的不错反响，从而引起了美国国家标准协会 ANSI 的关注，分别在 1986 年、1989 年、1992 年、1999 年及 2003 年发布了 SQL 标准。

2. SQL Server 的发展

SQL Server 的发源最早要回溯到 1986 年，当时微软已和 IBM 合作开发 OS/2 操作系统，由于缺乏数据库的管理工具，IBM 打算将其数据库工具放到 OS/2 中销售，微软便与 Sybase 合作，将 Sybase 所开发的数据库产品纳入微软所研发的 OS/2 中，并在获得 Ashton-Tate 的支持下，于 1989 年上市了第一个挂微软名称的数据库服务器——Microsoft SQL Server 1.0。

1992 年，微软与 Sybase 合作，将 Sybase 的 SQL Server 核心程序代码移植到 OS/2 中，提供 MS-DOS、Windows 以及 OS/2 的客户端函式库（Client Library），并开发了部分管理工具，并于当年与 Sybase 共同发布了 SQL Server 4.2。

由于市场对 32 位操作系统的需求逐渐升高，微软内部当时正在开发新一代操作系统（Windows NT），使得 SQL Server 团队决定要终止对 SQL Server for OS/2 的发展，同时全力开发出支持 Windows NT 的版本，代号为 SQL NT。在 SQL NT 中，微软将 SQL Server 4.2 的核心程序代码，以 Win32 API 翻写，并于 1993 年 Windows NT 3.1 出货后 30 天，完成 SQL Server for Windows NT （4.2）的开发工作，并在市场上发布了 SQL Server 4.21 版本。

1994 年 4 月 12 日，微软正式与 Sybase 终止了合作关系，并向 Sybase 买下了 Windows 版本的 SQL Server 程序代码版权，微软获得了对 SQL Server 程序代码的完全控制权，为了与 Sybase 竞争，提出了新版本计划，即 SQL 95，微软自行研发，于 1995 年 6 月完成并发布 SQL Server 6.0（SQL 95），向外界证明了数据库的研发能力。

SQL Server 6.5 发布于 1996 年，大约在 SQL Server 6.0 发表后十个月后发行。

发展 SQL Server 6.5 的同时，微软的另一支团队正研发新的数据库，新的数据库引擎能够具有可向上发展，亦可以缩小到 PC 或笔记型计算机中，以致数据库的核心代码必须重新撰写，这就会涉及数据结构的改变，为了使数据库的升级能够确保其稳定性，微软在 1997 年特别邀请 1 000 个组织备份数据库，交由开发小组进行升级，并且在升级过程中找出可能的失败原因。同时在 1998 年 2 月，微软与 ISV 合作发展运行于 SQL Server 7.0 的软件，除了保持兼容性外，也让 ISV 能够特别为 SQL Server 7.0 的特性撰写程序。SQL Server 7.0 最终于 1998 年 12 月发布。

SQL Server 2000 只是 SQL Server 7.0 的一个小改款，代号为 Shiloh，版本号码为 7.5，真正要做大翻修的 SQL Server 版本，代号则是 Yukon。Shiloh 在开发过程中，因为所要加入的功能并不多，只是要完成在 7.0 版中没有写完的功能，并且预期可能升级的客户不多，因此当时在微软内部，只是把 Shiloh 视为是一个 Super Service Pack 而已，有如 SQL Server 6.0 和 6.5 的角色。SQL Server 2000 于 2000 年 8 月完成并发布。

SQL Server 2005（代号为 Yukon）在千呼万唤下终于在 2005 年 11 月，与 Visual Studio 2005 一起发表。

SQL Server 2008 在 2008 年 8 月 6 日正式发表，并且同时发布 SQL Server 2008 Express 版本，研发代号为 Katmai，作为 SQL Server 2005 的功能强化版本，提供了保护数据库查询、在服务器的管理操作上花费更少的时间、增加应用程序稳定性、系统执行效能最佳化与预测功能等优势。

SQL Server 的具体版本发展如表 2-1 所示。

表 2-1　SQL Server 的版本

版　　本	年　　份	发 布 名 称	代　　号
1.0（OS/2）	1989 年	SQL Server 1.0	–
4.21（WinNT）	1993 年	SQL Server 4.21	–
6.0	1995 年	SQL Server 6.0	SQL95
6.5	1996 年	SQL Server 6.5	Hydra
7.0	1998 年	SQL Server 7.0	Sphinx
–	1999 年	SQL Server 7.0 OLAP 工具	Plato
8.0	2000 年	SQL Server 2000	Shiloh
8.0	2003 年	SQL Server 2000 64-bit 版本	Liberty
9.0	2005 年	SQL Server 2005	Yukon
10.0	2008 年	SQL Server 2008	Katmai
10.5	2010 年	SQL Server 2008 R2	Kilimanjaro（aka KJ）

2.1.2　SQL Server 2008 的版本

SQL Server 2008 分为企业版、标准版、工作组版、Web 版、开发者版、Express 版、Compact 3.5 版，其功能和作用也各不相同，其中 SQL Server 2008 Express 版是免费版本。

1．SQL Server 2008 企业版

SQL Server 2008 企业版是一个全面的数据管理和业务智能平台，为关键业务应用提供了企业级的可扩展性、数据仓库、安全、高级分析和报表支持。这一版本将为用户提供更加坚固的服务器和执行大规模在线事务处理，是功能最强大的版本。

2．SQL Server 2008 标准版

SQL Server 2008 标准版是一个完整的数据管理和业务智能平台，为部门级应用提供了最佳的易用性和可管理特性。

3．SQL Server 2008 工作组版

SQL Server 2008 工作组版是一个值得信赖的数据管理和报表平台，用以实现安全的发布、远程同步和对运行分支应用的管理能力。这一版本拥有核心的数据库特性，可以很容易地升级到标准版或企业版。

4．SQL Server 2008 Web 版

SQL Server 2008 Web 版是针对运行于 Windows 服务器中要求高可用、面向 Internet Web 服务的环境而设计。这一版本为实现低成本、大规模、高可用性的 Web 应用或客户托管解决方案提供了必要的支持工具。

5．SQL Server 2008 开发者版

SQL Server 2008 开发者版允许开发人员构建和测试基于 SQL Server 的任意类型应用。这一版本拥有所有企业版的特性，但只限于在开发、测试和演示中使用。基于这一版本开发的应用和数据库可以很容易地升级到企业版。

6．SQL Server 2008 Express 版

SQL Server 2008 Express 版是 SQL Server 的一个免费版本，它拥有核心的数据库功能，其中包括了 SQL Server 2008 中最新的数据类型，是 SQL Server 的一个微型版本。这一版本是为了学习、创建桌面应用和小型服务器应用而发布的，也可供 ISV 再发行使用。

7．SQL Server Compact 3.5 版

SQL Server Compact 是一个针对开发人员而设计的免费嵌入式数据库，这一版本的意图是构建独立、仅有少量连接需求的移动设备、桌面和 Web 客户端应用。SQL Server Compact 可以运行于所有的微软 Windows 平台之上，包括 Windows XP 和 Windows Vista 操作系统，以及 Pocket PC 和 SmartPhone 设备。

2.2　SQL Server 2008 的安装

SQL Server 2008 数据库的安装是学习和使用数据库的前提。对于从事数据库相关工作的人员来说，必须能够根据实际应用需求，选择合适的版本在 Windows 系统平台上完整安装。

2.2.1　环境需求

在安装 SQL Server 2008 时，用户计算机的硬件和软件配置需要满足以下要求：

① 处理器：要求 Pentium III 兼容处理器或速度更快的处理器，其中，CPU 速度最低要求为 1.0 GHz，建议为 2.0 GHz 或更高。否则，CPU 可能成为 SQL Server 发挥性能的瓶颈。

② 内存：最小要求为 512 MB，建议达到 2 GB 或更大，否则，内存可能成为 SQL Server 发挥性能的瓶颈。

③ 操作系统：要求为 Windows Vista、Windows Server 2008、Windows Server 2003 SP2、Windows XP Professional SP2，其他的组件要求为 Microsoft Internet Explorer 6 SP1、 Windows Installer 3.1 以上，计算机还要安装网络协议 Named Pipes、TCP/IP、VIA 等。

④ 硬盘空间：在安装 SQL Server 的过程中，Windows Installer 会在系统磁盘中创建大约 2 GB 的临时文件。所以，在运行安装程序和安装或升级 SQL Server 之前，必须保证系统磁盘中有大于 2 GB 的磁盘空间。显然，如果硬盘空间不满足要求，安装或维护是无法进行的。

SQL Server 2008 安装后的实际磁盘空间要求取决于系统配置和用户确定的功能需求，各个组件对磁盘空间的具体要求见表 2-2。

表 2-2 SQL Server 2008 各组件的磁盘空间要求

SQL Server 2008 的组件名称	磁盘空间要求
数据库引擎和数据文件、复制以及全文搜索	280 MB
Analysis Services 和数据文件	90 MB
Reporting Services 和报表管理器	120 MB
Integration Services	120 MB
客户端组件	850 MB
SQL Server 联机丛书和 SQL Server Compact 联机丛书	240 MB

2.2.2　SQL Server 2008 的安装过程

用户的计算机满足系统环境需求后，就可以进行 SQL Server 2008 的安装，具体步骤如下：

① 通过合法渠道获得 SQL Server 2008 的安装文件，如购买安装光盘或从微软网站下载免费版。将安装光盘放入计算机的光驱中或复制安装文件夹到安装计算机中，双击运行安装文件夹中的 setup.exe 图标。

② 安装 SQL Server 2008 之前，需要先安装 MicroSoft .NET Framework 并更新 Windows Installer，才能继续安装 SQL Server 2008。因此，在弹出的对话框中单击"确定"按钮进行 Microsoft .NET Framework 的安装和 Windows Installer 的更新。

③ 经过相应组件的安装后，弹出图 2-1 所示的 .NET Framework 3.5 SP1 安装对话框，选中相应的单选按钮接受.NET Framework 3.5 SP1 许可协议，单击"安装"按钮安装.NET Framework 3.5 SP1。当.NET Framework 3.5 SP1 安装成功以后，单击"退出"按钮以进行 Windows Installer 4.5 的更新，用户只需根据安装向导默认选择安装就可以，最后系统会提示重新启动计算机，完成所有组件的更新。

图 2-1　.NET Framework 3.5 SP1 安装

④ 重新启动计算机并再次双击 SQL Server 2008 安装文件夹中的 setup.exe 图标，系统检测组件安装成功后，安装向导会运行图 2-2 所示的 SQL Server 安装中心，要创建 SQL Server 2008 的全新安装，选择左边菜单的"安装"选项，即可看到图 2-3 所示对话框中的"全新 SQL Server 独立安装或向现有安装添加功能"选项，单击即可进行 SQL Server 2008 的全新安装。

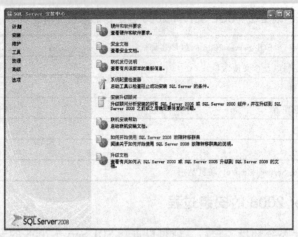

图 2-2　SQL Server 安装中心

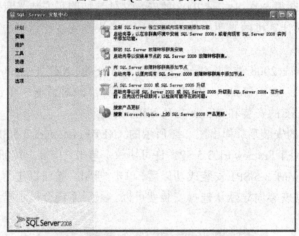

图 2-3　SQL Server 安装中心-安装页

⑤ 进入全新安装以后，安装向导程序会检测 SQL Server 2008 的安装程序支持规则，当六项基本规则都通过以后，如图 2-4 所示，单击"确定"按钮，进入安装程序支持文件的安装页面，当必要的规则实施完毕，（见图 2-5）才能单击"下一步"按钮，进入"产品密钥"页。

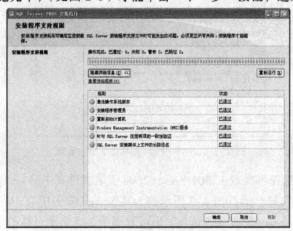

图 2-4　安装程序支持规则检测

图 2-5 安装程序支持文件的安装

⑥ 在图 2-6 所示的"产品密钥"页上,用户可以选择安装免费版本的 SQL Server,或者安装具有 PID 密钥的产品的生产版本。例如,选择免费试用版本 Enterprise Evaluation 后,单击"下一步"按钮,进入"许可条款"页,阅读许可协议后选中相应的复选框以接受许可条款和条件,进入"功能选择"页,如图 2-7 所示。

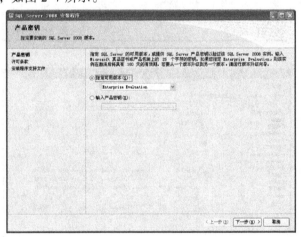

图 2-6 安装产品密钥

⑦ 在"功能选择"页上选择要安装的组件。选择功能名称后,右侧窗格中会显示每个组件组的说明。用户可以根据实际需要选择功能组件,作为初次安装,推荐"全选"所有复选框。另外,还可以使用"功能选择"页底部的字段为共享组件指定自定义的磁盘目录。若要更改共享组件的安装路径,可以直接更改对话框底部字段中的路径,或单击"浏览"按钮查找到磁盘的另一个安装目录。默认安装路径为 C:\Program Files\Microsoft SQL Server\100\。选择适和需求的功能选项以后,单击"下一步"按钮进入"实例配置"页,如图 2-8 所示。

⑧ 在"实例配置"页可以指定安装默认实例或者命名实例,一般推荐安装默认实例。默认情况下,实例名称用作实例 ID,用于标识 SQL Server 实例的安装目录和注册表项,默认实例和命名实例的默认方式都采用这种方式,对于默认实例来说,实例名称和实例 ID 为 MSSQLSERVER,若要使用非默认的实例 ID,可以选中"实例 ID"复选框,并提供一个值,

另外，实例根目录为 C:\Program Files\Microsoft SQL Server\100\。若要指定一个非默认的根目录，可以使用所提供的字段，或单击"浏览"以找到一个安装文件夹。所有 SQL Server Service Pack 和升级都将应用于 SQL Server 实例的每个组件。在"已安装的实例"的文本框中显示运行安装程序的计算机上的 SQL Server 实例，如果计算机上已经安装了一个默认实例，则必须安装 SQL Server 2008 的命名实例。所有项设置完成后，单击"下一步"按钮，进入"磁盘空间"页，计算指定的功能所需的磁盘空间，然后将所需空间与可用磁盘空间进行比较，满足安装需要即可单击"下一步"按钮进入到"服务器配置"页。

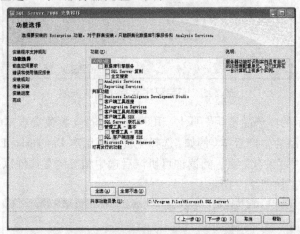

图 2-7　安装组件选择

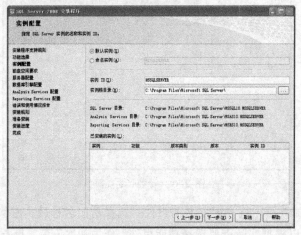

图 2-8　实例配置

⑨ 在图 2-9 所示的"服务器配置"页上，可以针对"服务账户"指定 SQL Server 服务的登录账户，可以为所有的 SQL Server 服务分配相同的登录账户，也可以单独配置各个服务账户，还可以指定服务是自动启动、手动启动还是禁用。Microsoft 建议对各服务账户进行单独配置，以便为每项服务提供最低特权，即向 SQL Server 服务授予它们完成各自任务所必须拥有的最低权限。在此，单击"对所有 SQL Server 服务使用相同的账户"按钮，使用"NETWORK SERVICE"作为所有服务的登录账户。另外，还可以针对"排序规则"为数据库引擎和 Analysis Services 指定非默认的排序规则，一般按照默认的排序规则进行安装。完成服务器设置后，单击"下一步"进入"数据库引擎配置"页。

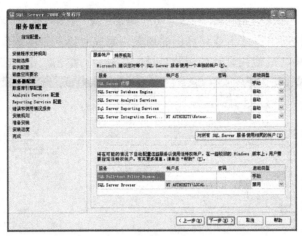

图 2-9　服务器配置

⑩　在图 2-10 所示"数据库引擎配置"页中，可以在"账户设置"中为 SQL Server 实例选择 Windows 身份验证或混合模式身份验证，在设备与 SQL Server 成功建立连接之后，用于 Windows 身份验证和混合模式身份验证的安全机制是相同的，就安全考虑，推荐使用混合模式身份验证，但必须为内置 SQL Server 系统管理员账户提供一个强密码；还要为 SQL Server 实例至少指定一个系统管理员，若要添加用以运行 SQL Server 安装程序的账户，直接单击"添加当前用户"按钮，若要向系统管理员列表中添加账户或从中删除账户，则单击"添加"或"删除"按钮，然后编辑拥有 SQL Server 实例的管理员特权的用户、组或计算机的列表。完成对该列表的编辑后，单击"确定"按钮；使用"数据目录"指定非默认的安装目录，如果指定非默认的安装目录，必须确保安装文件夹对于当前 SQL Server 实例是唯一的，对话框中的任何目录都不应与其他 SQL Server 实例的目录共享；使用"FILESTREAM"页对 SQL Server 实例启用 FILESTREAM。所有设置完成以后，单击"下一步"按钮。

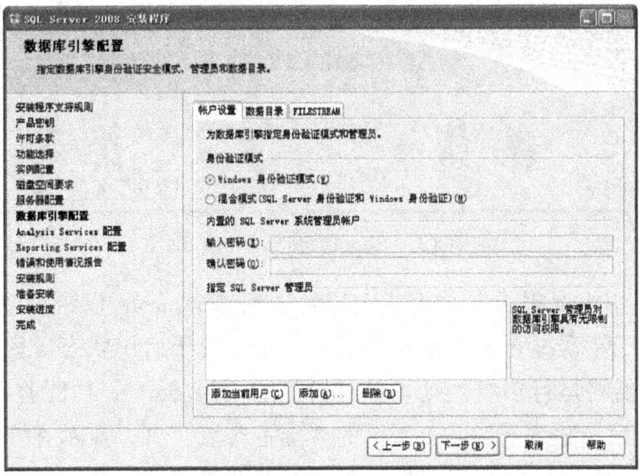

图 2-10　数据库引擎配置

⑪　在图 2-11 所示的"Analysis Services 配置"页中，在"账户设置"中指定将拥有 Analysis Services 的管理员权限的用户或账户，而且必须为 Analysis Services 至少指定一个系统管理员，若要添加用以运行 SQL Server 安装程序的账户，可单击"添加当前用户"按钮，若要向系统

管理员列表中添加账户或从中删除账户，则单击"添加"或"删除"按钮，然后编辑拥有 Analysis Services 的管理员特权的用户、组或计算机的列表，完成对该列表的编辑后，单击"确定"按钮；在"数据目录"中一般使用默认的安装目录，完成后，单击"下一步"按钮。

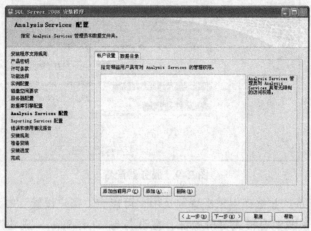

图 2-11 Analysis Services 配置

⑫ 在图 2-12 所示的"Reporting Services 配置"页中指定要创建的 Reporting Services 安装的种类，一般选择"安装本机模式默认配置"单选按钮，然后单击"下一步"按钮。

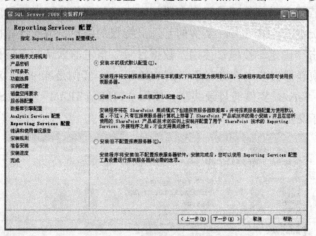

图 2-12 Reporting Services 配置

⑬ 在"错误和使用情况报告"页上指定要发送到 Microsoft 以帮助改进 SQL Server 的信息。默认情况下，用于错误报告和功能使用情况的选项处于启用状态。完成后单击"下一步"按钮，系统配置检查器将运行多组规则来针对指定的 SQL Server 功能验证计算机的配置。

⑭ 完成规则验证后，进入图 2-13 所示的"准备安装"页，显示在安装过程中指定的安装选项的树视图。可以查看选择的相应组件，没有问题就单击"安装"按钮进行安装。在安装过程中，"安装进度"页会提供相应的状态和安装进度，安装完成以后，提供安装成果的页面，如图 2-14 所示。

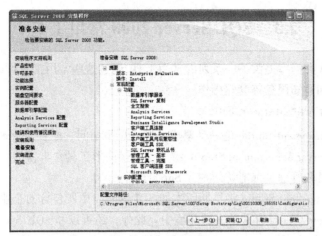

图 2-13 准备安装

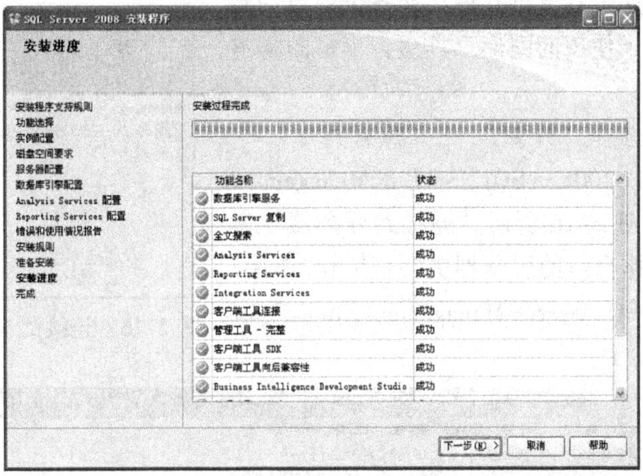

图 2-14 安装成功

⑮ 安装完成后，进入图 2-15 所示的"完成"页，页面提供指向安装摘要日志文件以及其他重要说明的链接。单击"关闭"按钮就完成了 SQL Server 2008 的安装。

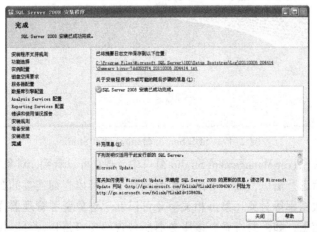

图 2-15 安装完成

2.3 SQL Server 2008 常用工具

SQL Server 2008 数据库提供了一系列的常用工具,通过这些常用工具可以实现管理数据库、优化数据库的性能和通知服务等管理操作。

1. SQL Server Management Studio

SQL Server Management Studio 是一个集成环境,用于访问、配置、管理和开发 SQL Server 的所有组件。SQL Server Management Studio 组合了大量图形工具盒丰富的脚本编辑器,使各种技术水平的开发人员和管理员都能访问 SQL Server。

SQL Server Management Studio 将早期版本的 SQL Server 中所包含的企业管理器、查询分析器和 Analysis Manager 功能整合到单一的环境中。此外,还可以和 SQL Server 的所有组件协同工作,Reporting Services、Integration Services 和 SQL Server Compact 3.5 SP1,开发人员可以获得熟悉的体验,而数据库管理员可获得功能齐全的单一实用工具,其中包含易于使用的图形工具盒,丰富的脚本撰写功能。

在 Windows 中选择"开始"→"所有程序"→ Microsoft SQL Server 2008→SQL Server Management Studio 命令,打开如图 2-16 所示"连接到服务器"窗口,根据应用需求选择合适的服务器类型,点击"连接"即可打开"Microsoft SQL Server Management Studio"窗口,如图 2-17 所示。

图 2-16 连接到 SQL Server 2008 服务器

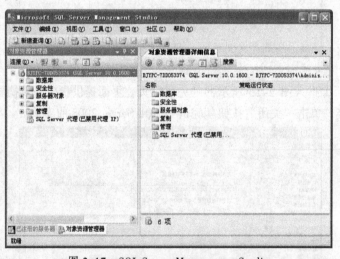

图 2-17 SQL Server Management Studio

在 Microsoft SQL Server Management Studio 窗口中,通常可以看到"对象资源管理器"和"对象资源管理器详细信息"窗口,在"对象资源管理器"中可以查询连接的数据库服务器名称,该服务器下列出了数据库等对象,单击相关对象可以在"对象资源管理器详细信息"窗口中列出相关项目的详细信息;如需要查看更多服务器所包含的窗口信息,可以使用"视图"菜单,即可选择更多应用,如图 2-18 所示。

图 2-18 SQL Server Management Studio 的 "视图" 菜单

2. SQL Server 配置管理器

SQL Server 配置管理器是一种工具，用于管理与 SQL Server 相关联的服务、配置 SQL Server 使用的网络协议以及从 SQL Server 客户端计算机管理网络连接配置。SQL Server 配置管理器是一种可以通过 "开始" 菜单访问的 Microsoft 管理控制台管理单元，也可以将其添加到任何其他 Microsoft 管理控制台的显示界面中。在 Microsoft 管理控制台（mmc.exe）中使用 Windows System32 文件夹中的 SQLServerManager10.msc 文件打开 SQL Server 配置管理器。SQL Server 配置管理器和 SQL Server Management Studio 使用 Window Management Instrumentation（WMI）来查看和更改某些服务器设置。

在 Windows 中选择 "开始" → "所有程序" → Microsoft SQL Server 2008 → "配置工具" → "SQL Server 配置管理器" 命令或者在 "开始" → "运行" 中输入命令 "sqlservermanager10.msc" 后单击 "确定" 按钮，打开图 2-19 所示的 "SQL Server 配置管理器" 窗口，在左边窗口中的树形目录中，列出了对 SQL Server 服务器进行管理的三大工具：服务管理、网络配置和客户端配置。

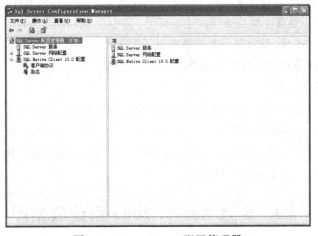

图 2-19 SQL Server 配置管理器

"SQL Server 服务" 提供了在本机安装的所有与 SQL Server 服务器相关的服务，如图 2-20

所示，用户可以通过选择右边窗口中的服务方式对服务进行管理，如果某个服务需要自动运行，可以通过右键快捷菜单的"属性"命令更改，如图 2-21 所示。

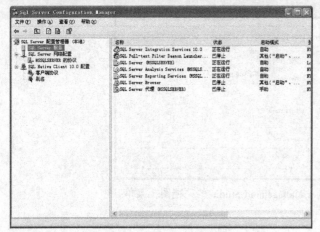

图 2-20　SQL Server 服务　　　　　　图 2-21　SQL Server 服务启动模式管理

"SQL Server 网络配置"与"SQL Native Client 10.0 配置"提供对 TCP/IP 和 SQL Server 服务网络传输端口的配置与管理。

3．SQL Server Profiler

SQL Server Profiler 提供了用于监视 SQL Server 数据库引擎实例或 Analysis Services 实例的图形用户界面。

Microsoft SQL Server Profiler 是 SQL 跟踪的图形用户界面，用于监视数据库引擎或 Analysis Services 的实例。可以捕获有关每个事件的数据并将其保存到文件或表中供以后分析。例如，可以对生产环境进行监视，了解哪些存储过程由于执行速度太慢影响了性能。

4．Business Intelligence Development Studio

Business Intelligence Development Studio 是用于 Analysis Services 和 Integration Services 解决方案的集成开发环境，包含了专用于 SQL Server 商业智能的其他项目类型的 Microsoft Visual Studio 2008，是用于开发商业解决方案的主要环境，其中包 Analysis Services、Integration Services 和 Reporting Services 项目。每个项目类型都提供了用于创建商业智能解决方案所需对象的模板，并提供了用于处理这些对象的各种设计器、工具和向导。

5．命令提示实用工具

可以通过命令提示符管理 SQL Server 对象。使用 SQLCMD 实用工具可以在命令提示符处、在 SQLCMD 模式下的查询编辑器中、在 Windows 脚本文件中或者在 SQL Server 代理作业的操作系统（Cmd.exe）作业步骤中输入 Transact-SQL 语句、系统过程和脚本文件。此实用工具使用 OLE DB 执行 Transact-SQL 批处理。

2.4　SQL Server 2008 系统数据库

SQL Server 2008 自带 5 个系统数据库，具体信息可以通过视图 sys.databases 进行深入的了解。这 5 个数据库是：Master、Model、Msdb、Tempdb、Resource。

1．Master 数据库

Master 数据库记录 SQL Server 系统的所有系统级信息，包括实例范围的元数据（例如登录账户）、端点、链接服务器和系统配置设置。此外，master 数据库还记录了所有其他数据库的存在、数据库文件的位置以及 SQL Server 的初始化信息。因此如果 master 数据库不可用，则 SQL Server 无法启动。注意：从 SQL Server 2005 开始，系统对象不再存储在 master 数据库中，而是存储在 resource 数据库中，由于 resource 数据库取决于 master 数据库的位置，因此如果需要移动 master 数据库时，resource 数据库必须被同时移动。

2．Model 数据库

Model 数据库用作在 SQL Server 实例上创建的所有数据库的模板。当发出 CREATE DATABASE 语句时，将通过复制 Model 数据库中的内容来创建数据库的第一部分，然后用空页填充新数据库的剩余部分。如果修改 Model 数据库，之后创建的所有数据库都将继承这些修改。注意：因为每次启动 SQL Server 时都会创建 tempdb，所以 Model 数据库必须始终存在于 SQL Server 系统中。

3．Msdb 数据库

Msdb 数据库由 SQL Server 代理用于计划警报和作业，也可以由其他功能（如 Service Broker 和数据库邮件）使用。

4．Tempdb 数据库

tempdb 系统数据库是一个全局资源，可供连接到 SQL Server 实例的所有用户使用，并可用于保存下列各项：

① 显式创建的临时用户对象，例如全局或局部临时表、临时存储过程、表变量或游标。

② SQL Server 数据库引擎创建的内部对象，例如：用于存储假脱机或排序的中间结果的工作表。

③ 由使用已提交（使用行版本控制隔离或快照隔离事务）的数据库中数据修改事务生成的行版本。

④ 由数据修改事务为实现联机索引操作、多个活动的结果集（MARS）以及 After 触发器等功能而生成的行版本。

由于 tempdb 中的操作是最小日志记录操作，这将使事务可以回滚。此外，每次启动 SQL Server 时都会重新创建 tempdb，从而在系统启动时总是保持一个干净的数据库副本。在断开连接时会自动删除临时表和存储过程，并且在系统关闭后没有活动连接。因此 tempdb 中不会有任何内容从一个 SQL Server 会话保存到另一个会话，不允许对 tempdb 进行备份和还原操作，tempdb 的初始大小可以影响系统性能。

5．Resource 数据库

Resource 数据库是只读数据库，它包含了 SQL Server 中的所有系统对象。SQL Server 系统对象（例如 sys.objects）在物理上持续存在于 resource 数据库中，但在逻辑上，它们出现在每个数据库的 sys 架构中。Resource 数据库不包含用户数据或用户元数据。Resource 数据库的物理文件名为 mssqlsystemresource.mdf 和 mssqlsystemresource.ldf。每个 SQL Server 实例都具有一个（也是唯一的一个）关联的 mssqlsystemresource.mdf 文件，并且实例间不共享此文件。其物理文件的保存路径为 C:\Program Files\Microsoft SQL Server\MSSQL10.<实例名>\MSSQL\binn\；特别要注意的是

SQL Server 不能备份 resource 数据库，如果需要备份 resource 数据库，可以以文件的方式手动对其进行备份。同时，手动还原时需要十分谨慎，最好不要用旧版本对当前 resource 数据库进行还原。

小　　结

SQL Server 2008 的发布经历了漫长的过程，SQL Server 的版本延续证明了 2008 版的成熟。本章从 SQL Server 的发展史、SQL Server 2008 的安装、常用工具的使用以及系统数据库的认知方面，全面描述了 SQL Server 2008 的系统环境，为读者的后续学习做了铺垫。

实　　训

实训目的：

① 熟练完成 SQL Server 2008 服务器的安装。
② 快速完成服务器的相关配置和网络应用。

实训要求：

实训 1 要求在 60 分钟之内完成；实训 2 和实训 3 分别在 15 分钟之内完成。

实训内容：

实训 1　SQL Server 2008 服务器安装与配置。

① 使用默认实例全新安装一个 SQL Server 2008 服务器。
② 安装服务中的所有功能选项。

实训 2　Management Studio 配置与应用。

① 连接本地服务器实例，记录本地服务器的名称。
② 进入系统数据库，记录服务器的系统数据库名称。
③ 选择"视图"菜单中所有命令，开启所有相关窗口。
④ 开启"新建查询"窗口。

实训 3　网络与防火墙配置。

① 设置 SQL Server 服务中的"代理服务"为自动启动的模式。
② 设置 SQL Server 网络配置中的 Named Pipes 为"启动"。
③ 设置通过本地机的防火墙访问 SQL Server 的实例。

提示：使用"控制面板"中的"Windows 防火墙"项向防火墙添加例外程序。在"控制面板"中的"Windows 防火墙"项的"例外"选项卡上，单击"添加程序"。浏览到要允许其通过防火墙的 SQL Server 实例的所在位置，如 C:\Program Files\Microsoft SQL Server\MSSQL10.<实例名>\MSSQL\Binn，选择 sqlservr.exe 程序，然后单击"确定"按钮。

第 **3** 章

数据库设计

【任务引入】

信息应用系统离不开数据库的支持，在系统的需求分析中一个最重要的任务就是数据库的规划，设计合理的数据库模型可以极大地提高系统的性能，相反，系统的性能会受到很大的影响，甚至是不能保证系统的正常使用。所以数据库的设计非常重要，同时也需要实践经验的积累。本章主要介绍绘制 E-R 图、利用范式规范设计、使用 SQL Server Management Studio 创建数据库、使用 CREATE DATABASE 创建数据库等方面的内容。

【学习目标】

- 了解数据库的相关基本知识
- 掌握数据库设计 1NF、2NF、3NF 的含义
- 掌握利用范式对数据表进行拆分的方法
- 了解反规范化的作用
- 掌握 SQL Server 2008 图形和命令方式创建数据库的方法

3.1 数据库范式

在概念结构设计过程中，不同的人从不同的角度识别出不同的实体，实体又包含不同的属性，结果设计出不同的 E-R 图，然后将 E-R 图转换为数据表。那么，如何衡量这些设计？如何判断哪些设计更加合理，更有利于上层信息应用系统？一般的做法是通过范式来判断。规范化理论是由 E.F.Codd 于 1969 年提出，是研究如何将一个"不好的"关系模式转化为"好的"关系模式的理论，同时使数据库设计能更好地描述现实世界。规范化理论是围绕范式而建立的，规范化理论认为，一个关系数据库中所有的关系，都应满足一定的规范（约束条件）。规范化的目的是消除关系模式中的数据冗余，消除数据定义中不合理的部分，以解决数据插入、删除时发生异常的现象。依据规范化中属性之间的依赖情况设立了不同的规范标准，统称为范式。到目前为止，有第一范式、第二范式、第三范式、BCN 范式、第四范式等。标准越高，对关系型数据库的规范程度就越高。一般的信息应用系统满足第三范式即可，但是有时为了提高查询效率可以通过牺牲空间（增加冗余）来缩短查询时间，这样的数据库设计可能仅满足第二范式甚至是不满足规范化。

3.1.1 第一范式（1NF）

数据表在 RDBMS 中是具有相同常规属性（Attribute）的数据实例的集合。这些数据实例形成了数据行（记录）和数据列（字段）的二维表。

第一范式是关系模型的最低要求，它要求数据表中每个字段不可拆分，不能有重复行。第一范式的目标是确保数据表中每列的原子性。满足第一范式就要求表中有主键（用来唯一标识一个实体），主键取值不能为空。例如，下面的"员工"表就不满足 1NF。Employee（Ename，DepartmentNo）表中，Ename 为员工姓名，DepartmentNo 为员工所做的部门编号。因为员工可能有重名的情况，而一个部门中可能有重名的员工，在该表中可能出现两行完全一样的数据，所以它不符合 1NF。修改员工表增加一个员工编号主键，此表就满足第一范式了。

3.1.2 第二范式（2NF）

第二范式是在第一范式的基础上有了更严格的限制，它要求除了满足 1NF 外，数据表中其他非主键字段都必须完全依赖于主键。第二范式的目标确保数据表中非主键不存在部分依赖主键。满足第二范式就要求表首先满足 1NF，其次如为单列主键，其他非主键都依赖主键即可；如为复合主键，非主键是否依赖于复合主键中的一部分，如部分依赖，则不满足 2NF；如不存在部分依赖，则满足 2NF。如果表不满足 2NF，通常的做法就是拆分表。例如：下面的"订单"表，不符合 2NF。Order（OrderNo（PK），CustomerNo（PK），CustomerName）表中，OrderNo 为订单编号，CustomerNo 为顾客编号，CustomerName 为顾客姓名。该表是复合主键（OrderNo，CustomerNo），非主键字段 CustomerName 只依赖于复合主键的一部分 CustomerNo，所以它不符合 2NF。对该表进行规范化把它分解成两个表："订单"表和"顾客"表，这样就都满足 2NF 了。

具体为：Order（OrderNo（PK），CustomerNo），Customer（CustomerNo（PK），CustomerName）。

当一个数据表如不满足 2NF 时，会产生以下几个问题：

① 数据插入异常。

② 删除异常。

③ 数据修改复杂。

3.1.3 第三范式（3NF）

第三范式是在第二范式的基础上有了进一步的限制，它要求除了满足 2NF 外，还要求任何非主键字段不传递依赖于主键即非主键字段都要直接依赖于主键。第三范式的目标是要求非主键字段之间不应该有从属关系。如果表不满足 3NF，通常的做法也是拆分表。例如，下面的"班级"表，不符合 3NF。Class（ClassNo（PK），ClassName，TeacherNo，TeacherName）其中，TeacherNo 为班主任编号，TeacherName 为班主任姓名。该数据表有主键所以满足 1NF，同时 ClassNo 是单列主键，不存在部分依赖所以满足 2NF，但非主键字段 TeacherName 依赖于另一非主键字段 TeacherNo，具体的依赖关系为 ClassNo→TeacherNo→TeacherName（也可以这样去理解，由 ClassNo 推出 TeacherNo，由 TeacherNo 推出 TeacherName）存在传递依赖，所以不符合 3NF。对该表进行 3NF 规范化其解决办法把它分解成两个表"班级"表和"教师"表，这样就都满足 3NF 了。具体为：Class（ClassNo（PK），ClassName，TeacherNo），Teacher（TeacherNo（PK），TeacherName）。

3.1.4　BCNF

BCNF 是由 Boyce 和 Codd 提出的，比 3NF 有了更进一步的规范，通常认为 BCNF 是对 3NF 的修正。BCNF 要求除了满足 3NF 外，还要求所有的字段都不传递依赖于任何候选键。BCNF 的目标就是除了主键是唯一的决定因素，不能存在其他的非主键具有决定因素。如果表不满足 BCNF，通常的做法也是拆分表。BCNF 在实际的信息应用系统中使用比较少，这里不再展开论述。

3.1.5　反规范化

规范化的目的是保证数据库的设计更加合理，同时也有利于上层信息应用系统的使用。通常情况下用户是和上层信息应用系统进行交互，所以如何让信息应用系统能更好地为用户提供服务也是数据库设计中需要考虑的一个方面。

反规范化的目的通常是加快数据操作的速度。当用户特别在意数据操作的时间时（例如查询），就可以通过反规范化来加快查询的速度，通常的做法就是在表中增加必要的数据冗余字段来优化查询。例如，增加计算列、派生的数据列能够达到减低表连接的数量同时极大地提高多表数据查询速度。

反规范化也存在一定的风险，那就是会导致数据的不同步。所以当利用反规范化提高查询效率的同时也要处理好数据的不同步问题。这种情况下的数据同步的解决方式可以采用触发器来解决，关于触发器的讲解请参考本书的第 10 章。

3.2　E-R 图及其基本要素

概念模型是按用户的观点来对数据和信息建模。概念模型设计建立在"实体（Entity）"和"关系（Relation）"的基础上。

实体是客观存在并且可以相互区别的事物和活动的抽象。关系是两个及以上实体相互之间进行逻辑相关的联系。

E-R 图即实体-关系图（Entity Relationship Diagram），提供了表示实体、属性和关系的方法，用来描述现实世界的概念模型，E-R 图是概念结构设计的图形化工具。

E-R 图的基本要素是实体型、属性和关系，其表示图形为：

① 实体（Entity）：用矩形表示，矩形框内写明实体名。一个实体对应表中的一行数据，但在开发时，常把整张表称为一个实体集。

> 实体名称

② 属性（Attribute）：可以理解为实体的特征，用椭圆形表示，并用无向边将其与相应的实体连接起来；比如学生的姓名、学号、性别都是属性。

> 属性名称

③ 关系（Relationship）：用菱形表示，菱形框内写明关系名，并用无向边分别与有关实体连接起来，同时在无向边旁标上关系的类型（1:1、1:N 或 M:N）。关系一般用动词描述。

比如，物流配送系统中的订单和客户的订购关系，订单和配送站的配送关系。下面说明关系类型的意义：

一对一：X 中的一个实体最多与 Y 中的一个实体关联，并且 Y 中的一个实体最多与 X 中的一个实体关联。一对一关系表示为 1:1。

一对多：X 中的一个实体可以与 Y 中的任意数量的实体关联，并且 Y 中的一个实体最多与 X 中的一个实体关联。比如，一个班级可以有多个学生，而一个学生只能属于某个班级，所以班级和学生之间就是典型的一对多关系。一对多关系表示为 1:N。

多对多：X 中的一个实体可以与 Y 中的任意数量的实体关联，反之亦然。比如，学生与课程的关系，一个学生可以选多门课程，而一门课程可以被多个学生选修，所以学生和课程之间就是典型的多对多关系。多对多关系表示为 M:N。

图 3–1 为物流配送系统中订单和客户的 E-R 图描述，一个客户可以下多个订单，所以是一对多的订购关系。

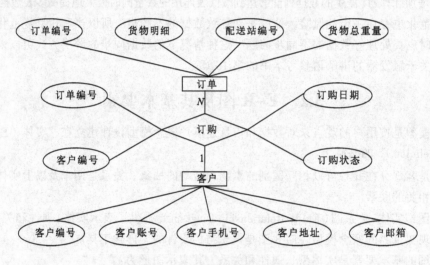

图 3–1　订单和客户的 E–R 图

3.3　数据库存储结构

3.3.1　数据库的逻辑结构

数据库逻辑结构表现为面向用户的数据组织和管理，从逻辑的角度，数据库由若干个用户可视的对象构成，如表、视图、角色等，由于这些对象都存在于数据库中，因此称为数据库对象。用户利用这些对象存储或读取数据库中的数据，对象直接或间接地用于不同应用程序的存储、操作、检索等工作。

数据库内的逻辑对象通常包括数据表、视图、约束、规则、默认、索引、存储过程、触发器等。通过 SQL Server 2008 对象资源管理器，可以查看 SQL Server 2008 内的各种数据库逻辑对象。在 SQL Server 2008 中，数据库通常包括以下的逻辑对象：表、视图、存储过程、函数、触发器、程序集、数据类型、全文目录、用户角色、架构证书、密钥。

以上的逻辑对象中表是至关重要的，所有的数据操作最终都是通过表来实现的。表是所有数据的入口同时也是所有数据的出口。

3.3.2 数据库的物理结构

数据库物理结构表现为计算机的数据组织和管理。物理结构由几个重要的文件组成。

SQL Server 数据库通过数据文件来保存与数据库相关的数据和对象。在 SQL Server 2008 中按照数据作用分为：主数据文件、次数据文件和事务日志文件。

1．主数据文件

主数据文件是数据库的起点，其中包含了数据库的初始信息，并记录数据库还拥有哪些文件。每个数据库有且只能有一个主数据文件。主数据文件是数据库必需的文件，主数据文件的扩展名是.mdf。

2．次数据文件

除了主数据文件以外的所有其他数据文件都是次数据文件。次数据文件不是数据库必需的文件。次数据文件的扩展名是.ndf。

3．事务日志文件

在 SQL Server 2008 中，每个数据库至少拥有一个自己的日志文件（也可以拥有多个日志文件）。日志文件的大小最少是 1 MB，默认扩展名是.ldf，用来记录数据库的事务日志，即记录了所有事务以及每个事务对数据库所做的修改。

在 SQL Server 2008 中按照结构层次分为页、区和文件组，每个数据文件由若干个大小为 64 KB 的区组成，每个区由 8 个 8 KB 大小的连续空间组成，这些连续空间称为页。

1．页

在 SQL Server 中，页是数据存储的基本单位。为数据库中的数据文件分配的磁盘空间可以从逻辑上划分带有连续编号的页（编号从 0 开始）。磁盘 I/O 操作在页级执行，SQL Server 2008 读取或写入的是所有的数据页。

2．区

区是 SQL Server 分配给表和索引的基本单位。区有统一区、混合区两种类型。

3．文件组

为了方便数据布局和管理任务，用户可以在 SQL Server 中将多个文件划分为一个文件集合，并用一个名称表示这一文件集合，这就是文件组。文件组分为主要文件组、用户定义文件组、默认文件组 3 种类型。

3.3.3 数据库的数据独立性

数据独立性是指建立在数据的逻辑结构和物理结构分离的基础上，用户以简单的逻辑结构操作数据而无须考虑数据的物理结构，转换工作由数据库管理系统实现。

数据独立性分为物理独立和逻辑独立。

1. 物理独立

利用文件管理系统建立数据存储文件。数据存储结构与存取方法的改变不需要修改程序。使数据共享成为可能，只要知道了数据的存取结构，不同程序就可共用同一数据文件。

2. 逻辑独立

当数据逻辑结构发生改变时，不一定要求修改程序，同时也不影响数据在文件中的存储结构，使进一步实现深层次数据共享成为可能。

3.4　数据库创建

在 SQL Server 2008 中，所有类型的数据库管理操作都包括两种方法：一种方法是使用 SQL Server Management Studio 的对象资源管理器，以图形化的方式完成对于数据库的管理；另一种方法是使用 T-SQL 语句或系统存储过程，以命令方式完成对数据库的管理。

3.4.1　使用 SQL Server Management Studio 创建用户数据库

在 SQL Server Management Studio 中，按照如下步骤创建数据库。

在对象资源管理器中展开数据库结点，可以看到系统自带的 4 个数据库（master、model、msdb、tempdb）。

① 右击"数据库"结点，在弹出的快捷菜单中选择"新建数据库"命令，如图 3-2 所示。

② 在打开的窗口中，填写数据库名称，数据库名称最好用英文字母表示，如图 3-3 所示。

图 3-2　新建数据库

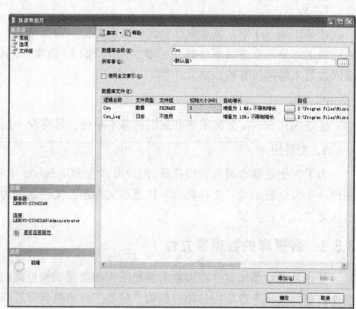

图 3-3　配置数据库的选项

③ 配置数据库的常规设置，单击"自动增长"列上的按钮，配置数据库文件的增长方式。如图3-4所示，选中"启用自动增长"复选框，当选中文件增长按百分比增长时，数据逐渐增多的时候，数据库文件的增长是按比例增加的。例如，按20%增长，那么起始大小为10 MB的数据文件，下次增加至10 MB+10 MB×20%=12 MB。当选中"按MB（M）"增长，那么数据文件增长的时候是按照累加的形式。在最大文件大小的设置中通常把数据文件设置为受限的文件增长，日志文件设置为不受限文件增长。

④ 配置数据库的常规设置，单击"路径"列上的按钮，配置数据库文件的存放位置如图3-5所示。默认的文件存放位置在SQL Server安装路径下的Data目录中。通常不应把数据文件存放到系统盘下，路径的修改只能在创建时更改，已经创建的数据库不能通过这种方式修改文件路径。

图 3-4　数据库自动增长设置　　　　图 3-5　数据库存放路径设置

⑤ 在新建数据库窗口中选择"选项"选项，如图3-6所示，其中：

"状态栏"中的"数据库为只读"设置成True，则该数据库不能插入数据。"状态栏"中的"限制访问"是指哪些用户可以访问该数据库。可设置为以下几种：

- Multiple 表示数据库的正常状态，允许多个用户同时访问该数据库。
- Single 表示用于维护操作，一次只允许一个用户访问该数据库。
- Restricted 表示只有 db_owner、dbcreator 或 sysadmin 角色的成员才能使用该数据库。

若"自动栏"中的"自动收缩"设置为True，那么系统将定期整理数据库文件，释放多余的磁盘空间。

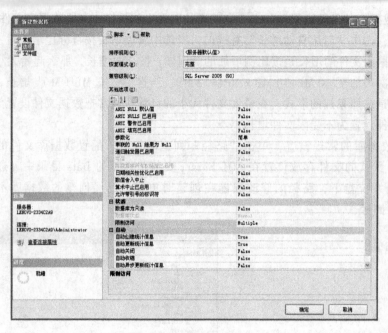

图 3-6　数据库选项窗口

⑥ 单击"确定"按钮，开始创建数据库。

3.4.2　使用 CREATE DATABASE 语句创建用户数据库

单击工具栏中的"新建查询"按钮或者选择"文件"→"新建"→"使用当前连接查询"命令，然后按图 3-7 查询窗口所示，输入 T-SQL 语句。

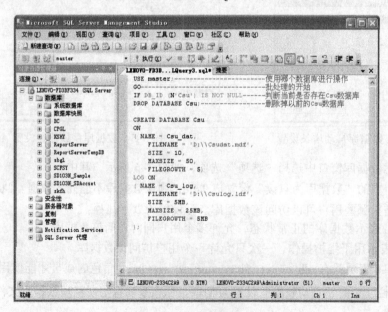

图 3-7　查询窗口

CREATE DATABASE 语句的语法如下:

```
CREATE DATABASE 数据库名称
ON [PRIMARY]
(
      <数据文件参数>
)
[LOG ON]
(
      <日志文件参数>
);
```

说明:

① T-SQL 中不区分大小写。

② [ ]括起来的内容为可选项,可以有也可以省略。

③ 数据库名称最长为 128 个字符。

④ PRIMARY 指定主数据文件,一个数据库有且只能有一个主数据文件。

⑤ 数据文件参数和日志文件参数:

```
NAME='逻辑文件名',
FILENAME='物理文件路径和文件名'
[,SIZE=起始大小]
[,MAXSIZE=最大容量]
[,FILEGROWTH=增长量]
```

⑥ CREATE DATABASE 语句在查询窗口中输入完成后,单击工具栏上的"分析"按钮,对语句进行语法分析,如图 3-8 所示。如果语法有问题,在下面的结果窗口中会提示,按照提示的内容进行修改。语法全部正确后单击"执行"按钮或者按【F5】键执行。

图 3-8 查询分析工具栏

⑦ 当执行为 CREATE DATABASE 语句后,在左侧的对象资源管理器中可能会看不到新建的数据库,这时右击对象资源管理器中的数据库选项,在弹出的快捷菜单中选择"刷新"命令就可以看到刚创建的数据库。

⑧ 更详细的 CREATE DATABASE 语句内容可通过【F1】键来查看帮助。

3.5 数据库修改

3.5.1 更改数据库的所有者

数据库的所有者称为数据库中的 dbo 用户。dbo 拥有执行该数据库中所有操作的权限。不能更改 master、model 或 tempdb 系统数据库的所有者。

更改数据库所有者的语法:

```
sp_changedbowner [ @loginame = ] '登录名称'
 [ , [ @map= ] remap_alias_flag ]
```

说明：

① sp_changedbowner 是一个系统存储过程。

② [@loginame =] '登录名称'：登录名称是当前数据库的新所有者的登录 ID。login 的数据类型为 sysname，无默认值。login 必须是一个已有的 SQL Server 登录名，或者是 Microsoft Windows 用户。如果 login 已通过数据库内现有的别名或用户安全账户访问了数据库，则该登录名不能成为当前数据库的所有者。为了避免发生上述情况，请首先删除当前数据库内的别名或用户。

③ [@map =] remap_alias_flag：它表示已分配给旧的数据库所有者（dbo）的现有别名是映射到了当前数据库的新所有者，还是已被删除。remap_alias_flag 的数据类型为 varchar(5)，默认值为 NULL。这表示旧的 dbo 的任意现有别名都映射到当前数据库的新所有者。false 表示删除旧的数据库所有者的现有别名。

④ 返回值 0（成功）或 1（失败）。

⑤ 权限说明，要求具有数据库的 TAKE OWNERSHIP 权限。如果新所有者在数据库中具有对应的用户，则要求具有对登录名的 IMPERSONATE 权限，否则要求具有对服务器的 CONTROL SERVER 权限。

⑥ 在查询窗口执行的时候需要按如下方式输入：

```
USE 数据库名称
EXEC sp_changedbowner '登录名称'
```

3.5.2　添加和删除数据文件和日志文件

修改数据库进行添加和删除数据文件和日志文件的语法如下：

1．添加数据文件

```
ALTER DATABASE 数据库名称
ADD FILE
(
  NAME='逻辑文件名1',
  FILENAME='物理路径和文件名称1',
  SIZE=初始大小,
  MAXSIZE=最大容量,
  FILEGROWTH=增长量
),
(
  NAME='逻辑文件名2',
  FILENAME='物理路径和文件名称2',
  SIZE=初始大小,
  MAXSIZE=最大容量,
  FILEGROWTH=增长量
)
```

2．添加日志文件

```
ALTER DATABASE 数据库名称
ADD LOG FILE
(
  NAME='日志文件逻辑名称1',
```

```
    FILENAME='物理路径和文件名称',
    SIZE=初始大小,
    MAXSIZE=最大容量,
    FILEGROWTH=增长量
),
(
    NAME='日志文件逻辑名称2',
    FILENAME='物理路径和文件名称',
    SIZE=初始大小,
    MAXSIZE=最大容量,
    FILEGROWTH=增长量
)
```

【例3-1】添加数据库日志文件。

```
ALTER DATABASE Csu
ADD LOG FILE
(
    NAME=csulog2,
    FILENAME='csu2.ndf',
    SIZE=5MB,
    MAXSIZE=100MB,
    FILEGROWTH=5MB
),
(
    NAME=csulog3,
    FILENAME='csu3.ldf',
    SIZE=5MB,
    MAXSIZE=100MB,
    FILEGROWTH=5MB
)
```

3．删除数据文件

```
ALTER DATABASE 数据库名称
REMOVE FILE 文件逻辑名称;
```

说明：

在查询窗口中执行修改语句时应使用 USE 数据库名称，这样不至于误操作数据库。

3.5.3　重命名数据库

重命名数据库的语法如下：

```
ALTER    DATABASE 数据库名称
MODIFY   NAME=新的数据库名称
```

说明：

新的数据库名称不能使用单引号。

【例3-2】重命名数据库。

```
ALTER    DATABASE Csu
MODIFY   NAME=CsuNew
```

3.6 数据库删除

3.6.1 使用 SQL Server Management Studio 删除数据库

通过 SQL Server Management Studio 删除数据库操作如图 3-9 所示。右击要删除的数据库，在弹出的快捷菜单中选择"删除"命令即可。

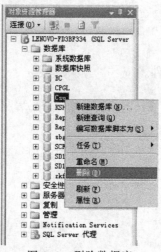

图 3-9 删除数据库

3.6.2 使用 DROP DATABASE 语句删除数据库

DROP DATABASE 语句的语法如下：
```
DROP DATABASE 数据库名称1,数据库名称2;
```
说明：

① 无法删除系统数据库。

② DROP DATABASE 语句必须在自动提交模式下运行，并且不允许在显式或隐式事务中使用。

③ 执行删除数据库操作会从 SQL Server 2008 实例中删除数据库，并删除该数据库使用的物理磁盘文件。如果在执行删除操作时，数据库或它的任意一个文件处于脱机状态，则不会删除磁盘文件。可使用 Windows 资源管理器手动删除这些文件。

④ 若要执行 DROP DATABASE 操作，用户必须对数据库具有 CONTROL 权限。

【例 3-3】删除数据库。
```
DROP DATABASE Csu
```

3.7 数据库分离和附加

当数据库设计完成后，设计人员有时需要把数据库复制出来移动到其他服务器或不同的 SQL Server 实例中，同时保持数据文件和日志文件的完整性和一致性。

3.7.1 数据库的分离

分离出来的数据库的日志文件和数据文件可以附加到其他 SQL Server 服务器上构成完整的数据库。分离数据库是指将数据库从 SQL Server 服务器实例中删除，但是数据库的数据文件和事务日志文件在磁盘中依然存在。

1. 利用 SQL Server Management Studio 分离用户数据库

① 在对象资源管理器中选择要分离的用户数据库。

② 右击选中的数据库，在弹出的快捷菜单中选择"任务"→"分离"命令。

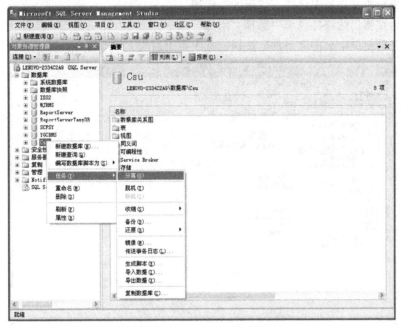

图 3-10　数据库分离

说明：

① 分离后的数据库在对象资源管理器中看不到。

② 分离后的数据库，其数据文件和日志文件就可以进行复制。

2. 利用系统存储过程分离用户数据库

分离用户数据库语法：

```
sp_detach_db [ @dbname= ] 'database_name'
    [ , [ @skipchecks= ] 'skipchecks']
    [ , [ @keepfulltextindexfile = ] 'KeepFulltextIndexFile'
```

说明：

[@dbname =] 'database_name'：要分离的数据库的名称。

[@skipchecks =] 'skipchecks'：指定跳过还是运行 UPDATE STATISTIC。

[@keepfulltextindexfile =] 'KeepFulltextIndexFile'：指定在数据库分离操作过程中不会删除与所分离的数据库关联的全文索引文件。

【例 3-4】分离数据库。

```
EXEC sp_detach_db 'Csu','true'
```

3.7.2 数据库的附加

分离对应的是附加数据库操作。附加数据库可以很方便地在 SQL Server 2008 服务器之间利用分离后的数据文件和日志文件组织成新的数据库。在实际工作中，分离数据库作为对数据基本稳定的数据库的一种备份的办法来使用。

1. 利用 SQL Server Management Studio 附加用户数据库

① 在对象资源管理器中选择"数据库"选项。

② 右击后在弹出的快捷菜单中选择"附加"命令。

③ 在打开的窗口中单击"添加"按钮，选中要附加的文件即可。

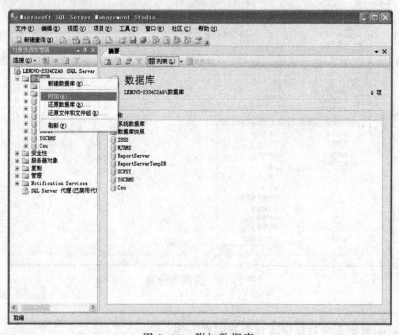

图 3-11　附加数据库

2. 利用系统存储过程附加用户数据库

附加用户数据库语法：

```
sp_attach_db [ @dbname= ] '数据库名称', [ @filename1= ] '文件路径及名称' [ ,...16 ]
```

说明：

[@dbname=] '数据库名称'：要附加到该服务器的数据库的名称，该名称必须是唯一的。

[@filename1=] '文件路径及名称'：数据库文件的物理名称，包括路径。文件名列表至少必须包括主文件。主文件中包含指向数据库中其他文件的系统表。

特别声明：

微软推荐的安全做法是利用 CREATE DATABASE 语句附加数据库：

CREATE DATABASE 数据库名称 FOR ATTACH

【例 3-5】 添加数据库。

```
EXEC sp_attach_db @dbname='Csu',@filename1='D:\\Csu.mdf',@filename2= 'D:\\
Csu.ldf'
```

拓 展 部 分

SQL Server 2008 在安装完成后创建 4 个系统数据库，这些数据库是整个 SQL Server 2008 正常运行的关键保证。下面就介绍这四个系统数据库的具体作用。

1. resource 数据库

SQL Server 2008 添加了 resource 数据库。这个数据库包含了 SQL Server 运行所需的所有只读的关键系统表、元数据以及存储过程。它不包含有关用户实例或数据库的任何信息，因为它只在安装新服务补丁时被写入。resource 数据库包含其他数据库逻辑引用的所有物理表和存储过程。每个实例只有一个 resource 数据库。

在 SQL Server 2000 中，升级到新的服务补丁时，需要运行很多和很长的脚本，以删除并重新创建系统对象。这个过程需要很长时间，且新创建的环境不能回滚到安装服务补丁前的版本。在 SQL Server 2008 中，升级到新服务补丁或快速修正时，将使用 resource 数据库的副本覆盖旧数据库。这使得用户可以快速升级 SQL Server 目录，还可以回滚到前一个版本。

通过 Management Studio 无法看到 resource 数据库，且永远不应修改它，除非 Microsoft 产品支持服务（Microsoft Product Support Services，PSS）指导用户进行修改。在特定的单用户模式条件下，可以通过输入命令 USE MSSQLSystemResource 连接该数据库。通常，DBA 在连接到任何数据库的同时对它执行简单查询。例如，如果在连接到任何数据库时运行下面的查询，将返回 resource 数据库的版本和其最后一次升级的时间。

```
select serverproperty('resourceversion'),serverproperty('resourcelastupdatedatetime')
```

注意： 不要将 Resource 数据库放在加密或压缩的驱动器中，这样做可能导致升级问题或性能问题。

2. master 数据库

master 数据库包含有关数据库的元数据（数据库配置和文件位置）、登录以及有关实例的配置信息。如果这个重要的数据库丢失，那么 SQL Server 将不能启动。例如，通过运行下列查询（它将返回有关服务器上的数据库的信息），可以查看存储在 master 中的一些元数据。

```
select * from sys.databases
```

resource 数据库和 master 数据库之间的主要区别在于 master 数据库保存用户实例特定的数据，而 resource 数据库只保存运行用户实例所需的架构和存储过程。在创建新的数据库、添加登录名或是更改服务器配置后，都应备份 master 数据库。

注意： 不要在 master 数据库中创建对象，如果在其中创建对象，则可能需要更频繁地进行备份。

3．tempdb 数据库

tempdb 数据库类似于操作系统的分页文件。它用于存储用户创建的临时对象、数据库引擎需要的临时对象和版本信息。tempdb 数据库是在每次重启 SQL Server 时创建的。当 SQL Server 停止运行时，该数据库将重新创建为其原始大小。由于该数据库每次都重新创建，因此不需要对它进行备份。对 tempdb 数据库中的对象作数据更改时，只写入最少的信息到日志文件中。为 tempdb 数据库分配足够的空间非常重要，因为在数据库应用中的很多操作都需要使用 tempdb 数据库。通常，应将 tempdb 数据库设置为在需要空间时自动扩展，如果没有足够空间，则用户可能接收如下错误信息之一。

4．model 数据库

model 数据库是一个在 SQL Server 创建新数据库时充当模板的系统数据库。创建每个数据库时，SQL Server 将 model 数据库复制为新数据库。唯一的例外发生在还原或重新连接其他服务器上的数据库时。

注意：如果表、存储过程或数据库选项包括在服务器上创建的每个新的数据库中，那么通过在 model 中创建该对象可以简化该过程。在创建新数据库时，model 被复制为新数据库，包括在该 model 数据库中添加的特殊对象或数据库设置。如果在 model 中添加自己的对象，则模板应包括在备份中，或是应维护包括更改的脚本。

5．msdb 数据库

msdb 是一个系统数据库，它包含 SQL Server 代理、日志传送、SSIS 以及关系数据库引擎的备份和还原系统等使用的信息。该数据库存储了有关作业、操作员、警报以及作业历史的全部信息。因为它包含这些重要的系统级数据，因此应定期对该数据库进行备份。

6．样本数据库 AdventureWorks LT2008

这里的 LT 表示轻量级（Lite）。它只是 AdventureWorks 2008 数据库完整版的极小一部分。该思想提供了更简化的样本集，便于理解基本概念和完成简单的练习。在这个样本数据库中有许多好的数据库设计思想，如果能理解这个样本数据库的设计，就具备了一定的数据库操作能力。

小　结

本章介绍了数据库的相关知识，其内容主要包括数据库的基本概念、数据库的规范化以及数据库创建和管理方法。在 SQL Server 2008 中，数据库的构成包括数据文件和日志文件的物理结构，以及表、视图、存储过程、触发器等对象的逻辑结构。本章中数据库的规范化以及反规范化是需要不断的实践才能有更深入的理解，如果这些知识点理解起来有一定的难度，可以先有个感性的认识，当本课程学习完成后再回过头看这些知识就会有更好的理解。

实　训

实训目的：

① 能绘制系统的三个局部 E-R 图，并对其进行规范化。

② 能利用 T-SQL 语句进行两个数据库的创建并设置不同的文件存放路径。

③ 能利用 SQL Server Management Studio 对用户自定义的数据库进行一次独立的分离和附加。

实训要求：

实训 1 ~ 实训 3 分别在 20 分钟之内完成；实训 4 ~ 实训 7 要求分别在 5 分钟之内完成；实训 8 要求在 10 分钟之内完成。

实训内容：

实训 1　设计物流配送系统的订单、配送站、客户的 E-R 图。

提示：订单实体至少要有订单编号、客户编号、订单状态、发货配送站编号、收获配送站编号、货物总重量、货物体积、货物配送价格、货物保价、订单日期、收件人手机、收件人地址、寄件人姓名、寄件人地址、寄件人手机号、要求发货日期、订单描述、订单验证码。

配送站实体至少要有配送站编号、配送站名称、配送站电话、所属省份和地区、配送站描述、配送站邮箱。

客户实体至少要有客户编号、客户账号、客户姓名、客户地址、客户电话、客户邮箱、客户账号密码、密码提示问题、提示问题答案。

实训 2　设计物流配送系统的员工、角色、权限的 E-R 图。

提示：员工实现至少要有员工编号、配送站编号、员工账号、员工姓名、员工地址、员工电话、员工邮箱、员工入职时间、员工状态、员工账号密码、密码提示问题、提示问题答案。

角色实体至少要有角色编号、角色名称、角色。

权限实体至少要有权限编号、权限操作内容。

实训 3　设计物流配送系统的车辆、运输、司机的 E-R 图。

提示：车辆实体至少要有车辆编号、车牌号、运营证号、车型、吨位、是否箱车、车辆容积、购车时间、车辆状态、车辆路线、车辆描述。

运输实体至少要有运输编号、运输路线编号、运输路线名称、出发时间。

司机实体至少要有司机员工编号、驾驶执照号、首选路线。

实训 4　对以上三个局部 E-R 图进行规范化以达到 3NF 的要求。

提示：客户和配送站之间要有一个关系来规范两者，确保满足 3NF 角色和权限中对权限操作进行拆。

实训 5　利用 CREATE DATABASE 创建 Csu 数据库并指定文件存放到 D 盘根目录。

提示：在查询窗口中执行 T-SQL 语句，确保使用了 Name 和 FileName 指定逻辑名称和物理路径。

实训 6 利用 CREATE DATABASE 创建 Class 数据库并指定文件存放到移动设备。

提示：在查询窗口中执行 T–SQL 语句，确保使用了 Name 和 FileName 指定逻辑名称和物理路径，在移动设备中存放数据库文件时，需要先把数据库进行分离。

实训 7 对刚才创建的 Csu 数据库进行分离，并把文件复制到移动设备中，然后把 Csu 数据库进行附加。

提示：在附加数据库完成后要刷新对象资源给管理器才能看到附加的数据库，有兴趣的同学可以学习利用 SQL Server 2008 提供的备份功能对数据库进行完整和差异化备份。

实训 8 对 Csu 数据库进行压缩。

提示：利用 DBCC 命令对数据库压缩，可以在 SQL Server 2008 中通过【F1】键查看帮助来了解该指令。

第4章 数据表设计

【任务引入】

数据库是保存数据的集合，其目的在于存储和返回数据。如果没有数据库中表所提供的结构，这些任务是不可能完成的。数据库中包含一个或多个表，表是数据库的基本逻辑对象。同时，表也是数据的集合，是用来存储数据和操作数据的逻辑结构。本章将介绍 SQL Server Management Studio 创建表、利用 T-SQL 创建表、设置表的 CHECK 约束、设置表的主外键关联等方面的内容。

【学习目标】

- 掌握表的概念
- 掌握表中字段的数据类型设置
- 掌握 CHECK 约束和 FOREIGN KEY 约束
- 掌握表的两种创建方式
- 了解聚集索引和非聚集索引

表作为存储数据最基本的单位，负责存放数据信息，是数据库系统中最为核心的部分。如果没有表，数据就失去了载体，数据就无法作为信息来表示。本章重点介绍了表的定义和操作，对表中字段的数据类型也做了较为详细的介绍。在实际应用中，这些数据类型还有更丰富的应用，如 XML 类型。

在 SQL Server 2008 中，数据表分为永久数据表和临时数据表两种，永久数据表在创建后一直存储在数据库文件中，直至用户删除为止。而临时数据表用户退出或系统修复时被自动删除。

4.1 数据表的概念

数据表是一个类似于表格的概念。由行和列组成，一般情况下，行的内容是不同的。对于表的认识，一定要完整，列和行是其重要组成部分。

表中行被称为记录，是组织数据的单位；列被称为字段，每一列表示记录的一个属性/特征。表中行代表 E-R 图中一个具体实例，列代表 E-R 图中的属性描述。

可以说，存储在数据库中的所有数据（包括系统数据）都是存储在数据库的表中。尽管用户可能通过视图、函数或存储过程获取数据，但是那些对象都是基于表形成的。

4.2 数据字段和数据类型

在 E-R 图中实体具有若干的属性，那么不同的属性该如何描述、如何体现呢？也就是应该如何定义表中列。例如：用户的身份证号属性，如果仅把它理解成一长串数字，那么对于同一天出生的人也就是身份证号后带有 × 的该如何存储呢？而且用户的出生日期属性不仅仅是一个数字或字符串，而是带有明显的日期特征。再比如用户的年龄属性，它是典型的数字但应为大于零的整数，此类问题还有很多。那么该如何合理地对待这样的现象呢？下面就来介绍字段的数据类型。

数据类型是用来定义存储在数据列中的数据，其限制了列可以存储的数据的类型，在某些情况下甚至限制了该列中的可能的取值范围。数据类型的出现是为了规范地存储和使用数据。

在 SQL Server 2008 中，数据类型可以是系统提供的数据类型，也可以是用户自定义的数据类型。在 SQL Server 2008 中，每个列、局部变量、表达式和参数都具有一个相关的数据类型。特别是列，数据类型是列（字段）最重要的属性之一，代表了数据的格式。在 SQL Server 2008 中，存储到表中的数据记录必须符合相应字段的类型或与其兼容。在设计表的结构时，如果字段的数据类型选择不当，将导致后来记录的插入、更新等操作异常，甚至导致数据记录错误。

1. SQL Server 2008 系统数据类型

SQL Server 系统数据类型有 7 大类，见表 4-1。

表 4-1 SQL Server 系统数据类型

数据类型分类	存 储 数 据 描 述
精确数字	存储带小数或不带小数的精确数字
近似数字	存储带小数或不带小数的非精确数值
日期和时间	存储日期和时间信息，并强制实施特殊的年代规则
字符串	存储基于字符的可变长度的值
Unicode 字符串	存储非 ASCII 编码字符（例如汉字）的可变长度的值
二进制字符串	存储严格的二进制（0 和 1）表示的数据，例如图像、文件
其他数据类型	要求专门处理的复杂数据类型，诸如 XML 文档、全局唯一标识符等

① 精确数字类型，直接参与算术运算，主要包括 bit、tinyint、smallint、int、bigint、numeric、decimal、smallmoney、money。也就是说，精确数字类型可以直接参与到数学表达式中。在 SQL Server 2008 中，使用数字类型时，直接输入数字即可，而不像字符串类型，需要用单引号包含起来。

- bit 数据类型的取值为 1、0 或 NULL 的整数数据类型。字符串值 TRUE 和 FALSE 可以转换为以下 bit 值：TRUE 转换为 1，FALSE 转换为 0。
- tinyint 数据类型的取值为 0 到 255，占用一个字节的存储空间。
- smallint 数据类型的取值为 –32 768 到 32 767，占用 2 字节的存储空间。
- int 数据类型的取值为 –2 147 483 648 到 2 147 483 647，占用 4 字节的存储空间。
- numeric[(p[, s])] 和 decimal[(p[, s])] 带固定精度和小数位数的数值数据类型，p（精度）表示。最多可以存储的十进制数字的总位数，包括小数点左边和右边的位数。该精度必须是从 1 到最大精度 38 之间的值。默认精度为 18。s（小数位数）表示小数点右边可以存储的十进制数字的最大位数。小数位数必须是从 0 到 p 之间的值。仅在指定精度后才可以指定小数位数。默认的小数位数为 0；因此，$0 \leqslant s \leqslant p$。最大存储大小基于精度而变化。

- smallmoney 代表货币或货币值的数据类型，取值范围 $-214\,748.3648 \sim 214\,748.3647$ 存储空间四个字节。
- money 代表货币或货币值的数据类型，取值范围 $-922\,337\,203\,685\,477.5808$ 到 $922\,337\,203\,685\,477.5807$ 储存空间 8 字节。

② 近似数字数据类型，并非所有值都能精确地表示。对于不精确的情况，可以使用近似数字类型。一般情况下，浮点数据都是近似值。因此，近似数字类型是用于表示浮点数值数据的数据类型，主要为 float 和 real，实际使用时最好使用 float 数字类型。近似数字类型也可以直接参与运算。

- float [(n)]用于表示浮点数值数据的大致数值数据类型。浮点数据为近似值；因此，并非数据类型范围内的所有值都能精确地表示。其中 n 为用于存储 float 数值尾数的位数，以科学记数法表示，因此可以确定精度和存储大小。如果指定了 n，则它必须是介于 1 和 53 之间的某个值。n 的默认值为 53。存储空间：为当 $1 \leqslant n \leqslant 24$ 占用 4 字节，$25 \leqslant n \leqslant 53$ 占用 8 字节。
- real 数据类型相当于 float(24)。

③ 日期和时间数据类型包括 datetime 和 smalldatetime，用来存储带有日期和时间特征的数据。datetime 能精确到毫秒，smalldatetime 能精确到分钟。

④ 字符串数据类型，是 SQL Server 2008 中使用频率最高的数据类型，包括 char、varchar 和 text。字符串数据类型的值需要使用单引号括起来。

- char [(n)]是固定长度的字符串。存储非 Unicode 字符数据，长度为 n 个字节。n 的取值范围为 1 至 8 000，存储大小是 n 字节。
- varchar [(n| max)]是可变长度的字符串，非 Unicode 字符串。n 的取值范围为 $1 \sim 8\,000$。max 指示最大存储大小是 $2^{31}-1$ 字节。存储大小是输入数据的实际长度加 2 字节。所输入数据的长度可以为 0 个字符。
- text 是服务器代码页中长度可变的非 Unicode 数据，最大长度为 $2^{31}-1$（$2\,147\,483\,647$）个字符。当服务器代码页使用双字节字符时，存储仍是 $2\,147\,483\,647$ 字节。根据字符串，存储大小可能小于 $2\,147\,483\,647$ 字节。主要存储大的文本文件。

说明：

如果列数据项的大小一致，则使用 char。

如果列数据项的大小差异相当大，则使用 varchar。

如果列数据项大小相差很大，而且大小可能超过 8 000 字节，应使用 varchar(max)。

当执行 CREATE TABLE 或 ALTER TABLE 时，如果 SET ANSI_PADDING 为 OFF，则定义值为 NULL 的 char 列将作为 varchar 处理。

⑤ Unicode 字符串数据类型，主要存储 Unicode 字符数据，例如存储带有汉字的数据，包 nchar、nvarchar 和 ntext。Unicode 字符串数据类型的值需要使用单引号括起来。

- nchar [（n）]，n 个字符的固定长度的 Unicode 字符数据。n 值必须在 1 ~ 4 000 之间（含）。存储大小为两倍 n 字节。
- nvarchar [（n | max）]，可变长度 Unicode 字符数据。n 值在 1 ~ 4 000 之间（含）。max 指示最大存储大小为 $2^{31}-1$ 字节。存储大小是所输入字符个数的 2 倍+2 字节。所输入数据的长度可以为 0 个字符。

说明：

如果没有在数据定义或变量声明语句中指定 n，则默认长度为 1。如果没有使用 CAST 函数指定 n，则默认长度为 30。

如果列数据项的大小可能相同，应使用 nchar。

如果列数据项的大小可能差异很大，应使用 nvarchar。

⑥ 二进制字符串数据类型，主要存储文本文件、图像、视频、音频等文件。包括 binary、varbinary 和 image。

- binary(n)，固定长度的二进制数据，最大长度为 8 000 字节。默认长度为 1。存储大小是固定的，是在类型中声明的以字节为单位的长度。
- varbinary(n)，可变长度的二进制数据，最大长度为 8 000 字节。默认长度为 1。存储大小可变。它表示值的长度（以字节为单位）。
- image，可变长度的二进制数据，最大长度为 $2^{30}-1$（1 073 741 823）字节。存储大小是值的以字节为单位的长度。

⑦ 其他数据类型，SQL Server 2008 还提供了如下的一些类型。为了方便介绍，暂且将其全归在其他数据类型里。其中，主要包括 CURSOR、TIMESTAMP、HIERARCHYID、UNIQUEIDENTIFIER、SQL_VARIANT、XML、TABLE 等。其实，这些数据类型有的是用于辅助的数据类型，如 CURSOR；而有的是高级的数据类型，如 XML、TABLE。

- CURSOR：游标，用于在记录之间进行定位。
- TIMESTAMP：时间戳，根据服务器时间生成一个唯一值。
- Uniqueidentifier：唯一标识，数据库自动生成一个全局唯一值。
- SQL_VARIANT：动态类型。
- XML 数据类型，描述 XML 文档。
- TABLE：表类型，用于函数或存储过程中返回记录集。
- GEOGRAPHY 和 GEOMETRY：空间类型。

2．SQL Server 2008 用户自定义数据类型

在 SQL Server 2008 中，除了可以使用系统基本类型外，还可以使用自定义的数据类型。其中，自定义的数据类型主要是通过别名类型、CREATE TYPE 来定义。

（1）别名类型

利用 SQL Server Management Studio 中对象资源管理器，展开需要创建用户自定义数据类型的数据库，选择"可编程性"→"类型"命令，右击选择"新建用户定义数据类型"命令，打开如图 4-1 所示的窗口。

在"新建用户定义数据类型"对话框中，可以定义数据类型的架构、名称、数据类型、精度、允许空值等。完成设置后，单击"确定"按钮，创建用户自定义数据类型。此时的数据类型就相当于系统数据类型的一个别名，这个别名能够方便信息应用系统开发方面的统一和共享。

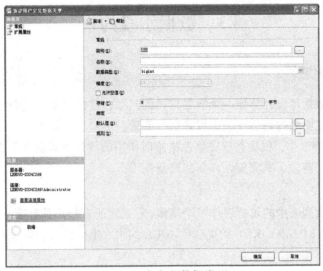

图 4-1　自定义数据类型

（2）**CREATE TYPE 语句语法**

```
CREATE TYPE 数据类型名称
{
    FROM 系统数据类型名称
    [ ( precision [ , scale ] ) ]
    [ NULL | NOT NULL ]
    | EXTERNAL NAME assembly_name [ .class_name ]
} [ ; ]
```

说明：

- precision ：指定数据类型的精度。
- scale：对于 decimal 或 numeric，指示小数点位数，它必须小于或等于精度值。
- NULL | NOT NULL：指定此类型是否可容纳空值。如果未指定，则默认值为 NULL。
- assembly_name：指定可在公共语言运行库中引用用户定义类型的实现的 SQL Server 程序集。assembly_name 应与当前数据库的 SQL Server 中的现有程序集匹配。
- [.class_name] ：指定实现用户定义类型的程序集内的类。class_name 必须是有效的标识符，而且必须在具有程序集可见性的程序集中作为类存在。class_name 区分大小写，且必须与对应的程序集中的类名完全匹配。如果用于编写类的编程语言使用命名空间概念（例如 C#），则类名可以是用方括号（[]）括起的限定命名空间的名称。

使用 CREATE TYPE 创建自定义数据类型，要求在当前数据库中具有 CREATE TYPE 权限，在 schema_name 上具有 ALTER 权限。如果未指定 type_schema_name，则使用可确定当前用户架构的默认名称解析规则。如果指定了 assembly_name，则用户必须拥有该程序集或对其具有 REFERENCES 权限。

【例 4-1】使用 CREATE TYPE 创建自定义类型。

```
USE Csu
GO
CREATE TYPE Csu_STR
FROM varchar(11) NOT NULL ;
```

4.3 数据字段约束

4.3.1 数据完整性

数据完整性是数据库设计方面一个非常重要的问题，数据完整性代表数据的正确性、一致性与可靠性，实施完整性的目的在于确保数据的质量。

在 SQL Server 2008 中，根据数据完整性措施所作用的数据库对象和范围不同，可以将数据完整性分类为实体完整性、域完整性和参照完整性等。

1. 实体完整性

实体完整性把数据表中的每行看作一个实体，它要求所有行都具有唯一标识。在 SQL Server 中，可以通过建立 PRIMARY KEY 约束、UNIQUE 约束、唯一索引，以及列 IDENTITY 属性等措施来实施实体完整性。

2. 域完整性

域完整性要求数据表中指定列的数据具有正确的数据类型、格式和有效的数据范围。域完整性通过默认值、FOREIGN KEY、CHECK 等约束，以及默认、规则等数据库对象来实现。

3. 参照完整性

参照完整性可维持被参照表和参照表之间的数据一致性。在 SQL Server 中，参照完整性通过主键与外键或唯一键与外键之间的关系来实现，通过建立 FOREIGN KEY 约束来实施。在被参照表中，当其主键值被其他表所参照时，该行不能被删除，也不允许改变。在参照表中，不允许参照不存在的主键值。

数据库中的数据现实世界的反映，数据库的设计必须能够满足现实情况的实现，即满足现实商业规则的要求，这也就是数据完整性的要求。在数据库管理系统中，约束是保证数据库中的数据完整性的重要方法。

4.3.2 数据字段约束

约束是数据库中的数据完整性实现的具体方法。在 SQL Server 2008 中，包括 5 种约束类型：PRIMARY KEY 约束、FOREIGN KEY 约束、UNIQUE 约束、CHECK 约束、DEFAULT 约束和 NULL 约束。在 SQL Server 中，约束作为数据表定义的一部分，在 CREATE TABLE 语句中定义声明。同时，约束独立于数据表的结构，可以在不改变数据表结构的情况下，使用 ALTER TABLE 语句来添加或删除。

1. PRIMARY KEY 约束

表中经常有一列或多列的组合，其值能唯一地标识表中的每一行。这样的一列或多列称为表的主键（PRIMARY KEY），通过它可以强制表的实体完整性。一个表只能有一个主键，而且主键约束中的列不能为空值。

如果主键约束定义在不止一列上，则一列中的值可以重复，但主键约束定义中的所有列的组合值必须唯一，因为该组合列将成为表的主键，如商品订购表中商品的"编号"和客户的"编号"组合作为主键。

（1）使用表设计器创建 PRIMARY KEY 约束

在表设计器中可以创建、修改和删除 PRIMARY KEY 约束。操作步骤如下：在表设计器中，选择需要设置主键的列（如需要设置多个列为主键，则选中所有需要设置为主键的列），右击，然后从弹出的快捷菜单中选择"设置主键"命令，完成主键设置，这时主键列的左边会显示"黄色钥匙"图标启动。

（2）使用 T-SQL 语句创建 PRIMARY KEY 约束

创建主键约束的语法形式如下：

```
[ CONSTRAINT constraint_name] PRIMARY KEY [ CLUSTERED | NONCLUSTERED ]
( column_name [, …n ])
```

其中，CLUSTERED | NONCLUSTERED 表示所创建的 UNIQUE 约束是聚集索引还是非聚集索引，默认为 CLUSTERED（聚集索引）。

说明：

聚集索引是基于数据行的键值在表内排序和存储这些数据行。每个表只能有一个聚集索引，因为数据行本身只能按一个顺序存储。在 SQL Server 2008 中，索引是按 B 树结构进行组织的。索引 B 树中的每一页称为一个索引结点。B 树的顶端结点称为根结点。索引中的底层结点称为叶结点。根结点与叶结点之间的任何索引级别统称为中间级。在聚集索引中，叶结点包含基础表的数据页。根节点和叶结点包含含有索引行的索引页。每个索引行包含一个键值和一个指针，该指针指向 B 树上的某一中间级页或叶级索引中的某个数据行。每级索引中的页均被链接在双向链接列表中。

聚集索引使用的每个分区的 index_id = 1。默认情况下，聚集索引有单个分区。当聚集索引有多个分区时，每个分区都有一个包含该特定分区相关数据的 B 树结构。例如，如果聚集索引有四个分区，就有四个 B 树结构，每个分区中有一个 B 树结构。聚集索引单个分区中的结构如图 4-2 所示。

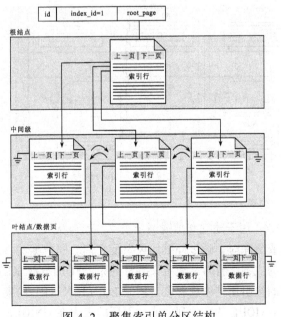

图 4-2　聚集索引单分区结构

非聚集索引包含索引键值和指向表数据存储位置的行定位器。可以对表或索引视图创建多个非聚集索引。通常，设计非聚集索引是为改善经常使用的、没有建立聚集索引查询的性能。在创建非聚集索引之前，应先了解访问数据的方式。考虑对具有以下属性的查询使用非聚集索引：使用 JOIN 或 GROUP BY 子句；不返回大型结果集的查询；经常包含在查询的搜索条件（例如返回完全匹配的 WHERE 子句）中的列。

设计非聚集索引时需要注意数据库的特征。更新要求较低但包含大量数据的数据库或表可以从许多非聚集索引中获益从而改善查询性能。

决策支持系统应用程序和主要包含只读数据的数据库可以从许多非聚集索引中获益。查询优化器具有更多可供选择的索引用来确定最快的访问方法，并且数据库的低更新特征意味着索引维护不会降低性能。联机事务处理应用程序和包含大量更新表的数据库应避免使用过多的索引。此外，索引应该是较窄，即列越少越好。

一个表如果建有大量索引会影响 INSERT、UPDATE 和 DELETE 语句的性能，因为所有索引都必须随表中数据的更改进行相应的调整。

非聚集索引单个分区中的结构如图 4-3 所示。

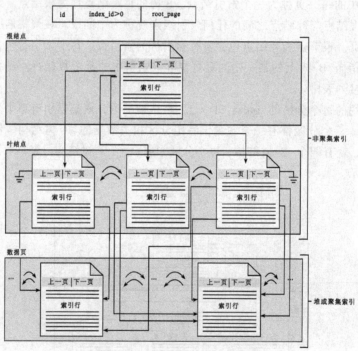

图 4-3　非聚集索引单分区结构

2. FOREIGN KEY 约束

外键（FOREIGN KEY）用于建立和加强两个表（主表与从表）的一列或多列数据之间的链接，当数据添加、修改或删除时，通过外键约束保证它们之间数据的一致性。定义表之间的参照完整性是先定义主表的主键，再对从表定义外键约束。FOREIGN KEY 约束要求列中的每个值在所引用的表中对应的被引用列中都存在，同时 FOREIGN KEY 约束只能引用在所引用的表中为 PRIMARY KEY 或 UNIQUE 约束的列，或所引用的表中在 UNIQUE INDEX 内的被引用列。

（1）使用表设计器创建 FOREIGN KEY 约束

在表设计器中可以创建、修改和删除 FOREIGN KEY 约束。在从表的设计视图中右击外键字段，在弹出的快捷菜单中选择"关系"命令，弹出如图 4-4 所示窗口。在窗口中选择表和列规范项中的按钮，弹出选择主从表的窗口如图 4-5 所示。然后设置好主表和从表的映射字段，单击"确定"按钮。

图 4-4　表设计器外键关系

图 4-5　设置主从表的 FOREIGN KEY 约束

（2）使用 T-SQL 语句创建 FOREIGN KEY 约束

创建外键约束的语法形式如下：

```
[ CONSTRAINT constraint_name] [ FOREIGN KEY ]
REFERENCES referenced_table_name [([, …n ]) ]
```

参数说明如下：

referenced_table_name 是 FOREIGN KEY 约束引用的表的名称。

column_name 是 FOREIGN KEY 约束所引用的表中的某列。

3. UNIQUE 约束

UNIQUE 约束用于确保表中某个列或某些列（非主键列）没有相同的列值。与 PRIMARY KEY 约束类似，UNIQUE 约束也强制唯一性，但 UNIQUE 约束用于非主键的一列或多列组合，而且一个表中可以定义多个 UNIQUE 约束，另外 UNIQUE 约束可以用于定义允许空值的列。例如在订单表（order）中已经定义"订单号"作为主键，而现在对于"订单验证码"也不允许出现重复，就可以通过设置"订单验证码"为 UNIQUE 约束来确保其唯一性。

（1）使用表设计器创建 UNIQUE 约束

在表设计器中可以创建、修改和删除 UNIQUE 约束，如图 4-6 所示。右击要设置的字段，在弹出的快捷菜单中选择"索引/键"命令。单击"添加"按钮新增加一个 UNIQUE 约束，选中左侧新增加的索引，在右侧常规选项中，将列设置成准备设置为 UNIQUE 约束的字段，"是唯一的"设置为是。单击"关闭"按钮即完成了 UNIQUE 约束的设置。

（2）使用 T-SQL 语句创建 UNIQUE 约束

创建唯一性约束的语法形式如下：

```
[ CONSTRAINT constraint_name] UNIQUE [ CLUSTERED | NONCLUSTERED ]
```

其中，CLUSTERED | NONCLUSTERED 表示所创建的 UNIQUE 约束是聚集索引还是非聚集索引，默认为 NONCLUSTERED（非聚集索引）。

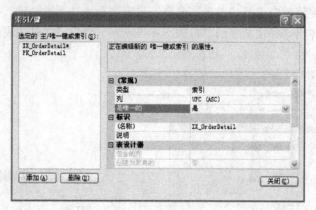

图 4-6 表设计器创建 UNIQUE 约束

4. CHECK 约束

CHECK 约束用于限制输入到一列或多列的值的范围，从逻辑表达式判断数据的有效性，也就是一个列的输入内容必须满足 CHECK 约束的条件，否则，数据无法正常输入，从而强制数据的域完整性。例如在客户表（Customer）中的"手机号"字段，应该保证在 11 位或 13 位，又如在货物表（Commodity）中的"数量"字段，应该保证为大于 0 的整数，而只用 int 数据类型是无法实现的，可以通过 CHECK 约束来完成。

（1）使用表设计器创建 CHECK 约束

在表设计器中可以创建、修改和删除 CHECK 约束，如图 4-7 所示。右击字段，在弹出的快捷菜单中选择"CHECK 约束"命令，在弹出的对话框中选择常规项中的表达式中的按钮，然后弹出"CHECK 约束表达式"对话框，在其中输入约束条件即可。其中约束条件可以是任何基于逻辑运算符返回 TRUE 或 FALSE 的逻辑（布尔）表达式，通常约束条件编写成：字段名称 逻辑运算符值。

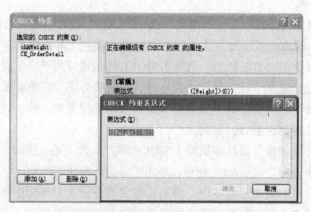

图 4-7 表设计器创建 CHECK 约束

（2）使用 T-SQL 语句创建 CHECK 约束

创建检查约束的语法形式如下：

```
[ CONSTRAINT constraint_name] CHECK ( check_expression )
```
其中，check_expression 为检查表达式。

5．DEFAULT 约束

若将表中某列定义了 DEFAULT 约束后，用户在插入新的数据行时，如果没有为该列指定数据，那么系统将默认值赋给该列，当然该默认值也可以是空值（NULL）。例如，假设订单表（Order）中的配送站字段，如果绝大部分是某一个固定的配送站的话，就可以通过设置"配送站"字段的 DEFALUT 约束来实现，简化用户的输入。

（1）使用表设计器创建 DEFAULT 约束

在表设计器中可以创建、修改和删除 DEFAULT 约束，如图 4-8 所示。

其操作步骤如下：

在表设计器中，选择需要设置 DEFAULT 值的列，在下面"列属性"的"默认值或绑定"栏中输入默认值，然后单击工具栏中的"保存"按钮，即完成 DEFAULT 约束的创建。

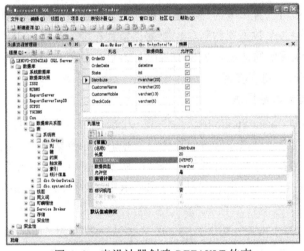

图 4-8　表设计器创建 DEFAULT 约束

（2）使用 T-SQL 语句创建 DEFAULT 约束

创建默认值约束的语法形式如下：

```
[ CONSTRAINT constraint_name] DEFAULT ( constraint_expression )
```
其中，constraint _expression 为默认值。

4.4　表 的 创 建

在创建表之前需要对 SQL Server 2008 进行设置，否则无法保存新创建的表。在 SQL Server Management Studio 中选择工具菜单下的选项，弹出如图 4-9 所示的对话框。选择表设计器选项中"表设计器和数据库设计器"选项，然后在其右侧取消选中"阻止保存要求重新创建表的更改"复选框。这样即可在 SQL Server 2008 开始创建表。

创建数据表的一般分为三个步骤：

首先定义表结构，即给表的每一列取列名，并确定每一列的数据类型、数据长度、列数据是否可以为空等。

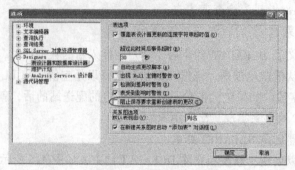

图 4-9 表设计器配置

然后为了限制某列数据的取值范围，以保证输入数据的正确性和一致性而设置约束。

最后当表结构和约束建立完成之后向表中输入实际的数据。

从以上三个步骤中可以看出表的结构是关键，通常创建表之前的重要工作是设计表结构，即确定表的名字、表中各个数据项的列名、数据类型和长度、是否为空值等。数据表的设计在系统开发中，占有非常重要的地位。在 SQL Server 2008 中，创建数据表可以通过表设计器来操作，也可以利用 T-SQL 语句来实现。

1. 利用表设计器创建数据表

在 SQL Server Management Studio 中，提供了一个前端的、填充式的表设计器以简化表的设计工作，利用图形化的方法可以非常方便地创建数据表。在数据库中表选项中右击，在弹出的快捷菜单中选择"新建表"命令，打开如图 4-10 所示的窗口，然后在表设计器中输入列名、列数据类型、是否允许空。然后在下方列属性选项卡中是对列的更详细的设置，比如默认值、种子标识等。

图 4-10 表设计器

当所有的列都设计完成后单击上方工具栏中"保存"按钮，然后为表命好名称即可。通常表的名称最好选用较短且意义明确的字符串来表示，多个字符串之间用下画线（_）来连接。这样，就能够直观地反应表中数据的内容和表的用途。如 table_customer 就可以较为明确地说明该表是一个用于存放客户的表。当然每个公司都自己的命名规范，并不固定，但是在最初学习创建表的时候要养成这样的规范命名意识。比较好的命名规范有单峰、双峰命名规范。

2．利用 T-SQL 语句创建数据表

```
CREATE TABLE [ database_name . [ schema_name ].| schema_name.] table_name
(
    column_name <data_type> [ NULL | NOT NULL ]
     [
    [ CONSTRAINT constraint_name ] DEFAULT constant_expression ]
    | [ IDENTITY [ ( seed ,increment ) ] [ NOT FOR REPLICATION ]
    ]
)
```

说明：

database_name：创建表的数据库的名称，必须指定现有数据库的名称。如果未指定，则database_name 默认为当前数据库。

table_name：新表的名称。表名必须遵循标识符规则。

column_name ：表中列的名称。列名必须遵循标识符规则并且在表中是唯一的。

【例 4-2】创建以下两个表。

① 创建表 Customers，列 CustID 是主键，同时该列取值是标识（即系统自动生成，用户为该列赋值）起始值为 100，每次递增 1；列 CompanyName 是 nvarchar 类型的最大长度为 50 个字符。

```
CREATE  TABLE  Customers (CustID int IDENTITY (100,1) PRIMARY KEY,
CompanyName nvarchar (50))
```

② 创建表 Order，列 OrderID 是主键，数据类型为 int；列 CustID 是外键，主表是 Customers。

```
CREATE  TABLE  Order (OrderID int PRIMARY KEY, CustID int REFERENCES
Customers(CustID))
```

4.5 表 的 修 改

在数据库的使用过程中，经常会发现原来创建的表可能存在结构、约束等方面的问题或缺陷。如果用一个新表替换原来的表，将造成表中数据的丢失。因此，需要有修改数据表而不删除数据的方法。

1．利用表设计器修改数据表

① 启动 SQL Server Management Studio。

② 展开要修改的表所在的数据库，右击要修改的表，然后在弹出的快捷菜单中选择"修改"命令，如图 4-11 所示。

③ 在"表设计器"中，可以新增列、删除列和修改列的名称、数据类型、长度、是否允许为空等属性。

④ 当完成修改表的操作后，单击工具栏上的"保存"按钮即可。

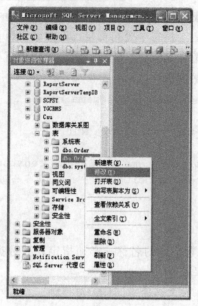

图 4-11　修改表结构

2. 利用 T-SQL 语句修改数据表

修改数据表的语法格式如下:

```
ALTER TABLE table_name
    { [ ALTER COLUMN column_name
    { new data type [ ( precision [,scale ] ) ]
    [NULL | NOT NULL]
    | ADD
    { [ < column_definition > ] [,... n ]
    | DROP { [ CONSTRAINT ] constraint_name | COLUMN
column_name }[,... n ]
```

说明:

table_name: 所要修改的表的名称。

ALTER COLUMN: 修改列的定义。

ADD: 增加新列或约束。

DROP: 删除列或约束。

constraint_name: 约束的名称。

【例 4-3】按下面三种方式修改表。

① 修改表 Customers 为其 CompanyName 字段增加默认值'北京青年政治学院'。

```
ALTER TABLE Customers ALTER COLUMN CompanyName SET DEFAULT '北京青年政治学院'
```

② 修改表 Customers,删除 CompanyName 字段的默认值设置。

```
ALTER TABLE Customers ALTER COLUMN CompanyName DROP DEFAULT
```

③ 修改表 OrderDetail,在 Weight 字段上增加 CHECK 约束。

```
ALTER TABLE OrderDetail  ADD CONSTRAINT chkWeight  check([Weight]>0)
```

4.6 表 的 删 除

当一个数据表如果不再具有使用价值，则可以将其删除。

1．利用对象资源管理器删除数据表

① 启动 SQL Server Management Studio。

② 展开表所在的数据库，右击要删除的表，在弹出的快捷菜单中选择"删除"命令，如图 4-12 所示。

③ 在"删除对象"对话框中，显示出删除对象的属性信息，单击"确定"按钮。

图 4-12 删除表操作

2．利用 T-SQL 语句删除数据表

删除数据表的语法格式如下：

```
DROP TABLE table_name [,... n ]
```

其中，table_name 为所要删除的表的名称。

【例 4-4】删除数据表。

删除表 Order。

```
DROP TABLE Order
```

删除表只能够删除用户表，不能够删除系统表。删除表一旦操作完成，表中数据也一并被删除，而且是无法恢复的。

4.7 主外键关联

多个表的主外键关联就是通过 FOREIGN KEY 约束来实现的，所以设置了 FOREIGN KEY 约束就设置了主外键关联。下面介绍另一种图形化的设置主外键关联的方法，该方法更直接形象。

① 启动 SQL Server Management Studio。

② 展开要操作的数据库，右击数据库关系图，在弹出的快捷菜单中选择"新建数据库关系图"命令，如图 4-13 所示。

③ 在弹出的对话框中把要操作的表都添加进去，如图 4-14 所示。

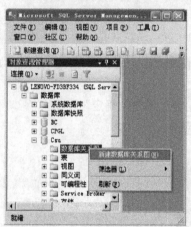

图 4-13　新建数据库关系图

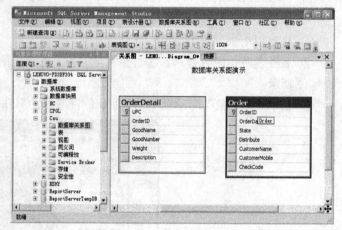

图 4-14　数据库关系图

④ 用鼠标选中整个要建立主外键关联的字段行，拖动鼠标到另一个表上（拖动时显现一条虚线表示拖动成功），松开鼠标，然后弹出如图 4-15 所示的关联对话框。选择要关联的主键表、主键表中要关联的字段和外键表中要关联的字段，单击"确定"按钮即可。

⑤ 然后在数据库关系图中可以看到如图 4-16 所示的效果，表示关联成功。最后在上方的工具栏中单击"保存"按钮。

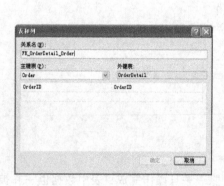

图 4-15　主外键关联

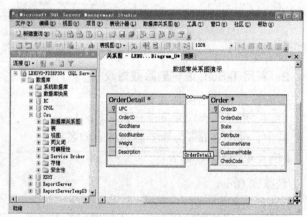

图 4-16　主外键关系图

4.8　级联操作

在主外键关联的表中，当主表中的记录更新时，通常希望从表的相关的值也自动更新，如果不能自动更新则会导致数据的不完整。同理，当主表中的记录删除的时候，从表中对应的记录也要自动删除，这样才能保证数据的完整性。那么如何保证这种情况下的数据完整性呢？这就需要设置主外键关联中的级联操作。

在设置主外键关联的时候展开 INSERT 和 UPDATE 规范选项，设置更新规则和删除规则即可，如图 4-17 所示。

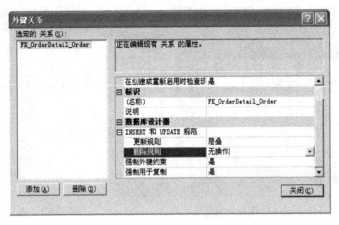

图 4-17 级联操作

说明：

INSERT 和 UPDATE 规范类别：

1. 更新规则

指定当用户尝试更新某一行而该行包含外键关系涉及的数据时将发生的情况。

无操作：产生一个错误码信息，并回滚到更新前；

层叠：更新包含外键关系中所涉及的数据的所有行；

设为空：如果表的所有外键列都可以接受空值，则将该值设置为空；.

设置默认值：如果表的所有外键列均已定义默认值，则将值设置成为该列定义的默认值。

2. 删除规则

指定当用户尝试删除某一行而该行包含外键关系涉及的数据时将发生的情况。

无操作：产生一个错误码信息，并回滚到删除前；

层叠：删除包含外键关系中所涉及的数据的所有行；

设为空：如果表的所有外键列都可以接受空值，则将该值设置为空；

设置默认值：如果表的所有外键列均已定义默认值，则将值设置成为该列定义的默认值。

拓 展 部 分

工欲善其事必先利其器，下面就介绍一个数据库建模利器 PowerDesigner。

当设计了 E-R 图后，数据表就基本确定了，那么就可以利用现有的 E-R 图自动创建好 SQL Server 2008 中的表。PowerDesigner 是一个数据库建模工具，使用这个工具，可使数据库工作就事半功倍了。

首先打开 PowerDesigner，在文件（File）菜单中选择新建一个模型（New），如图 4-18 所示。

在弹出对话框中选择 PhysicalDataModel 选项，在右侧选择 DBMS 为 Microsoft SQL Server 2008，单击"确定"按钮进入 E-R 设计视图。

在设计视图中，选择工具栏中的 Table 工具，把 Table 放到视图的 Diagram（相当于画板）中，双击 Table 的图标，为表起名并完成字段的添加和设置，如图 4-19 所示。

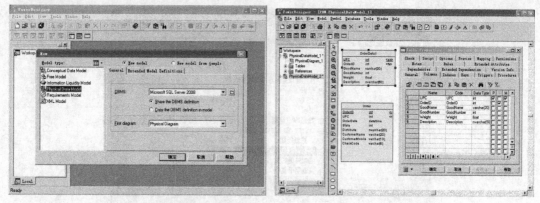

图 4-18　PowerDesigner 数据库建模　　　　　图 4-19　表设置

当两个表有关联的时候，在工具栏中选择 Reference 工具，从从表拖动到主表松开鼠标，PowerDesigner 自动建好了关系，如图 4-20 所示。

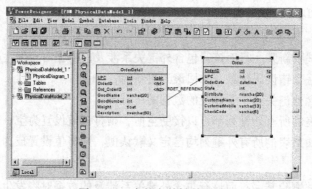

图 4-20　表的主外键关联图

最后，选择 Database→Generate Database 命令，在打开的窗口中选择好脚本文件的存放路径即可。有了这个脚本文件就可以在 SQL Server 2008 的查询窗口直接运行这个脚本文件，系统可自动创建所有的表。注意，在运行脚本时需要确定使用的是哪个数据库。

小　　结

本章介绍了数据库系统中最重要的逻辑对象——表。表作为存储数据最基本的单位，负责存放数据信息，是数据库系统中最为核心的部分。如果没有表，数据就失去了载体，数据就无法作为信息来表示。本章重点介绍了表的定义和操作，对表中字段的数据类型也做了较为详细的介绍。在实际应用中，这些数据类型还有更丰富的应用。如果数据类型设置合理的话数据库的空间和查询时间都能得到很大提升。

实　　训

实训目的：

① 能利用 SQL Server Management Studio 创建三个表。

② 能利用 CREATE TABLE 语句创建带主键约束和 CHECK 约束的表。

③ 能掌握 int、varchar、datetime 基本数据类型的使用。

④ 能掌握表之间的 FOREIGN KEY 约束和级联操作。

实训要求：

实训 1 在 5 分钟之内完成；实训 2 在 15 分钟之内完成；实训 3 ~ 实训 5 要求分别在 5 分钟之内完成。

实训内容：

实训 1　利用 SQL Server Management Studio 创建物流配送系统客户表。

提示：客户表至少要有客户编号、客户账号、客户姓名、客户地址、客户电话、客户邮箱、客户账号密码、密码提示问题、提示问题答案等字段。字段的数据类型要和实际情况相吻合。

实训 2　利用 CREATE TABLE 创建订单表、订单明细表和配送站表。

提示：订单表至少要有订单编号、客户编号、订单状态、发货配送站编号、收获配送站编号、货物总重量、货物体积、货物配送价格、货物保价、订单日期、收件人手机、收件人地址、寄件人姓名、寄件人地址、寄件人手机号、要求发货日期、订单描述、订单验证码字段。

配送站表至少要有配送站编号、配送站名称、配送站电话、所属省份和地区、配送站描述、配送站邮箱字段。

订单明细表至少要有货物条形码、订单编号、货物名称、货物数量、货物重量、货物体积和货物描述字段。字段的数据类型要和实际情况相吻合。

实训 3　在订单明细表中设计货物数量字段的 CHECK 约束为数量在 1 至 10 件之间。

提示：利用 BETWEEN...AND 条件判断或者利用>=和<=都可以实现。

实训 4　建立订单表、订单明细表的主外键关系，在两张表中各输入至少 5 条测试数据。

提示：在测试数据输入的时候，要尝试在从表中输入主表中关联字段没有的值。

实训 5　把订单表、订单明细表的主外键关系的级联操作中设置为级联更新和级联删除，然后删除主表中的一条记录进行验收级联是否成功。

提示：级联删除成功设置后，当主表中删除记录时，从表会自动删除相关的记录。

删除记录可以直接打开主表进行，如果在 T-SQL 学习完成后可以利用 DELETE 语句删除记录。

第 **5** 章

SQL 基础

【任务引入】

在创建完数据表后，可以对数据表执行各种操作，根据需要，可向数据表添加数据，删除数据，更新已存的数据以及检索数据。SQL Server2008 提供数据库操纵语言 DML（Data Manipulation Language）对已有数据表进行操作，具体包含的命令有：SELECT（查询）、INSERT（插入）、DELETE（删除）、UPDATE（更新）。

【学习目标】

- 掌握 SQL Server 2008 查询分析器的使用
- 掌握简单查询、条件查询、连接查询和子查询语句的格式及使用
- 掌握数据添加、删除和更新的方法

5.1　界　面　操　作

SQL Server 2008 提供了人性化的操作界面，以便初学者可以快速掌握，下面就介绍查询分析器的界面及基础功能的使用。

查询分析器的界面如图 5-1 所示。

图 5-1　查询分析器界面

1. 菜单栏

菜单栏是各种功能块的集合，如图 5-2 所示。

图 5-2　菜单栏

2. 工具栏

工具栏集中了常用功能，可自定义功能块，如图 5-3 所示。

图 5-3　工具栏

3. 对象资源管理器

在对象资源管理器中可对现有资源进行管理、备份、还原等操作，如图 5-4 所示。

4. SQL 编辑器

在 SQL 编辑器中可编写 SQL 语句，查看 SQL 执行结果及显示消息等，如图 5-5 所示。

5. 属性栏

属性栏可显示当前连接的各种参数，如图 5-6 所示。

图 5-4　对象资源管理器　　　图 5-5　SQL 编辑器　　　图 5-6　属性栏

5.2　简　单　查　询

查询功能是 SQL 中的核心功能之一。主要用作对已存在的数据，根据所需，按照一定条件及次序进行检索。

查询语句的基本格式是：

```
SELECT[ALL|DISTINCT] [表名|表别名.]{*|字段名|表达式[AS 新字段名]}
FROM 表名 [AS 表别名]
[WHERE 条件表达式|子查询]
[GROUP BY 字段名]
[HAVING 分组表达式]
[ORDER BY 字段名 | 次序表达式[ASC|DESC] ]
```

除特殊情况外，SELECT 子句与 FROM 子句是必不可少的。仅当 SELECT 子句包含变量、常量或算术表达式时，FROM 子句可以省略。其余关键词均可省略。

5.2.1 查询所有数据

当需要查询数据表中的所有数据时，SELECT 子句中用*表示所有数据，FROM 子句后跟所需要查询的数据表名称。

【例 5-1】查询用户的所有信息。

实现代码：

```
SELECT * FROM Client
```

结果如图 5-7 所示。

	ClientId	ClientUserName	ClientName	ClientAddress	ClientPhone	ClientMobilePhone
1	1	zhangjihong	张纪红	河北省石家庄市	0311-8431××××	1397118××××
2	2	sunyunhao	孙韵浩	北京市	010-6491××××	1375566××××
3	3	liuqiang	刘强	上海市	021-8124××××	1369159××××
4	4	liuqiang123	刘强	山东省济南市	0531-645××××	1381956××××
5	5	wanghong	王红	北京市	010-6547××××	1395411××××
6	6	sunlei	孙雷	江西省南昌市	0791-640××××	1351977××××
7	7	zhaoqi	赵齐	河北省保定	0312-619××××	1384119××××

图 5-7 例 5-1 代码运行结果

5.2.2 查询指定字段数据

在进行查询操作时，往往只需要检索部分字段，此时可在 SELECT 子句中列出所需字段名称。

【例 5-2】查询用户的姓名、地址和电话。

实现代码：

```
SELECT ClientName, ClientAddress, ClientPhone FROM Client
```

结果如图 5-8 所示。

	ClientName	ClientAddress	ClientPhone
1	张纪红	河北省石家庄市	0311-8431××××
2	孙韵浩	北京市	010-6491××××
3	刘强	上海市	021-8124××××
4	刘强	山东省济南市	0531-645××××
5	王红	北京市	010-6547××××
6	孙雷	江西省南昌市	0791-640××××
7	赵齐	河北省保定	0312-619××××
8	乾钧	天津市	022-5721××××

图 5-8 例 5-2 代码运行结果

注：① 所要查找的字段名需与表中的字段名一致。
② 字段名的先后顺序仅影响数据的显示顺序。

5.2.3 查询不重复的数据

检索数据时，有时会遇到重复数据，如果不想显示重复数据，可在 SELECT 关键词后接

DISTINCT 关键词，系统将返回没有重复的数据。系统默认关键词是 ALL，表示检索所有数据，包含重复数据。

【例 5-3】查询所有用户的姓名，并且不包含重复记录。

实现代码：

```
SELECT DISTINCT ClientName FROM Client
```

结果如图 5-9 所示。

	ClientName
1	刘强
2	乾钧
3	孙雷
4	孙韵洁
5	王红
6	张纪红
7	赵齐

图 5-9　例 5-3 代码运行结果

5.2.4　对查询结果排序

可通过在 FROM 子句后追加 ORDER BY 子句对查询结果排序，ORDER BY 关键词后接次序表达式，次序表达式由一到多个字段名及序列号组成，并且根据先后顺序进行排序。

【例 5-4】查询所有用户的姓名及电话，并按照姓名升序，电话降序显示。

实现代码：

```
SELECT ClientName, ClientPhone FROM Client
ORDER BY ClientNameASC, ClientPhoneDESC
```

结果如图 5-10 所示。

由图所示，查询结果先按照姓名升序排序（姓名首字母 A～Z），再按照电话降序排序（9～0）。其中 ASC 表示升序，DESC 表示降序。默认为 ASC。

5.2.5　按照分组进行查询

GROUPBY 子句可以根据数据表不同的组对数据进行检索，这样便于对数据进行聚合。

【例 5-5】根据用户的姓名进行分组，并显示所有用户姓名。

实现代码：

```
SELECT ClientName FROM Client
GROUP BY ClientName
```

结果如图 5-11 所示。

	ClientName	ClientPhone
1	刘强	0531-6451××××
2	刘强	021-8124××××
3	乾钧	022-5721××××
4	孙雷	0791-640××××
5	孙韵洁	010-6491××××
6	王红	010-6547××××
7	张纪红	0311-8431××××
8	赵齐	0312-619××××

图 5-10　例 5-4 代码运行结果

	ClientName
1	刘强
2	乾钧
3	孙雷
4	孙韵洁
5	王红
6	张纪红
7	赵齐

图 5-11　例 5-5 代码运行结果

注：① GROUP BY 子句中可包含一个到多个聚合条件。

② SELECT 子句中至少包含一个 GROUP BY 子句中的字段。

③ 在 SQL Server 2008 中，text、ntext、image 等数据类型不能作为 GROUP BY 子句的聚合条件。

5.3 条件查询

在 5.2 中所列举的示例，全部都是检索所有数据，然而在实际情况中，往往只需要检索部分数据，这就需要使用 WHERE 子句指定查询条件，只有当满足 WHERE 子句的查询条件的数据才能显示在结果集中。

SQL Server 2008 对条件表达式提供了丰富的支持，可在不同条件下使用。

5.3.1 比较条件查询

SQL Server 2008 提供了多种比较运算符，WHERE 子句支持比较运算符的使用。

具体比较运算符介绍见 6.1 节。

【例 5-6】查询订单物品单价在 1 000 元以上的所有物品信息。

实现代码：

```
SELECT * FROM Goods
WHERE GoodsValue>1000
```

结果如图 5-12 所示。

	GoodsId	OrderlistId	GoodsTypeName	GoodsName	GoodsAmount	GoodsValue	GoodsVolu
1	2	8	贵重品	台式机电脑	10	3000.00	2000
2	4	8	贵重品	笔记本电脑	5	4000.00	1300

图 5-12 例 5-6 代码运行结果

5.3.2 范围条件查询

范围条件查询用于返回符合某一范围的结果集，通常使用 BETWEEN...AND...关键词来指定条件范围，也可使用 NOT...BETWEEN...AND...选择相反的条件范围。

【例 5-7】查询订购物品数量在 0～50 之间的所有物品信息。

实现代码：

```
SELECT * FROM Goods
WHERE GoodsAmount BETWEEN 0 AND 50
```

结果如图 5-13 所示。

	GoodsId	OrderlistId	GoodsTypeName	GoodsName	GoodsAmount	GoodsValue	GoodsVolu
1	2	8	贵重品	台式机电脑	10	3000.00	2000
2	4	8	贵重品	笔记本电脑	5	4000.00	1300
3	6	8	消耗品	打印墨盒	50	600.00	1000
4	7	8	消耗品	公文包	20	100.00	300

图 5-13 例 5-7 代码运行结果

注：在使用 BETWEEN...AND...进行条件匹配时，前一个值必须小于等于后一个值，等价于（>=...<=...）。

5.3.3 多值条件查询

当查询需要满足多个条件时，可采用 IN 关键词指定一组条件，每个条件中间用"，"分隔符区分，也可使用 NOT 关键词反向匹配选择数据。

【例 5-8】 查询订单中公文包或打印纸的所有信息。

实现代码：
```
SELECT * FROM Goods
WHERE GoodsName in ('公文包','打印纸')
```

结果如图 5-14 所示。

	GoodsId	OrderlistId	GoodsTypeName	GoodsName	GoodsAmount	GoodsValue	GoodsVolur
1	5	8	消耗品	打印纸	100	300.00	3000
2	7	8	消耗品	公文包	20	100.00	300

图 5-14   例 5-8 代码运行结果

5.3.4　模糊查询

在检索数据时，往往不能精确地提供检索条件，通常使用 LIKE 关键词进行检索，LIKE 关键词采用通配符进行条件匹配。SQL Server 2008 提供的通配符及其含义见表 5-1。

表 5-1　通配符含义说明表

通　配　符	说　　　明	通　配　符	说　　　明
%	替代一个或多个字符	[]	指定范围的单个字符，如[A–Z]
_	仅替代一个字符	[^]或[!]	指定范围外的单个字符，如[^0–9]

【例 5-9】 查询所有与"打印"相关的物品。

实现代码：
```
SELECT * FROM Goods
WHERE GoodsName like '打印%'
```

结果如图 5-15 所示。

	GoodsId	OrderlistId	GoodsTypeName	GoodsName	GoodsAmount	GoodsValue	GoodsVolur
1	5	8	消耗品	打印纸	100	300.00	3000
2	6	8	消耗品	打印墨盒	50	600.00	1000

图 5-15   例 5-9 代码运行结果

【例 5-10】 查询以"liuqian"为前缀的 8 位登录账户的用户信息，且最后一位为小写字母。

实现代码：
```
SELECT * FROM Client
WHERE ClientUserName like 'liuqian[a-z]'
```

结果如图 5-16 所示。

	ClientId	ClientUserName	ClientName	ClientAddress	ClientPhone	ClientMobilePhone	Clie
1	3	liuqiang	刘强	上海市	021-8124××××	1369159××××	liuc

图 5-16   例 5-10 代码运行结果

5.3.5　HAVING 条件查询

HAVING 子句用于对 GROUP BY 分组后的数据进行条件匹配。条件表达式同 WHERE 条件表达式。HAVING 子句位于 GROUP BY 子句之后。

【例 5-11】 根据订单物品及单价分组，查询单价小于 1 000 的物品名称及单价。

实现代码：
```
SELECT GoodsName,GoodsValue FROM Goods
GROUP BY GoodsName,GoodsValue
HAVING GoodsValue< 1000
```
结果如图 5-17 所示。

	GoodsName	GoodsValue
1	打印墨盒	600.00
2	打印纸	300.00
3	公文包	100.00

图 5-17   例 5-11 代码运行结果

5.4   连 接 查 询

在关系型数据库应用中，由于需要经常对多个关联表进行操作，SQL Server 2008 提供了连接查询机制，可以通过同时检索多个表获取所需数据。

连接查询主要包括：内连接、外连接和交叉连接。

连接查询子句可在 FROM 子句或 WHERE 子句中指定，通常建议在 FROM 子句中指定连接查询条件，以便与 WHERE 中可能存在的其他查询条件区分。

简单的连接查询格式：

FROM 表 1 连接类型表 2 [ON 连接条件]

连接类型包括上面提到的内连接、外连接以及交叉连接。

5.4.1   内连接（INNER JOIN）

内连接也称普通连接，使用比较运算符进行表间连接，并列出这些表中与连接条件相匹配的数据。内连接又可分为等值连接、自然连接和不等值连接三种。SQL Server 2008 提供的默认连接为内连接，其关键词为 INNER JOIN，可简写为 JOIN。

1．等值连接

在连接表达式中使用等于号（=）运算符匹配连接字段，其查询结果包括连接表与被连接表中的所有列，也包括重复列。

2．自然连接

同等值连接，在连接表达式中使用等于号（=）运算符匹配连接字段，但其采用指定输出列的形式查询，查询结果中不包含重复列。

3．不等连接

在连接表达式中使用除等于号以外的运算符匹配连接字段，可使用的运算符包括：>、>=、<、<=、<>、!>和!<。

【例 5-12】查询指定订单 ID 的订单 ID、物品名称、数量及订单提交日期。

实现代码：
```
SELECT  o.OrderlistId,g.GoodsName,g.GoodsAmount,o.OrderlistDate
FROM Orderlist o
INNER JOIN Goods g ON o.OrderlistId=g.OrderlistId
```
结果如图 5-18 所示。

	OrderlistId	GoodsName	GoodsAmount	OrderlistDate
1	8	台式机电脑	10	2011-07-12 00:00:00.000
2	8	笔记本电脑	5	2011-07-12 00:00:00.000
3	8	打印纸	100	2011-07-12 00:00:00.000
4	8	打印墨盒	50	2011-07-12 00:00:00.000
5	8	公文包	20	2011-07-12 00:00:00.000

图 5-18　例 5-12 代码运行结果

5.4.2　外连接（OUTER JOIN）

内连接仅返回符合查询条件的数据，不符合的数据不会被保留。而外连接则返回查询条件中至少一个表或视图的所有数据行。

外连接可视为内连接功能的扩充，SQL Server 2008 提供了三种模式的外连接，包括：左外连接（LEFT OUTER JOIN）、右外连接（RIGHT OUTER JOIN）和全连接（FULL OUTER JOIN），其中 OUTER 关键词可以省略。

1．左外连接

左外连接保留左表中的所有数据，如果左表与右表的某些数据不匹配，则在结果集中右表不匹配的数据列均为空值。

2．右外连接

同左外连接相反，右外连接保留右表中的所有数据，如果左表与右表的某些数据不匹配，则在结果集中左表不匹配的数据列为空值。

3．全连接

全连接，也称完整外连接，返回左表与右表中的所有数据行，如果左表与右表的某些数据不匹配，则在结果集中的对应列均为空值。

【例 5-13】查询所有订单的订单 ID、物品名称及数量

实现代码：

```
SELECT o.OrderlistId,g.GoodsName,g.GoodsAmount
FROM Orderlist o
LEFT OUTER JOIN Goods g
ON o.OrderlistId=g.OrderlistId
```

结果如图 5-19 所示。

	OrderlistId	GoodsName	GoodsAmount
1	8	台式机电脑	10
2	8	笔记本电脑	5
3	8	打印纸	100
4	8	打印墨盒	50
5	8	公文包	20
6	9	NULL	NULL

图 5-19　例 5-13 代码运行结果

5.4.3　交叉连接（CROSS JOIN）

交叉连接不使用 WHERE 子句，其返回所涉及表数据行的笛卡儿积。如查询表 1 及表 2，其返回的结果集包含表 1 匹配的数据行乘以表 2 匹配的数据行，即表 1×表 2。

5.5　子　查　询

子查询是一个 SELECT 查询，它嵌套在 SELECT、INSERT、UPDATE、DELETE 语句或其他子查询中。子查询也称为内部查询或内部选择，而包含子查询的语句也称为外部查询或外部选择。

子查询能够将比较复杂的查询分解成几个简单的查询，而且子查询可以嵌套。嵌套查询的

过程是：首先执行内部查询，查询出来的数据并不被显示出来，而是传递给外层语句，并作为外层语句的查询条件来使用。

使用子查询时要注意以下几点：

① 通过比较运算符引入的子查询选择列表只能包括一个表达式或列名称（对 SELECT * 执行的 EXISTS 或对列表执行的 IN 子查询除外）。

② 如果外部查询的 WHERE 子句包括列名称，它必须与子查询选择列表中的列是连接兼容的。

③ ntext、text 和 image 数据类型不能用在子查询的选择列表中。

④ 由于必须返回单个值，所以比较运算符引入的子查询不能包含 GROUP BY 和 HAVING 子句。

⑤ 包含 GROUP BY 的子查询不能使用 DISTINCT 关键字。

⑥ 不能指定 COMPUTE 和 INTO 子句。

⑦ 只有指定了 TOP 时才能指定 ORDER BY。

⑧ 不能更新使用子查询创建的视图。

⑨ 按照惯例，由 EXISTS 引入的子查询的选择列表有一个星号（ * ），而不是单个列名。因为由 EXISTS 引入的子查询创建了存在测试并返回 TRUE 或 FALSE 而非数据，所以其规则与标准选择列表的规则相同。

5.5.1 比较运算符的子查询

子查询中用到的运算符包括 =、< >、<、< =、>、> =。使用运算符的子查询是将表达式的值和由子查询产生的值进行比较，子查询只能查询单个值而不是值列表，否则会产生错误。最后返回比较结果为 TRUE 的记录。

使用比较运算符的子查询的语法为：

```
WHERE 查询表达式运算符(子查询)
```

【例 5-14】在 Csu 数据库中，查找配送点为总公司的配送范围。

实现代码：

```
USE Csu
GO
SELECT * FROM Area
    WHERE StationId=(
    SELECT StationId FROM Station
    WHERE StationName='总公司'
)
```

结果如图 5-20 所示。

【例 5-15】在 Csu 数据库中，查找角色名称为 admin 的所有用户信息。

```
USE Csu
GO
SELECT * FROM Personnel
    WHERE  PersonnelId=(
    SELECT  PersonnelIdFROMRL_Personnel_Role
        WHERE  RoleId=(
        SELECT  RoleIdFROM Role
            WHERE  RoleName='admin'
    )
)
```

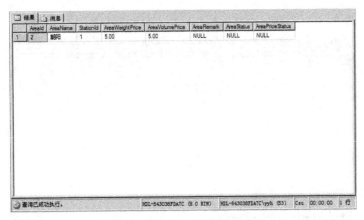

图 5-20　例 5-14 代码运行结果

结果如图 5-21 所示。

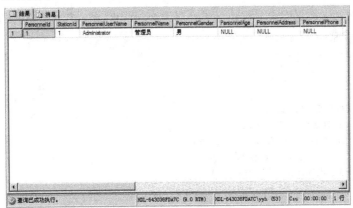

图 5-21　例 5-15 代码运行结果

5.5.2　使用 IN 或 NOT IN 的子查询

通过 IN（或 NOT IN）引入的子查询结果包含零个值或多个值的列表。子查询返回结果之后，外部查询将利用这些结果。

使用 IN 的子查询的语法为：

WHERE 查询表达式[NOT] IN （子查询）

把查询表达式单个数据和由子查询产生的一系列的数值相比较，如果数值匹配值列表中的某个数据，则返回 TRUE。

【例 5-16】在 Csu 数据库中，查找所有司机员工信息。

实现代码：

```
USE Csu
GO
SELECT * FROM Personnel
    WHERE PersonnelId in (
    SELECT PersonnelId FROM Driver
)
```

结果如图 5-22 所示。

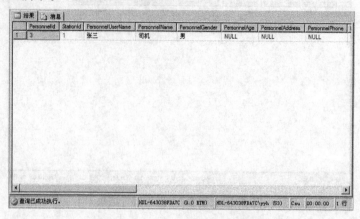

图 5-22　例 5-16 代码运行结果

【例 5-17】在 Csu 数据库中，查找订单日期为 2010-08-16，并且送货配送点除总公司之外的所有订单详细情况。

实现代码：

```
USE Csu
GO
SELECT * FROM Orderlist
    WHERE EndStationId not in (
    SELECT StationId FROM Station
        WHERE StationName='总公司'
) and OrderlistDate='2010-08-16'
```

结果如图 5-23 所示。

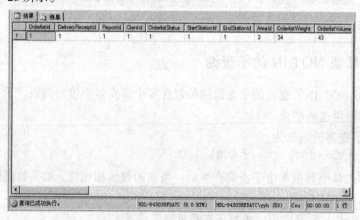

图 5-23　例 5-17 代码运行结果

5.5.3　使用 ANY、SOME 和 ALL 的子查询

SQL 支持 3 种定量比较关键词：SOME、ANY 和 ALL。它们都是用来判断是否部分或全部返回值都满足搜索要求。其中 SOME 是与 ANY 等效的，只注重是否有返回值满足搜索要求。

SOME 与 IN 的功能大致相同，IN 可以独立进行相等比较，而 SOME 必须与比较运算符配合使用，但可以进行任何比较。

以>比较运算符为例，>ALL 表示大于每一个值。换句话说，它表示大于最大值。例如，>ALL (1, 2, 3)表示大于 3。>ANY 表示至少大于一个值，即大于最小值。因此>ANY(1, 2, 3)表示大于 1。

若要使带有>ALL 的子查询中的行满足外部查询中指定的条件，引入子查询的列中的值必须大于子查询返回的值列表中的每个值。

同样，>ANY 表示要使某一行满足外部查询中指定的条件，引入子查询的列中的值必须至少大于子查询返回的值列表中的一个值。具体格式为：

```
WHERE 查询表达式运算符 SOME|ANY|ALL(子查询)
```

【例 5-18】在 Csu 数据库中，查找订单货物的货物价值大于或者等于平均价格的货物明细。

实现代码：

```
USE Csu
GO
SELECT * FROM Goods
WHERE GoodsValue>=ALL(
        SELECT AVG(GoodsValue) as GoodsValue FROM Goods
)
```

结果如图 5-24 所示。

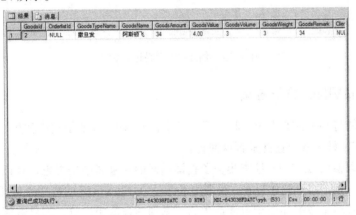

图 5-24　例 5-18 代码运行结果

5.5.4　使用 EXISTS 或 NOT EXISTS 的子查询

使用 EXISTS 关键字引入子查询后，子查询的作用就相当于进行存在测试。外部查询的 WHERE 子句测试子查询返回的行是否存在。子查询实际上不产生任何数据，它只返回 TRUE 或 FALSE 值。

NOT EXISTS 与 EXISTS 的工作方式类似，只是如果子查询不返回行，那么使用 NOT EXISTS 的 WHERE 子句会得到令人满意的结果。具体格式为：

```
WHERE [NOT] EXISTS(子查询)
```

【例 5-19】在 Csu 数据库中，查找发车时间为 8:00 的所有司机师傅信息。

实现代码：

```
USE Csu
GO
SELECT p.* FROM Personnel p
    WHERE EXISTS (
    SELECT 1 FROM Driver d
        WHERE p.PersonnelId=d.PersonnelId AND EXISTS (
        SELECT 1 FROM PathTime t
            WHERE d.PathId=t.PathId and Time='8:00'
    )
)
```

结果如图 5-25 所示。

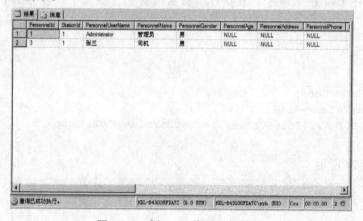

图 5-25   例 5-19 代码运行结果

5.5.5   使用 HAVING 的子查询

HAVING 只能与 SELECT 语句一起使用，通常在 GROUP BY 子句中使用，否则跟 WHERE 子句一样。EXISTS 只注重子查询是否返回行。

外部查询可以使用 EXISTS 检查相关子查询返回的结果集中是否包含有记录。若子查询结果集中包含记录，则 EXISTS 为 True，否则为 False。NOTEXISTS 的作用正好相反。

把查询表达式单个数据和由子查询产生的一系列的数值相比较，如果数值匹配一系列值中的某个数据，则返回 TRUE。

【例 5-20】在 Csu 数据库中，查找客户订单超过 20 次的所有客户信息。

实现代码：

```
USE Csu
GO
SELECT * FROM Client c
    WHERE  EXISTS(
    SELECT o.ClientId FROM Orderlist o
        GROUP BY o.ClientId,o.OrderlistId
        HAVING c.ClientId=o.ClientId and COUNT(o.OrderlistId) >20
)
```

结果如图 5-26 所示。

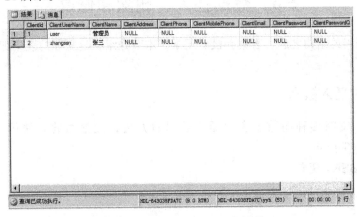

图 5-26　例 5-20 代码运行结果

5.5.6　使用 UPDATE、DELETE 和 INSERT 的子查询

可以在 UPDATE、DELETE 和 INSERT 数据操作（DML）语句中嵌套子查询。目的是为了在操作数据时进行目标选定。

把查询表达式单个数据和由子查询产生的一系列的数值相比较，如果数值匹配一系列值中的一个，则返回 TRUE。

【例 5-21】在 Csu 数据库中，所有角色为呼叫员的员工薪水添加 1 000 元。

实现代码：

```
USE Csu
GO
UPDATE Personnel SET PersonnelSalary=PersonnelSalary+1000
    WHERE EXISTS (
    SELECT 1 FROM RL_Personnel_Role o
        WHERE o.PersonnelId=Personnel.PersonnelIdANDo.RoleId in (
        SELECT r.RoleId FROM "Role" r
            WHERE r.RoleId=o.RoleId AND r.RoleName='呼叫员'
    )
)
```

【例 5-22】在 Csu 数据库中，删除角色为呼叫员的员工数据。

实现代码：

```
USE Csu
GO
DELETE FROM Personnel
    WHERE EXISTS (
    SELECT 1 FROM RL_Personnel_Role o
        WHERE o.PersonnelId=Personnel.PersonnelId AND o.RoleId in (
        SELECT r.RoleId FROM "Role" r
            WHERE r.RoleId=o.RoleId AND r.RoleName='呼叫员'
    )
)
```

5.6　数据插入、删除和修改

创建好数据表的结构之后，表中并没有记录。本节介绍在建立好的表中如何插入、修改和删除数据。

5.6.1　向表中插入数据

SQL Server 支持多种向数据表中插入数据的方法，最常用的是使用 INSERT 语句和 INSERT ...[SELECT]语句。

1. 使用 INSERT 语句

使用 INSERT 语句的语法为：

```
INSERT[INTO]
table-or-viewName [column-list] VALUES expression-list
```

各参数的含义：

table-or-viewName：要插入数据的表或视图名字。

column-list：由逗号分隔的列名列表，用来指定为其提供数据的列。如果没有指定，表示向表或视图中的所有列都输入数据。

expression-list：要插入的数据值的列表。值被指定为逗号分隔的表达式列表，表达式的个数、数据类型、精度必须与 expression-list 列表对应的列一致。

使用 INSERT 语句每次只能向数据表中输入一条记录。

2. 使用 INSERT...[SELECT]语句

向表中插入数据的语法为：

```
INSERT [INTO] table-or-viewName [(colum-list)]
    SELECT(select-list)
    FROMtableNameWHERE search-conditions
```

INSERT 语句中的 SELECT 子查询可用于将一个或多个其他表的值添加到该表中，并可以一次性插入多行。子查询的 select-list 必须与 INSERT 的 column-list 相匹配。

【例 5-23】在 Csu 数据库中，新建一条开往北京的路线。

实现代码：

```
USE Csu
GO
INSERT INTO Path (PathName) VALUES ('北京')
```

【例 5-24】在 Csu 数据库中，把员工表中数据部分字段复制到客户表中部分字段中。

实现代码：

```
USE Csu
GO
INSERT INTO Client (ClientName,ClientAddress)
    SELECT PersonnelName,PersonnelAddress FROM Personnel
```

【例 5-25】在 Csu 数据库中，把员工表备份为 Personnel_bak。

实现代码：

```
USE Csu
```

```
GO
SELECT * INTO Personnel_bak FROM Personnel
```

5.6.2 修改表中数据

SQL Server 中使用 UPDATE 语句修改表中数据。

修改数据的语法为：

```
UPDATE tableName
    SET column_name={expression|DEFAULT|NULL}
    FROM tableName
    [WHERE search_conditions]
```

其中，SET 子句包含要更新的列和新值的列；FROM 子句指定为 SET 子句中的表达式提供值的表；WHERE 子句指定条件限定所要更新的行。如果省略 WHERE 子句，则表示要修改所有的记录。

【例 5-26】在 Csu 数据库中，修改员工张三的手机号码为 13418975811。

实现代码：

```
USE Csu
GO
UPDATE Personnel SET PersonnelPhone='13418975811' WHERE PersonnelName = '
张三'
```

5.6.3 删除表中数据

当数据表中的数据已经过时或者没有存在意义时，可以将表中数据删除。SQL Server 中，使用 DELETE 语句和 TRUNCATE 语句进行表数据删除。DELETE 和 TRUNCATE 的功能都是删除表内数据，保留表结构。但是 TRUNCATE 是一种无日志记录删除，因此需要慎重使用。

1. 使用 DELETE 语句删除表中指定记录

使用 DELETE 语句的语法为：

```
DELETE FROM  tableName  [WHERE search_condition]
```

其中，table-name 指定要从中删除数据的表；WHERE 子句为删除条件，所有符合 WHERE 搜索条件的记录都将被删除。如果省略 WHERE 子句，将删除表中所有的记录。

2. 使用 TRUNCATE 语句

使用 TRUNCATE 语句的语法为：

```
TRUNCATE TABLE tableName
```

【例 5-27】在 Csu 数据库中，删除所有订单数据。

实现代码：

```
USE Csu
GO
DELETEFROM Orderlist
```

小　　结

本章讲述了 SQL 的基础操作，包括对数据的增查改删（CRUD）以及工具的使用，CRUD

是数据库操作的基础，在应用中会频繁使用，需要熟练掌握所学内容。

简单查询：查询全部或部分数据、分组查询、查询不重复数据等。

条件查询：比较条件查询、范围条件查询、多值条件查询、模糊查询及 HAVING 的使用。

连接查询：内连接、外连接和交叉连接。

实　　训

实训目的：

① 熟练使用各种查询语句；

② 能利用 CREATE TABLE 语句创建带主键约束和 CHECK 约束的表；

③ 能掌握 int、varchar、datetime 基本数据类型的使用；

④ 能掌握表之间的 FOREIGN KEY 约束和级联操作。

实训要求：

实训 1 ~ 实训 8 要求分别在 5 分钟之内完成。

实训内容：

实训 1　假设邮箱都是正确填写，查询所有使用 163 邮箱的用户信息。

实训 2　查询单价在 1 000 ~ 2 000 之间的订单物品信息，要求不能存在重复记录，并按照单价自低至高的顺序显示。

实训 3　现存在三个表，分别为 t1、t2、t3，三个表均只有一个 INT 型的字段 ID，t1 的数据为(1)，t2 的数据为(1,2)，t3 的数据为(2,3)，请写出下面两条 SQL 语句的执行结果。

SQL 语句 1：SELECT t1.id,t2.id,t3.idFROM t1
　　　　　　　LEFT JOIN t2 ON t1.id=t2.id
　　　　　　　LEFT JOIN t3 ON t3.id=t2.id

SQL 语句 2：SELECT t1.id,t2.id,t3.idFROM t1
　　　　　　　LEFT JOIN t2 ON t1.id=t2.id
　　　　　　　RIGHT JOIN t3 ON t3.id=t2.id

实训 4　查找所有不是司机员工信息。

实训 5　查找路线名称为总公司的路线时间表。

实训 6　查找司机师傅被调度次数超过 10 的司机师傅的信息。

实训 7　把工龄超过 2 年的员工表中的员工账号、员工姓名、员工家庭地址、员工固定电话、员工邮箱属性分别复制到客户表中客户账号、客户姓名、客户家庭地址、客户固定电话、客户邮箱中。

实训 8　复制员工表的结构。

【任务引入】

SQL Server 2008 数据库系统的编程语言是 Transact-SQL，Transact-SQL 是微软公司在 Microsoft SQL Server 系统中使用的语言，是对 SQL 的一种扩展形式。Transact-SQL 是一种非过程化的语言，在 SQL 商业数据库中成功得到了应用。

【学习目标】

- Transact-SQL 的基础概念
- Transact-SQL 的语法、变量与常量、标识符、运算符、表达式
- Transact-SQL 的流程控制和游标

6.1 T-SQL 基础

SQL 是关系数据库的标准语言，是一种介于关系代数与关系演算之间的结构化查询语言，其功能不仅仅是查询，SQL 是一个通用的、功能极其强大的关系数据库语言。Transact-SQL 与 SQL 密切相关。1970 年，埃德加·考特提出了数据库关系模型。1972 年，他提出了关系代数和关系演算的概念，定义了关系的并、交、投影、选择、连接等各种基本运算，为 SQL 的形成和发展奠定了理论基础。

6.1.1 T-SQL 简介

SQL Server 2008 数据库系统的编程语言是 Transact-SQL，这是一种非过程化的语言。在 Microsoft SQL Server 2008 系统中，根据 Transact-SQL 的功能特点，可以把 Transact-SQL 分为 5 种类型，即数据定义语言、数据操纵语言、数据控制语言、事务管理语言和附加的语言元素。

1. 数据定义语言

数据定义语言（Data Definition Language，DDL）用于创建数据库和数据库对象，为数据库操作提供对象。只有创建数据库和数据库中的各种对象之后，数据库中的各种其他操作才有意义。例如，数据库以及表、触发器、存储过程、视图、索引、函数、类型、用户等都是数据库中的对象，都需要通过定义才能使用。在 DDL 中，主要的 Transact-SQL 语句包括 CREATE 语句、ALTER 语句、DROP 语句。

2．数据库操纵语言

数据操纵语言主要是用于操纵表、视图中数据的语句。当创建表对象之后，该表的初始状态是空的，没有任何数据。如何向表中添加数据呢？这时需要使用 INSERT 语句。如何检索表中数据呢？可以使用 SELECT 语句。如果表中的数据不正确，可以使用 UPDATE 语句进行更新。当然，也可以使用 DELETE 语句删除表中的数据。实际上，DML 语言正是包括了 INSERT、SELECT、UPDATE 及 DELETE 等语句。

3．数据库控制语言

数据控制语言（DCL）主要用来执行有关安全管理的操作，该语言主要包括 GRANT 语句、REVOKE 语句和 DENY 语句。GRANT 语句可以将指定的安全对象的权限授予相应的主体；REVOKE 语句则删除授予的权限；DENY 语句拒绝授予主体权限，并且防止主体通过组或角色成员继承权限。

4．数据库管理语言

SQL Server 2008 在数据库中执行操作时，经常需要多个操作同时完成或同时取消。例如，从一个账户中转出的款项应该进入另一个账户。这时需要使用事务的概念。事务就是一个单元的操作，这些操作要么全部成功，要么全部失败。在 Transact-SQL 语言中，可以使用 COMMIT 语句提交事务，可以使用 ROLLBACK 语句撤销某些操作。这些用于事务管理的语句被称为事务管理语言（Transact Management Language, TML）

在 Microsoft SQL Server 2008 系统中，可以使用 BEGIN TRANSACTION、COMMIT TRANSACTION 及 ROLLBACK TRANSACTION 等事务管理语言（TML）的语句来管理显式事务。BEGIN TRANSACTION 语句用于明确地定义事务的开始，COMMIT TRANSACTION 语句用于明确地提交完成的事务。如果事务中出现了错误，那么可以使用 ROLLBACK TRANSACTION 语句明确地取消定义的事务。

5．附加的语言元素

除了前面介绍的语句之外，作为一种语言，Transact-SQL 还提供了有关变量、标识符、数据类型、表达式及控制流语句等语言元素。这些语言元素被称为附加的语言元素。

就像其他许多语言一样，Microsoft SQL Server 2008 系统使用 100 多个保留关键字来定义、操作或访问数据库和数据库对象，这些关键字包括 DATABASE、CURSOR、CREATE、INSERT、BEGIN 等。这些保留关键字是 Transact-SQL 语法的一部分，用于分析和理解 Transact-SQL。一般，不要使用这些保留关键字作为对象名称或标识符。

6.1.2 语法

SQL 语句中常会用到一些符号，T-SQL 语句的语法格式约定如下：

① 竖线"|"： 表示参数之间是"或"的关系，用户可以从其中选择使用。

② 尖括号"< >"：表示其中的内容为实际语义。

③ 大括号"{ }"：大括号中的内容为必选项，其中可以包含多个选项，各个选项之间用竖线分隔，用户必须从选项中选择其中一项，大括号不必键入。

④ 方括号"[ ]"：方括号内所列出的项为可选项，用户可以根据需要选择使用。

⑤ 省略号"[, … n]"：表示前面的项可重复 n 次，每项由逗号分隔。

⑥ 省略号 "[... n]"：表示前面的项可以重复 n 次，每项由空格分隔。

⑦ Unicode 标准定义的字母，这些字母包括 a~z、A~Z 以及其他语言的字母字符；下画线、@、符号（@）或数字符号（#）。 不过，需要注意的是，以一个符号 @ 开头的标识符表示局部变量，以两个符号 @ 开头的标识符表示系统内置的函数。以一个数字符号 # 开头的标识符标识临时表或临时存储过程，以两个数字符号 # 开头的标识符标识全局临时对象。

⑧ 标识符不能是 Transact-SQL 语言的保留字，包括大写和小写形式，如 CREATE、SELECT、UPDATE、DELETE 等。

⑨ 不允许嵌入空格或其他特殊字符。例如，companyProduct、_m_product、comProduct-123 等标识符都是常规标识符，但是诸如 this product info， company 123 等则不是常规标识符。

6.1.3 常量和变量

常量是在程序运行过程中保持不变的量；变量是在程序运行过程中，值可以发生变化的量，通常用来保存程序运行过程中的录入数据、中间结果和最终结果。SQL Server 2008 系统中，存在两种类型的变量：一种是系统定义和维护的全局变量；另一种是用户定义以保存中间结果的局部变量。

常量是表示一个特定值的符号，常量的类型取决于它所表示值的数据类型，可以是日期型、数值型、字符串型等。对于日期型和字符串型常量，使用时要用单引号括起来。常量的类型见表 6-1。这里需要注意的是，Unicode 字符串常量与 ASCII 字符串常量相似，但它前面有一个 N 标识符（N 代表 SQL-92 标准中的国际语言，即 National Language）。N 前缀必须大写，Unicode 数据中的每个字符用两字节存储，而每个 ASCII 字符用一字节存储。

表 6-1 常量类型表

常 量 类 型	例 子	常 量 类 型	例 子
ASCII 字符串常量	'123456', '你好'	货币常量（money）	￥1234.5
Unicode 字符串常量	N'123456', N'你好'	位常量（bit）	0, 1
整型常量(integer	123456	日期和时间常量（datetime）	'2011-8-1 10:08:08
数值型常量(decimal	1234.56	二进制字符串常量	0x123EA
浮点数常量(float, real)	1.234E+5		

全局变量是由 SQL Server 2008 系统定义并使用的变量， 用户不能定义全局变量，只能使用全局变量。全局变量通常存储一些 SQL Server 2008 的配置设置值和性能统计数据，用户可在程序中用全局变量来测试系统的设定值或 Transact-SQL 命令执行后的状态值。引用全局变量时，全局变量的名字前面要使用两个标记符 @@ 常用全局变量见表 6-2。

表 6-2 部分全局变量

全 局 变 量	含 义
@@VERSION	返回运行 SQL Server 数据库的服务器名称
@@LANGUAGE	返回当前多用语言的名称
@@ROWCOUNT	返回受前一条 SQL 影响的行数
@@ERROR	返回执行的上一个 Transact-SQL 语句的错误号

局部变量是用户自定义的变量，作用范围仅在程序内部数据，以便在 SQL 语句之间传递。

① 在 Transact-SQL 语法中使用的局部变量必须以 @ 开头，局部变量一定是定义后才能使用，一般用于临时存储各种类型的如 @X。语法如下：

```
DECLARE {@变量名 数据类型|(长度)}
```

其中，变量名必须遵循 SQL Server 2008 数据库的标识符命名规则；数据类型是 SQL Server 2008 支持的除 TEXT、NTEXT、IMAGE 外的各种数据类型，也可以是用户定义数据类型；系统固定长度的数据类型不需要指定长度。

② 局部变量在定义之后的初始值是 NULL，给变量赋值使用 SET 命令或 SELECT 命令，语法如下：

```
SET @局部变且名=表达式
SELECT {@局部变量名=表达式}
```

其中，SET 命令只能一次给一个变量赋值，而 SELECT 命令一次可以给多个变量赋值；两种格式可以通用，建议首选 SET；表达式中可以包括 SELECT 语句子查询，但只能是集合函数返回的单值，且必须用圆括号括起来。具体如图 6-1 所示。

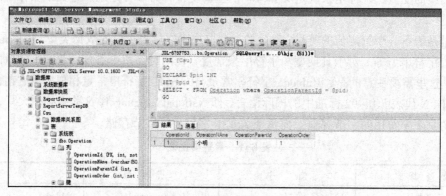

图 6-1　局部变量定义

③ 使用 PRINT 和 SELECT 输出局部变量的值，语法格式如下：

```
PRINT 表达式
SELECT 表达式 1,表达式 2,…
```

其中，使用 PRINT 只能有一个表达式，其值在查询后的"消息"窗口中显示；使用 SELECT 相当于进行无数据源检索，可以有多个表达式，其结果在查询后的"网格"子窗口中显示；在一个脚本中，最好不要混合使用两种输出方式，因为这将需要切换两个窗口来查看输出结果。

④ 局部变量的作用域是在一个批处理、一个存储过程或一个触发器内，其生命周期从定义开始到它遇到的第一个 GO 语句或者到存储过程、触发器的结尾结束，即局部变量只在当前的批处理、存储过程、触发器中有效。

表达式是由变量、常量、运算符、函数等组成的，可以在查询语句中的任何位置使用。

6.1.4　运算符与表达式

运算符是在表达式中执行各项操作的一种符号。SQL Server 2008 提供的运算符包括算术运算符、比较运算符、逻辑运算符、字符串连接运算符等。

（1）算术运算符

算术运算符用于对表达式进行数学运算，表达式中的各项可以是数值数据类型中的一个或多个数据类型，均为双目运算符，具体见表 6-3。算术运算符的应用如图 6-2 所示。

表 6-3 算术运算符

运 算 符	含 义	运 算 符	含 义
+（加）	加法	/（除）	除法
-（减）	减法	%（模）	返回一个除法运算的整数余数
*（乘）	乘法		

图 6-2 算术运算符

（2）比较运算符

比较运算符用于比较表达式中的两项，计算结果为布尔数据类型 True 或 False，可用在查询语句中的 WHERE 或 HAVING 子句中。比较运算符见表 6-4。

表 6-4 比较运算符

运 算 符	含 义	运 算 符	含 义
>	大于	=	等于
>=	大于或等于	<>、!=	不等于
<	小于	!>	不大于
<=	小于或等于	!<	不小于

（3）位运算符

位运算符可以在两个表达式之间执行位操作。这两个表达式可以是整数数据类型中的任何数据类型。Transact-SQL 语言提供的位运算符见表 6-5。

表 6-5 位 运 算 符

运算符	含　　　义
&	按位与逻辑运算，从两个表达式中取对应的位。当且仅当输入表达式中两个位的值都为 1 时，结果中的位才被设置为 1；否则，结果中的位被设置为 0
|	按位或逻辑运算，从两个表达式中取对应的位。如果输入表达式中两个位只要有一个的值为 1 时（可以两个值都为 1），结果中的位就被设置为 1；只有当两个位的值都为 0 时，结果中的位才被设置为 0
^	按位异或运算，从两个表达式中取对应的位。如果输入表达式中两个位只有一个的值为 1 时（不可以两个值都为 1），结果中的位就被设置为 1；只有当两个位的值都为 0 或 1 时，结果中的位才被设置为 0

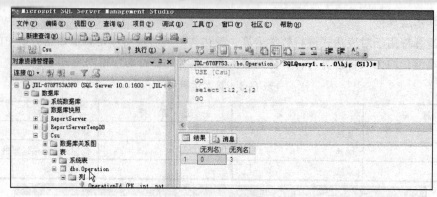

图 6-3　位运算符

（4）逻辑运算符

逻辑运算符用于对某些条件进行测试，以获得真实情况。逻辑运算符的输出结果为 True 或 False。逻辑运算符见表 6-6。其中逻辑与运算如图 6-4 所示。

表 6-6　逻辑运算符

运　算　符	含　　　　　义
NOT	对任何布尔运算符取反
AND	两个布尔表达式都为 True，与运算后的结果才为 True
OR	两个布尔表达式中一个为 True，或运算后的结果就为 True
BETWEEN	如果操作数在某个范围之内，那么结果为 True
IN	如果操作数等于表达式列表中的一个，那么结果为 True
ALL	如果一组的比较都为 True，则比较结果为 True
ANY	如果一组的比较中任何一个为 True，则结果为 True
EXISTS	如果子查询中包含了一 些行 ，那么结果为 True
SOME	如果在一组比较中，有些比较为 True ，那么结果为 True
LIKE	如果操作数与一种模式相匹配，那么就为 True

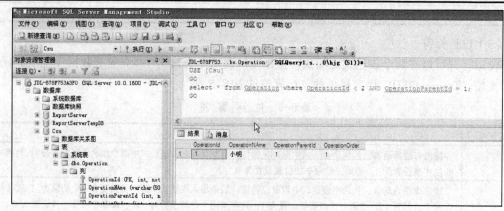

图 6-4　逻辑与（AND）运算

LIKE 运算符通常需要用到一些通配符，条件表达式是：

[NOT] LIKE "通配符"，

其中，通配符包括以下几种：

%：代表 0 个或多个字符的任意字符串。

_ ：代表单个任意字符。

[abcd]：代表指定字符中的任何一个单字符（取所列字符之一）。

[^Aabcd]：代表不在指定字符中的任何一个单字符。

另外，所有通配符都必须在 LIKE 子句中使用才有意义，否则被当作普通字符处理。

（5）字符串连接运算符

字符串连接运算符是加号"＋"，使用字符串连接运算符可以将多个字符串连接起来，形成新的字符串。字符串连接符可操作的数据类型包括 char、varchar、text、nchar 、nvarchar、ntext 等。连接运算符的应用如图 6-5 所示。

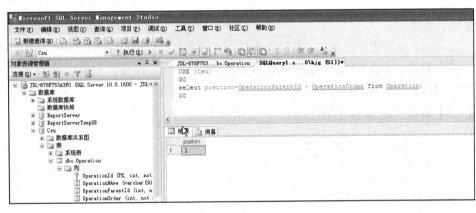

图 6-5　合并两列的值

6.1.5　注释

所有的程序设计语言都有注释。注释是程序代码中不执行的文本字符串，用于对代码进行说明或暂时用来进行诊断的部分语句。一般的，注释主要描述程序名称、作者名称、变量说明、代码更改日期、算法描述等。在 Microsoft SQL Server 系统中支持两种注释方式，即双连字符(－－)注释方式和正斜杠星号字符对（/* ... */）注释方式。

在双连字符（－－）注释方式中，从双连字符开始到行尾的内容都是注释内容。这些注释内容既可以与要执行的代码处于同一行，也可以另起一行。双连字符（－－）注释方式主要用于在一行中对代码进行解释和描述。当然，双连字符注释方式也可以进行多行注释，每一行都须以双连字符开始。

在正斜杠星号字符对（/* ... */）注释方式中，开始注释对（/*）和结束注释对（*/）之间的所有内容均视为注释。这些注释字符既可以用于多行注释，也可以与执行的代码处在同一行，甚至还可以在可执行代码的内部。

双连字符（－－）注释和正斜杠星号字符对（/* ... */）注释都没有注释长度的限制。一般的，行内注释采用双连字符（－－），多行注释采用正斜杠星号字符对。

6.2 流程控制语句

流程控制语句是指用来控制程序执行和流程分支的命令，在 SQL Server 2008 中，主要用来控制 SQL 语句、语句块的执行顺序或者存储过程执行流程，来完成复杂的应用程序设计。

Transact-SQL 中的流程控制语句有如下几种：

6.2.1 BEGIN...END 语句

应用 BEGIN...END 语句能够将多条 Transact - SQL 语句封装成一个语句块，并将它们视为一个单元处理。当符合特定条件要执行两个或者多个语句时，就需要使用 BEGIN...END 语句，把语句块封装起来，其语法格式如下：

```
BEGIN
    <sql_statement | statement_block>
END
```

各参数的含义：

sql_statement 表示用户定义的 SQL 语句。

statement_block 表示用户定义的语句块或者程序块

BEGIN...END 语句可以嵌套使用。

【例 6-1】输出 "BEGIN...END 实例"。

```
BEGIN
DECLARE @message VARCHAR(20)
SET @message='BEGIN...END 实例'
    PRINT @message
END
```

单击 "执行" 按钮 ，结果如图 6-6 所示。

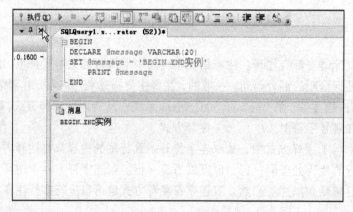

图 6-6　BEGIN...END 实例

6.2.2 IF...ELSE 语句

IF...ELSE 语句是条件判断语句，当程序中的语句不是顺序执行时，IF...ELSE 语句可根据某个变量或者表达式的值做出判断，当某一条件成立时执行某段程序，条件不成立时执行另一段程序。SQL Server 2008 允许嵌套使用 IF...ELSE 语句，而且嵌套层数没有限制。其语法格式如下：

```
IF<boolean_expression>
    <sql_statement | statement_block1>
[ ELSE
    <sql_statement|statement_block2> ]
```

各参数的含义：

boolean_expression 表示条件表达式，条件表达式的值必须是 TRUE 或者 FALSE。

sql_statement 表示用户定义的 SQL 语句。

statement_block 表示用户定义的语句块或者程序块。

当<boolean_expression>条件表达式为 TRUE 时，执行<sql_statement | statement_block1>，当<boolean_expression>条件表达式为 FALSE 时，执行<sql_statement|statement_block2>；IF...ELSE 语句中，条件只能影响一个 Transact-SQL 语句的性能，如果条件影响多个 Transact-SQL 语句时要使用 BEGIN... END 语句封装成语句块。IF 语句可单独使用，执行其下一个 Transact-SQL 语句。

【例 6-2】输出判断当前时间为何时。

```
DECLARE @nowdate DATETIME
SET @nowdate=GETDATE();
    PRINT @nowdate
IF DATEPART(HH,@nowdate)<12
    PRINT '现在时间为上午'
ELSE
    PRINT '现在时间为下午'
```

单击"执行"按钮 ，结果如图 6-7 所示

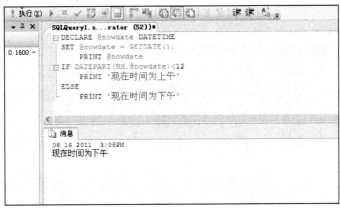

图 6-7 输出判断当前时间

6.2.3 CASE...END 语句

CASE...END 语句根据不同的条件返回不同的值，CASE 表达式可以计算多个条件，并将其中一个符合条件的结果表达式返回，轻松实现多分支判断。语法格式如下：

```
CASE<算术表达式>
WHEN<常量值1> THEN  <结果表达式1>
```

```
[{WHEN<常盆值2> THEN  <结果表达式2>}
[ …n]
]
[ ELSE <结果表达式 n>]
END
```
或者
```
CASE<字段名或者变量名>
WHEN<逻辑表达式1> THEN  <结果表达式1>
[{WHEN<逻辑表达式2> THEN  <结果表达式2>}
[ …n]
]
[ ELSE <结果表达式 n>]
END
```

执行的过程如下：

① 先将 CASE 表达式依次与 WHEN 语句表达式进行比较，匹配相应的逻辑表达式或者常量值。

② 如果找到了第一个匹配 WHEN 语句，则整个 CASE 表达式取相应 THEN 语句指定的结果表达式的值，之后跳出 CASE...END 结构。

③ 如果找不到匹配的 WHEN 语句，则选取 ELSE 指定的结果表达式的值。

④ 若没有使用 ELSE，且找不到相等的常量值，则返回 NULL。

【例 6-3】查找 news 表，根据 NewsType 数据返回查询结果。
```
SELECT NewsTitle,NEWSTYPE=CASE NewsType
    WHEN 1 THEN '最新新闻'
    WHEN 2 THEN '国际信息'
    WHEN 3 THEN '配送信息'
    END
FROM dbo.News
```
单击"执行"按钮，结果如图 6-8 所示。

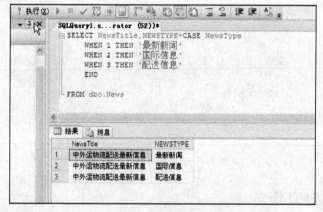

图 6-8　查询结果

6.2.4　WHILE...CONTINUE...BREAK 语句

WHILE 循环语句可以设置重复执行 SQL 语句或语句块的条件，只要满足指定的条件，就重复执行语句，直到不满足条件为止。其语法格式如下：

```
WHILE<条件表达式>
BEGIN
    <命令行或程序块>
    [BREAK]
    …
    [CONTINUE]
    …
    [命令行或程序块]
END
```

执行的过程如下：

WHILE 语句在设置的条件为真时会重复执行 BEGIN…END 间命令行或程序块。

CONTINUE 语句可以让程序跳过 CONTINUE 语句之后的语句，回到 WHILE 循环的第一行，即跳过本次循环。

BREAK 语句则让程序完全跳出循环，结束 WHILE 循环的执行。WHILE 语句也可以嵌套使用。

WHILE 语句在设置的条件为假时，不执行循环语句。

注意：如果嵌套了两个或多个 WHILE 循环，内层的 BREAK 语句将导致退出到下一个外层循环。首先运行内层循环结束之后的所有语句，然后下一个外层循环重新开始执行。

【例 6-4】计算 1+2+3+…+20 的值。

```
DECLARE @i INT,@sum INT
SELECT @i=1,@sum=0
WHILE @i<=10
BEGIN
SET @sum+=@i
SET @i+=1
END
PRINT '1+2+3+...+10='
PRINT @sum
```

单击"执行"按钮 ，结果如图 6-9 所示。

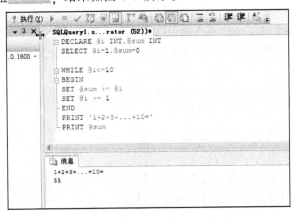

图 6-9　计算 1+2+3+…+20 的值

6.2.5 WAITFOR 语句

WAITFOR 暂停执行 SQL 语句、语句块或者存储过程等，用来实现暂时停止程序执行，直到所设定的等待时间已过或所设定的时刻已到，才继续往下执行。其语法格式如下：

```
WAITFOR {DELAY <'时间'> | TIME <'时间'>| ERROREXIT | PROCESSEXIT | MIRROREXIT}
```

各参数的含义：

DELAY：用来设定等待的时间间隔，最多可达 24 小时。

TIME：用来设定等待结束的时间点。

<'时间'>：时间必须为 DATETIME 类型数据，延迟时间和时刻均采用"HH: MM: ss"格式。

ERROREXIT：直到处理非正常中断。

PROCESSEXIT：直到处理正常或非正常中断。

MIRROREXIT：直到镜像设备失败。

ERROREXIT、PROCESSEXIT、MIRROREXIT 为可选参数。

例如，下面两种表示暂停执行方式：

```
WAITFOR DELAY '06:16:16'
```

表示距离当前时间延迟 06 小时 16 分 16 秒后程序继续执行。

```
WAITFOR TIM E '06:16:16'
```

表示 6 点 16 分 16 秒的时刻程序继续执行。

6.3 游 标 操 作

关系数据库中的操作会对整个行集起作用。由 SELECT 语句返回的行集包括满足该语句的 WHERE 子句中条件的所有行，这种由语句返回的完整行集称为结果集。应用程序，特别是交互式联机应用程序，并不总能将整个结果集作为一个单元而进行有效地处理。这些应用程序需要一种机制以便每次处理一行或一部分行。游标就是提供这种机制对结果集的一种扩展。

6.3.1 游标概述

在数据库中，游标提供了一种对从表中检索出的数据进行操作的灵活手段，就本质而言，游标是一种能从包含多条数据记录的结果集中每次提取一条记录的机制。用户可以通过单独处理每一行来逐条收集信息并对数据逐行进行操作。

数据库中的游标类似于高级语言中的指针。一个游标是一个对象，它可以指向一个结果集中的某个特定的数据行，并执行用户给定的操作。

游标通过以下方式来扩展结果处理。

① 允许定位在结果集的特定行。

② 从结果集的当前位置检索一行或一部分行。

③ 支持对结果集中当前位置的行进行数据修改。

④ 为由其他用户对实现在结果集中的数据库数据所做的更改提供不同级别的可见性支持。

⑤ 提供脚本、存储过程和触发器中用于访问结果集中的数据的 Transact-SQL 语句。

Microsoft SQL Server 支持三种游标实现：

（1）Transact-SQL 游标

基于 DECLARE CURSOR 语法，主要用于 Transact-SQL 脚本、存储过程和触发器。Transact-SQL 游标在服务器上实现并由从客户端发送到服务器的 Transact-SQL 语句管理。它们还可能包含在批处理、存储过程或触发器中。

（2）API 服务器游标

应用程序编程接口（API）服务器游标支持 OLE DB 和 ODBC 中的 API 游标函数。API 服务器游标在服务器上实现。每次客户端应用程序调用 API 游标函数时，SQL Native Client OLE DB 访问接口或 ODBC 驱动程序将把请求传输到服务器，以便对 API 服务器游标进行操作。

（3）客户端游标

客户端游标由 SQL Native Client ODBC 驱动程序和实现 ADO API 的 DLL 在内部实现。客户端游标通过在客户端高速缓存所有结果集行来实现。每次客户端应用程序调用 API 游标函数时，SQL Native Client ODBC 驱动程序或 ADO DLL 就对客户端上高速缓存的结果集行执行游标操作。

由于 Transact-SQL 游标和 API 服务器游标都在服务器上实现，所以它们统称为服务器游标。

不要混合使用这些不同类型的游标。如果从一个应用程序中执行 DECLARE CURSOR 和 OPEN 语句，请首先将 API 游标属性设置为默认值。否则就会要求 SQL Server 将 API 游标映射到 Transact-SQL 游标。例如，不要将 ODBC 属性设置为需要将由键集驱动的游标映射到结果集，然后使用该语句句柄执行 DECLARE CURSOR 和 OPEN 以调用 INSENSITIVE 游标。

6.3.2　游标基本操作

使用游标有 5 个基本的步骤 ：声明游标、打开游标、提取数据、关闭游标和释放游标。

1．声明游标

在使用游标之前，首先需要声明游标。使用 DECLARE CURSOR 语句可以定义 Transact-SQL 服务器游标的属性，如游标的滚动行为和用于生成游标所操作的结果集查询。语法格式如下：

```
DECLARE cursor_name [INSENSITIVE] [SCROLL] CURSOR
    FOR select_statement
    [FOR{READ ONLY|UPDATE[OF column_name1,column_name2,…]}]
```

各参数含义：

cursor_name：表示所定义的 Transact-SQL 服务器游标的名称，它必须符合标识符的命名规则。

INSENSITIVE：定义一个游标，以创建由该游标使用数据的临时复本。

SCROLL：指定所有的提取选项（FIRST、LAST、PRIOR、NEXT、RELATIVE、ABSOLUTE）均可用。FIRST 取第一行数据；LAST 取最后一行数据；PRIOR 取前一行数据；NEXT 取后一行数据；RELATIVE 按相对位置取数据；ABSOLUTE 按绝对位置取数据。

select-statement：是定义游标结果集的标准 SELECT 语句。在游标声明的 select statement 中不允许使用关键字 COMPUTE、COMPUTE BY 和 INTO。

READ ONLY：禁止通过该游标进行更新。

UPDATE [OF column_namel,column_name2,…]：定义游标中可更新的列。如果指定 OF column_namel,column_name2,…，则只允许修改所列出的列。如果指定 UPDATE，但没有指定列的列表，则可以更新所有列。

【例 6-5】声明 news 表数据的一个游标 cursor_news。

```
DECLARE cursor_news SCROLL CURSOR
FOR SELECT * FROM News
```

2．打开游标

在使用游标提取数据之前，需要先将游标打开，其语法如下：

```
OPEN{{[GLOBAL] cursor_name}} | cursor_var_name}
```

各参数含义：

GLOBAL：指定 cursor_name 是指全局游标。

cursor_name：已声明的游标的名称。如果全局游标和局部游标都使用 cursor_name 作为其名称，那么如果指定了 GLOBAL，则 cursor_name 指的是全局游标；否则 cursor_name 指的是局部游标。

cursor_var_name：游标变量的名称，该变量引用一个游标。

在游标打开后，可以使用全局变量@@CURSOR_ROWS 查看打开的游标的数据行。

【例 6-6】打开 News 表数据结果集得游标 cursor_news。

```
OPEN cursor_news
```

【例 6-7】查看 News 表数据结果集得游标 cursor_news 返回函数。

```
SELECT @@CURSOR_ROWS 'cursor_news 游标返回行数行数'
```

单击"执行"按钮 ，结果如图 6-10 所示。

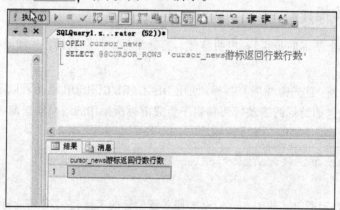

图 6-10　查看结果集游标返回行数

3．提取数据

游标打开之后，便可以使用游标提取某一行的数据。FETCH 语句可以通过 Transact-SQL 服务器游标检索特定行，其语法如下：

```
FETCH
[ [NEXT|PRIOR|FIRST|LAST|ABSOLUTE{n|@nvar}|RELATIVE{n|@nvar}]
FROM
]
```

```
{{[GLOBAL] cursor_name}|@cursor_var_name}
[INTO @var_namel,@var_name2,…]
```

各参数含义：

NEXT：提取游标的第一行，紧跟当前行返回结果行，并且当前行递增为返回行。如果 FETCH NEXT 为对游标的第一次提取操作，则返回结果集中的第一行。NEXT 为默认的游标提取选项。

PRIOR：返回紧邻当前行前面的结果行，并且当前行递减为返回行。如果 FETCH PRIOR 为对游标的第一次提取操作，则没有行返回并且游标置于第一行之前。

FIRST：返回游标中的第一行并将其作为当前行。

LAST：返回游标中的最后一行并将其作为当前行。

ABSOLUTE{n|@nvar}：如果 n 或@nvar 为正 ，则返回从游标头开始向后的第 n 行，并将返回行变成新的当前行；如果 n 或@nvar 为负，则返回从游标末尾开始向前的第 n 行，并将返回行变成新的当前行；如果 n 或@nvar 为 0，则不返回行。n 必须是整数常量，并且@@nvar 的数据类型必须为 smallint、tinyint 或 int。

RELATIVE{n|@nvar}：如果 n 或@nvar 为正，则返回从当前行开 始向后的第 n 行，并将返回行变成新的当前行；如果 n 或@nvar 为负，则返回从当前行开始向前的第 n 行，并将返回行变成新的当前行；如果 n 或@nvar 为零，则返回当前行。在对游标进行第一次提取时，如果在将 n 或@nvar 设置为负数或。的情况下指定 FETCH RELATIVE，则不返回行。n 必须是整数常量，@nvar 的数据类型必须为 smallint、tinyint 或 int。

[INTO @var_namel,@var_name2,…]：允许将提取操作的列数据放到局部变量中。列表中的各个变量从左到右与游标结果集中的相应列相关联。各变量的数据类型必须与相应的结果集列的数据类型匹配，或是结果集列数据类型所支持的隐式转换。变量的数目必须与游标选择列表中的列数一致。

在提取数据过程中，常常需要用到全局变量@@FETCH_STATUS 返回针对连接当前打开的任何游标发出的上一条游标 FETCH 语句的状态。其返回值为整型 0、–1、–2。返回值 0 表明 FETCH 语句成功；返回值–1 表明 FETCH 语句失败或行不在结果集中；返回值–2 表明提取的行不存在。

【例 6-8】查看 News 表数据结果集得游标 cursor_news，遍历结果集。

```
DECLARE cursor_news SCROLL CURSOR
FOR SELECT * FROM News
OPEN cursor_news
FETCH NEXT
FROM cursor_news
WHILE @@FETCH_STATUS=0
BEGIN
FETCH NEXT FROM cursor_news
END
CLOSE cursor_news
DEALLOCATE cursor_news
```

单击"执行"按钮 ▶ 执行(X)，结果如图 6-11 所示。

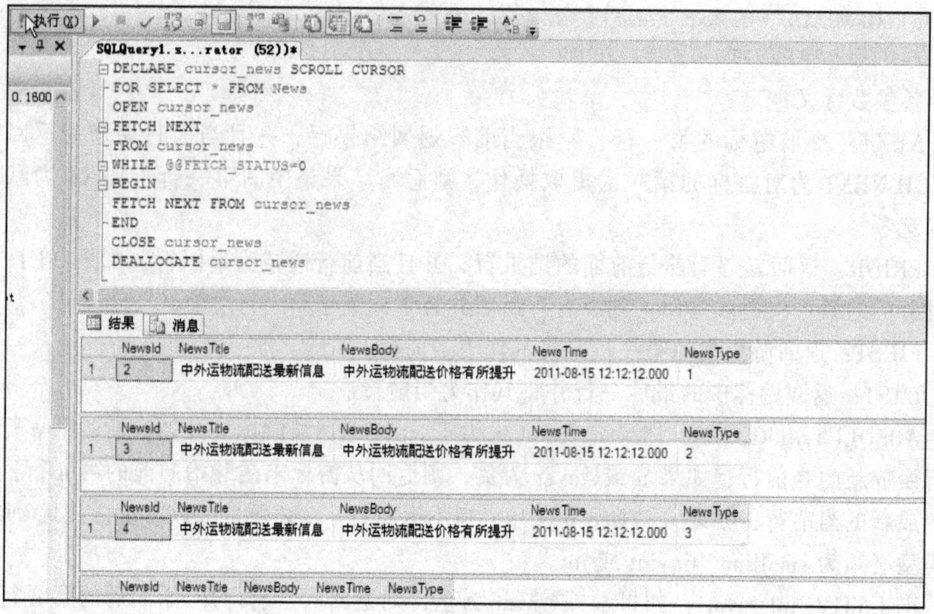

图 6-11　遍历结果集

4．关闭游标

打开游标之后，SQL Server 服务器会专门为游标开辟一定的内存空间存放游标操作的数据结果集，同时游标的使用也会根据具体情况对某一些数据进行封锁。所以在不使用游标时一定要关闭，以通知服务器释放游标所占的资源。

使用 CLOSE 语句释放当前结果集，然后解除定位游标的行上的游标锁定，从而关闭一个开放的游标。CLOSE 将保留数据结构以便重新打开，但在重新打开游标之前，不允许提取和定位更新。必须对打开的游标发布 CLOSE，不允许对仅声明或已关闭的游标执行，关闭游标的语法格式如下：

```
CLOSE {{[ GLOBAL ] cursor_name}} cursor_var_name}
```

其中，相关参数含义如下：

GLOBAL：指定 cursor-name 是指全局游标。

cursor_name：打开的游标名称。

cursor_var_ name：与打开的游标关联的游标变量名称。

例如，关闭已经打开的游标 cursor1：

```
CLOSE cursor1
```

5．释放游标

游标结构本身会占用一定的计算机资源，所以在使用完游标后，为了回收被游标占用资源，应该将游标释放。

释放游标使用 DEALLOCATE 语句，其语法格式如下：

```
DEALLOCATE {{ [GLOBAL] cursor_name}|@cursor_var_name}
```

例如，用下列语句可以释放游标 cursor1：

```
DEALLOCATE cursor1
```

小　结

本章主要讲述了 T-SQL 语言的语法格式、常量变量、运算符和表达式、T-SQL 的流程控制语句和游标的知识，重点在 T-SQL 语句的熟悉和运用。

实　训

实训目的：

① 撑握 T-SQL 语句块的语法格式；
② 熟练运用 T-SQL 的流程控制语句和游标。

实训要求：

实训 1 和实训 2 分别在 5 分钟之内完成；实训 3 ～ 实训 5 分别在 20 分钟之内完成；实训 6 和实训 7 分别在 10 分钟之内完成；实训 8 在 15 分钟之内完成。

实训内容：

实训 1　编写一语句块，查看数据库版本号。
实训 2　编写一语句块，向数据库任意表中插入一条测试记录。
实训 3　运用 IF…ELSE 语句判断当天是当月的上旬还是下旬。
实训 4　运用 WHILE 语句计算 $1 \times 2 \times 3 \times \cdots \times 10$ 的值。
实训 5　运用 CASE…END 语句，按照月份划分所属季节。
实训 6　在 30 秒后，执行向表 News 中插入一条记录。
实训 7　用游标和控制流程语句，查询表 News 中数据。

第 7 章

索引与视图

【任务引入】

创建索引的优点在于提高查询速度和利用索引的唯一性来控制记录的唯一。从业务数据角度来看，由于数据库设计时考虑到数据异常等问题，同一种业务数据有可能被分散在不同的表中，但是对这种业务数据的使用经常是同时的。对于多个表来说这些操作是比较复杂的，能不能只通过一个数据库对象就可以同时看到这些分散存储的业务数据呢？从数据安全角度来看，由于工作性质和需求不同，不同的操作人员只需要查看表中的部分数据，而不查看表中的所有数据。解决上述问题的一种有效手段就是视图。

【学习目标】

- 了解索引的概念和特点
- 掌握索引的创建、管理及维护
- 掌握创建视图的方法
- 掌握使用视图、修改视图、查询视图和删除视图的方法

7.1　索引的概念

索引是一种与表或视图关联的物理结构，可以用来加快从表或视图中检索数据的速度。为什么要创建索引呢？这是因为创建索引可以提高系统的性能。第一，通过创建唯一性索引，可以保证每一行数据的唯一性；第二，索引可以加快数据的检索速度，这也是索引的最主要的原因。第三，索引可以加速表和表之间的连接，特别是在实现数据的参照完整性方面特别有意义。第四，在使用 ORDER BY 和 GROUP BY 子句进行数据检索时，可以显著减少查询中分组和排序的时间。第五，通过使用索引可以在查询过程中使用优化隐藏器，提高系统的性能。正是因为上述这些原因，所以应该对表增加索引。

也许有人要问增加索引有如此多的优点，为什么不对表中的每个列创建一个索引呢？

虽然索引有许多优点，但是为表中的每一个列都增加索引是非常不明智的做法。这是因为增加索引也有其不利的一面。创建索引和维护索引要耗费时间，而且索引需要占物理空间，除了数据表占数据空间之外，每一个索引还要占一定的物理空间。如果要建立聚集索引，需要的空间就会更大。每当对表中的数据进行增加、删除和修改时，索引也要动态地维护，这样就降低了数据的维护速度。

索引建立在列的上面，因此，在创建索引的时候，应该考虑以下指导原则：在经常需要搜索的列上创建索引；在主键上创建索引；在经常用于连接的列（外键）上创建索引；在经常需要根据范围进行搜索的列上创建索引；在需要排序的列上创建索引（因为索引已经排序，这样查询可以利用索引的排序，加快排序查询时间）；在经常用在 WHERE 子句的列上创建索引。

同样，某些列上不应该创建索引。这时应该考虑如下指导原则：对于那些在查询中很少使用和参考的列不应该创建索引，这是因为这些列很少使用到，所以有无索引并不能改变查询速度，相反由于增加了索引反而降低了系统的维护速度和增大了空间需求。对于那些只有很少值的列也不应该增加索引，这是因为这些列的取值很少，例如人事表中的性别列。

在查询的结果中，结果集的数据行占了表中数据行的很大比例，即需要在表中搜索的数据行的比例很大，增加索引并不能明显加快检索速度；当 UPDATE、INSERT、DELETE 的性能远远大于 SELECT 性能时，不应该创建索引。这是因为 UPDATE、INSERT、DELETE 的性能和 SELECT 的性能是互相矛盾的，当增加索引时，会提高 SELECT 的性能，但是会降低 UPDATE、INSERT、 DELETE 性能；当减少索引时，会提高 UPDATE、INSERT、DELETE 性能，降低 SELECT 性能。因此，当 UPDATE、INSERT、DELETE 性能远远大于 SELECT 性能时，不应该创建索引。

1. 聚集索引

聚集索引将数据行的键值在表内排序并存储对应的数据记录，使得数据表物理顺序与索引顺序一致。SQL Server 2008 是按 B 树（B TREE）方式组织聚集索引的，B 树方式构建为包含了多个结点的一棵树。顶部的结点构成了索引的开始点，叫做根。每个结点中含有索引列的几个值，一个结点中的每个值又都指向另一个结点或者指向表中的一行，一个结点中的值必须是有序排列的。指向一行的一个结点叫做叶子页。叶子页本身也是相互连接的，一个叶子页有一个指针指向下一组。这样，表中的每一行都会在索引中有一个对应值。查询的时候就可以根据索引值直接找到所在的行。

聚集索引中 B 树的叶结点存放数据页信息。聚集索引在索引的叶级保存数据。这意味着不论聚集索引里有表的哪个（或哪些）字段，这些字段都会按顺序被保存在表中。由于存在这种排序，所以每个表只会有一个聚集索引。

2. 非聚集索引

非聚集索引完全独立于数据行的结构。SQL Server 2008 也是按 B 树组织非聚集索引的，与聚集索引不同之处在于：非聚集索引 B 树的叶结点不存放数据页信息，而是存放非聚集索引的键值，并且每个键值项都有指针指向包含该键值的数据行。

对于非聚集索引，表中的数据行不按非聚集键的次序存储。

在非聚集索引内，从索引行指向数据行的指针称为行定位器。行定位器的结构取决于数据页的存储方式是堆集还是聚集。对于堆集，行定位器是指向行的指针。对于有聚集索引的表，行定位器是聚集索引键，只有在表上创建聚集索引时，表内的行才按特定顺序存储。这些行按聚集索引键顺序存储。如果一个表只有非聚集索引，它的数据行将按无序的堆集方式存储。

在此，将介绍系统表 sysindexes。当用户创建数据库时，系统将自动创建系统表 sysindexes，用户创建的每个索引均将在系统表 sysindexes 中登记，当创建一个索引时，如果该索引已存在，则系统将报错，因此，创建一个索引前，应先查询 sysindexes 表，若待定义的索引已存在，则先将其删除，然后再创建索引；当然，也可采用其他措施，如检测到待定义的索引已存在，则不创建该索引。系统表 sysindexes 的主要字段见表 7-1。

表 7-1　系统表 sysindexes 的主要字段

字　段　名	字　段　类　型	含　　义
id	int	当 ID<>0 或 255 时，ID 为索引所属表的 ID
indid	smallint	索引 ID1：聚集索引；索引 ID>1 但 <>255：非聚集索引
name	sysname	当 indid<>0 或 255 时，为索引名

7.2　索引的创建

1．界面方式创建索引

下面以 Goods 表中按 GoodsID 建立主键索引及按 GoodsName 建立非唯一索引（索引组织方式为非聚集索引）为例，介绍索引的创建方法。

启动 SQL Server Management Studio，在"对象资源管理器"中展开"数据库 Csu"，选择"表"中的"dbo.Goods"，右击其中的"索引"项，在弹出的快捷菜单上选择"新建索引"命令。

这时，用户可以在打开的"新建索引"窗口中输入索引名称（索引名在表中必须唯一），如 PK_goods，选择"索引类型"为"聚集"、选中"唯一"复选框，单击新建索引窗口的"添加"按钮，在弹出选择列窗口（见图 7-1）中选择要添加的列，添加完毕后，单击"确定"按钮，在主界面中为索引键列设置相关的属性，单击"确定"按钮，即完成索引的创建工作。

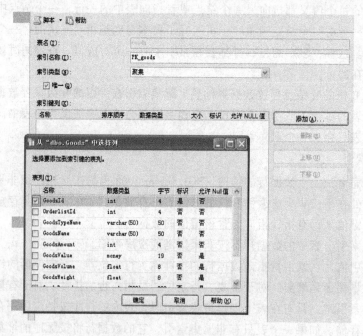

图 7-1　添加索引键列

在表设计器窗口创建索引的方法如下：

① 右击 Csu 数据库中的 "dbo. Goods" 表，在弹出的快捷菜单中选择 "设计" 命令，打开 "表设计器" 窗口。

② 在 "表设计器" 窗口中，选择 GoodsID 属性列右击，在弹出的快捷菜单中选择 "索引 /键" 命令。在弹出的 "索引/键" 对话框中单击 "添加" 对话框，并在右边的 "标识" 属性区域的 "名称" 一栏中确定新索引的名称（用系统缺省的名或重新取名）。在右边的常规属性区域中的 "列" 一栏后面单击按钮，可以修改要创建索引的列。如果将 "是唯一的" 一栏设定为 "是"，则表示索引是唯一索引。在 "表设计器" 栏下的 "创建为聚集的" 选项中，可以设置是否创建为聚集索引，由于 Goods 表中已经存在聚集索引，所以这里的这个选项不可修改，如图 7-2 所示。

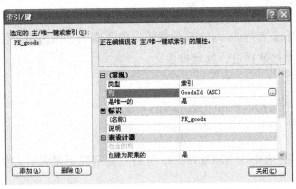

图 7-2   "索引/键" 对话框

2. 使用 SQL 命令创建索引

使用 CREATE INDEX 语句可以为表创建索引。语法格式：

```
CREATE [ UNIQUE ]                                    /*指定索引是否唯一*/
    [ CLUSTERED | NONCLUSTERED ]                     /*索引的组织方式*/
    INDEX index_name                                 /*索引名称*/
    ON {[ database_name. [ schema_name ] . | schema_name.] table_or_view_name}
        ( column [ ASC | DESC ] [ ,… n ] )           /*索引定义的依据*/
    [ INCLUDE ( column_name [ ,…n ] ) ]
    [ WITH ( <relational_index_option> [ ,…n ] ) ]   /*索引选项*/
    [ ON {   partition_scheme_name ( column_name )   /*指定分区方案*/
            | filegroup_name                         /*指定索引文件所在的文件组*/
            | default } ]
    [FILESTREAM_ON { filestream_filegroup_name | partition_scheme_name
                | "NULL" }                           /*指定 FILESTREAM 数据的位置*/
[ ; ]
```

其中：

```
<relational_index_option> ::={PAD_INDEX={ ON | OFF }
    | FILLFACTOR=fillfactor
    | SORT_IN_TEMPDB={ ON | OFF }
    | IGNORE_DUP_KEY={ ON | OFF }
    | STATISTICS_NORECOMPUTE={ ON | OFF }
    | DROP_EXISTING={ ON | OFF }
    | ONLINE={ ON | OFF }
```

```
        | ALLOW_ROW_LOCKS={ ON | OFF }
        | ALLOW_PAGE_LOCKS={ ON | OFF }
        | MAXDOP=max_degree_of_parallelism}
```

【例 7-1】对于 News 表，按 NewsId+NewsTitle 创建索引。

```
/*创建简单索引*/
USE Csu
GO
IF EXISTS (SELECT name FROM sysindexes WHERE name='News_Id_title ')
DROP INDEX News.News_Id_title
GO
CREATE INDEX News_Id_title
    ON News(NewsId, NewsTitle)
GO
```

【例 7-2】根据 News 表的 NewsId 列创建唯一聚集索引，因为指定了 CLUSTERED 子句，所以该索引将对磁盘上的数据进行物理排序。

```
/*创建唯一聚集索引*/
USE Csu
CREATE UNIQUE CLUSTERED INDEX News_id
    ON  news(newsId)
GO
```

【例 7-3】根据 Goods 表中的 GoodsAmount 货物数量字段创建索引，例中使用了 FILLFACTOR 子句。

```
CREATE NONCLUSTERED INDEX num_ind
    ON Goods (GoodsAmount)
    WITH FILLFACTOR=60
```

【例 7-4】根据 News 表中 NewsId 字段创建唯一聚集索引。如果输入了重复键值，将忽略该 INSERT 或 UPDATE 语句。

```
CREATE UNIQUE CLUSTERED INDEX i__NewsId
    ON News (NewsId)
    WITH IGNORE_DUP_KEY
```

创建索引有如下几点要说明：

① 在计算列上创建索引。对于 UNIQUE 或 PRIMARY KEY 索引，只要满足索引条件，就可以包含计算列，但计算列必须具有确定性、必须精确。若计算列中带有函数时，使用该函数时有相同的参数输入，输出的结果也一定相同时该计算列是确定的。而有些函数如 getdate()每次调用时都输出不同的结果，这时就不能在计算列上定义索引。计算列为 text、ntext 或 image 列时也不能在该列上创建索引。

② 在视图上创建索引。可以在视图上定义索引，索引视图能自动反映出创建索引后对基表数据所做的修改。

【例 7-5】创建一个视图，并为该视图创建索引。

```
/*定义视图，如下例子中，由于使用了WITH  SCHEMABINDING子句，因此，定义视图时，SELECT
子句中表名必须为：架构名.视图的形式*/
CREATE  VIEW  VIEW1  WITH  SCHEMABINDING
    AS
    SELECT PersonnelId, PersonnelUserName, PersonnelName, PersonnelGender,
PersonnelDepartment, PersonnelEntryDate
```

```
        FROM  dbo.Personnel
        WHERE  (PersonnelDepartment='办公室')
GO
/*在视图 VIEW1 上定义索引*/
CREATE  UNIQUE  CLUSTERED  INDEX  Ind1
    ON dbo.VIEW1(PersonnelId ASC)
GO
```

7.3　索引的删除

1．通过界面方式删除索引

通过界面方式删除索引的主要步骤如下：启动 SQL Server Management Studio，在"对象资源管理器"中展开数据库 Csu→"表"→dbo.Goods→"索引"，选择其中要删除的索引右击，在弹出的快捷菜单中选择"删除"命令。在打开的"删除对象"窗口单击"确定"按钮即可。

2．通过 SQL 命令删除索引

语法格式：
```
DROP INDEX
{index_name ON  table_or_view_name [ ,...n ]
    | table_or_view_name.index_name [ ,...n ]
}
```
【例 7-6】删除例 7-1 为 Csu 数据库中表 News 创建的索引 News_Id_title。
```
USE Csu
GO
IF EXISTS (SELECT name FROM sysindexes WHERE name='News_Id_title')
    DROP INDEX News.News_Id_title
GO
```

7.4　视图的概念

数据是存储在表中的，所以对数据的操纵主要是通过表进行的。但是，仅仅通过表操纵数据会带来一些性能、安全、效率等问题。

视图常被称之为虚拟表（Virtual Table），能像表一样操作，即可对视图进行查询、插入、更新与删除，这里"虚拟表"的叫法不仅是因为视图操作（包括 SELECT 语句、INSERT 语句及 DELFTP 语句）。与普通表类似，而且因为视图返回的结果集与表返回的结果集类似。称视图为"虚拟表"的人多是一些使用视图但不了解观图创建的人。而了解视图创建的人称视图为"存储在 SQL Server 中的查询"。

视图是一个标准的、强大的处理数据方式。视图有两大特性：使用灵活，安全性高。这两个特性是视图与生俱来的，也是提出视图概念的主要原因。举个简单的例子：假设一个房间里有很多东西，这些东西就类似于表，用户可以直接进入房间内去看，这就是自接操作表，也可以在房外通过墙壁上的小孔看房间内的东西，这个小孔就类似于视图（VIEW）。随着小孔的位置和大小的不同，看到房内的东西也不同。

一般视图包括如下内容：

- 基表的列的子集或行的子集。也就是说，视图可以是基表的其中一部分。
- 两个或多个基表的联合也就是说。视图是对多个基表进行联合运算检索的 SELECT 语句。
- 两个或多个基表的连接。也就是说，视图是通过对若干个基表的连接生成的。
- 基表的统计汇总。也就是说，试图不仅是基表的投影，还可以是经过对基表进行复杂运算的结果。

7.5 视图的创建

1. 在对象资源管理器中创建视图

下面以在 Csu 数据库中创建 v_person 视图说明在 SQL Server 企业管理器中创建视图的过程。

① 启动 SQL Server Management Studio，"对象资源管理器中"展开数据库 Csu 选择其中的"视图"项右击，在弹出的快捷菜单中选择"新建视图"命令。

② 在随后出现的添加表窗口中，添加所需要关联的基本表、视图、函数、同义词。这里只使用表选项卡，选择表 Personnel，如图 7-3 所示，单击"添加"按钮。如果还需要添加其他表，则可以继续选择添加基表，如果不再需要添加，可以单击"关闭"按钮关闭该窗口。

③ 基表添加完后，在视图窗口的关系图窗口显示了基表的全部列信息，如图 7-4 所示。

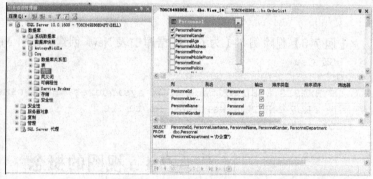

图 7-3 添加表窗口   图 7-4 创建视图

2. 使用 CREATE VIEW 语句创建视图

T-SQL 中用于创建视图的语句是 CREATE VIEW，例如用该语句创建视图 v_Person，其表示形式为：

```
USE Csu
GO
CREATE VIEW  v_Person
AS
   SELECT  PersonnelId, PersonnelUserName, PersonnelName, PersonnelGender,
PersonnelDepartment, PersonnelEntryDate
      FROM  dbo.Personnel
      WHERE  (PersonnelDepartment='办公室')
GO
```

CREATE VIEW 的语法格式为：

```
CREATE VIEW [ schema_name . ] view_name [ (column_name [ ,…n ] ) ]
[ WITH <view_attribute>[ ,…n ] ]
AS select_statement
    [ WITH CHECK OPTION ]
```

说明：

① scheme_name 是数据库架构名；view_name 是视图名。

② column_name：列名，它是视图中包含的列，可以有多个列名，最多可引用 1 024 个列。若使用与源表或视图中相同的列名时，则不必给出 column_name。

③ WITH 子句：指出视图的属性。

④ select_statement：用来创建视图的 SELECT 语句，可在 SELECT 语句中查询多个表或视图，以表明新创建的视图所参照的表或视图。

⑤ WITH CHECK OPTION：指出在视图上进行的修改都要符合 select_statement 所指定的限制条件，即保证修改、插入和删除的行满足视图定义中的条件，这样可以确保数据修改后，仍可通过视图看到修改的数据。

【例 7-7】创建 DriverPer 视图，包括司机（driver）的 PersonnelId、DriverLicenseId、DriverStatus 和 PersonnelName。

```
CREATE VIEW  DriverPer  WITH ENCRYPTION
AS
    SELECT  Driver.PersonnelId,  Driver.DriverLicenseId,  Driver.PathId,
Driver.DriverStatus,  Personnel.PersonnelName
FROM  Driver INNER JOIN
              Personnel ON Driver.PersonnelId = Personnel.PersonnelId
        WITH CHECK OPTION
```

【例 7-8】创建订单状态是"待运输"的视图 OrderTime。

```
CREATE VIEW OrderTime
AS
    SELECT  OrderlistId, OrderStatusChangeTime AS Time
    FROM  OrderStatus
    WHERE  (OrderStatus = '待运输')
```

【例 7-9】定义一个反映货物价值的视图。

```
CREATE VIEW goodsValues(GoodsName, GoosValue)
AS
    SELECT GoodsName, GoosValue
    FROM Goods
```

如果视图为下列格式，则称其为分区视图：

```
CREATE VIEW view_name
AS
    SELECT <select_list1>
        FROM T1
    UNION ALL
    SELECT <select_list2>
        FROM T2
    UNION ALL
    …
    SELECT <select_listn>
        FROM Tn
```

7.6 查询视图

【例 7-10】查找员工入职日期在 1998 年 1 月 1 日以后员工情况。

本例对 v_Person 视图进行查询。

```
SELECT *
    FROM v_Person
    WHERE  PersonnelEntryDate >'19980101'
```

7.7 更新视图

1. 插入数据

使用 INSERT 语句通过视图向基本表插入数据。

【例 7-11】先创建一个视图 v_pers。

```
CREATE VIEW v_pers
AS
    SELECT PersonnelName, PersonnelGender, PersonnelAge , PersonnelEntryDate
        FROM  dbo.Personnel
```

向视图 v_pers 中插入一个新的记录。

```
insert into v_pers values('wgy','n',23,1999-12-12);
```

使用 SELECT 语句查询视图 v_pers 依据的基本表 dbo.personnel。

```
SELECT * FROM dbo.personnel
```

将会看到该表已添加了一行。

2. 修改数据

使用 UPDATE 语句可以通过视图修改基本表的数据，有关 UPDATE 语句介绍见第 5 章。

【例7-12】将视图v_pers中姓名为"李军"的入职日期改为2008-12-12。

```
UPDATE v_pers
    SET PersonnelEntryDate='12-12-2008'
    WHERE PersonnelName ='wgy'
```

3. 删除数据

使用 DELETE 语句可以通过视图删除基本表的数据，有关 DELETE 语句介绍见第 5 章。但要注意，对于依赖于多个基本表的视图（不包括分区视图），不能使用 DELETE 语句。例如，不能通过对 CS_JY 视图执行 DELETE 语句而删除与之相关的基本表 XS 及 JY 表的数据。

【例 7-13】删除视图 v_pers 中姓名为 wgy 的记录。

```
DELETE FROM v_pers
    WHERE PersonnelName ='wgy'
```

对视图的更新操作也可通过企业管理器的界面进行，操作方法与对表数据的插入、修改和删除的界面操作方法基本相同，在此仅举一例加以说明。

【例 7-14】通过企业管理器的界面对视图 v_pers 进行如下操作：

① 增加一条记录'张三', '男', 20, '2009-1-12'。

② 将新增的职工的姓名改为"李四"。

③ 删除新增的记录。

操作步骤如下：

① 在"对象资源管理器"中展开"数据库"→Csu→"视图"→dbo.v_pers 选项右击，在弹出的快捷菜单上选择"编辑前 200 行"命令。在出现的如图 7-5 所示的数据窗口中添加新记录，输入新记录各字段的值。

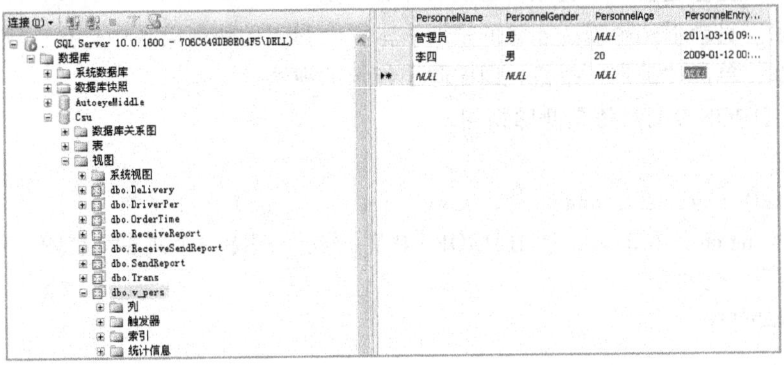

图 7-5　通过企业管理器操作视图

② 定位到需修改的姓名字段，删除原值，输入新值"李四"。

③ 定位到需删除的行右击，在弹出的快捷菜单中选择"删除"命令，弹出确认删除对话框，在其中单击"是"按钮完成删除操作。

7.8　修改视图的定义

1. 通过对象资源管理器修改视图

启动 SQL Server Management Studio，在"对象资源管理器"中展开"数据库"→Csu→"视图"→dbo.v_pers 选项右击，在弹出的快捷菜单中选择"设计"命令，进入视图修改窗口。在该窗口与创建视图的窗口类似，其中可以查看并可修改视图结构，修改完后单击"保存"按钮即可。

2. 使用 ALTER VIEW 语句修改视图

ALTER VIEW 语句的语法格式为：

```
ALTER VIEW [ schema_name . ] view_name [ ( column_name [ ,…n ] ) ]
    [ WITH <view_attribute>[,…n ] ]
    AS select_statement
    [ WITH CHECK OPTION ]
```

其中 view_attribute、select_statement 等参数与 CREATE VIEW 语句中含义相同。

【例 7-15】使用 ALTER VIEW 语句修改视图 V_pers。

```
ALTER VIEW v_pers
AS
    SELECT    PersonnelName, PersonnelGender, PersonnelAge, PersonnelEntryDate,
PersonnelSalary, PersonnelDepartment
    FROM      dbo.Personnel
```

7.9 删 除 视 图

1. 通过对象资源管理器删除视图

在"对象资源管理器"中删除视图的操作方法是：

在"视图"目录下选择需要删除的视图右击，在弹出的快捷菜单中选择"删除"命令，出现删除对话框，单击"确定"按钮，即删除了指定的视图。

2. 使用 DROP VIEW 语句删除视图

语法格式：

```
DROP VIEW [ schema_name . ] view_name [ ...,n ] [ ; ]
```

其中 view_name 是视图名，使用 DROP VIEW 语句可删除一个或多个视图。例如：

```
DROP VIEW v_pers
```

将删除视图 v_pers。

小　结

本章介绍了索引与视图的相关知识，其内容主要包括索引和视图的概念、索引和视图的创建以及索引和视图的管理。在索引的概念部分详细介绍了创建索引的目的和索引的分类；在索引的创建部分详细介绍了创建索引的方法，包括企业管理器和 CREATE INDEX 命令；在索引的管理部分重点介绍对索引进行查看、修改和删除操作。

在视图的创建部分详细介绍了创建视图的方法和具体步骤，其中应重点掌握创建视图的方法；在管理视图部分详细介绍了查看、修改和删除视图等具体操作，对于这些常见的视图管理操作应熟练掌握。

实　训

实训目的：

① 了解索引的概念和特点。

② 掌握索引的创建、管理及维护。

③ 掌握创建视图的方法。

④ 掌握使用视图、修改视图、查询视图和删除视图的方法。

实训要求：

实训 1～实训 6 要求分别在 5 分钟之内完成。

实训内容：

实训 1　对于 JY 表，按借书证号+ISBN 创建索引。

提示：
```
USE XSBOOK
GO
IF EXISTS (SELECT name FROM sysindexes WHERE name = 'JY_num_ind ')
    DROP INDEX JY.JY_num_ind
GO
CREATE INDEX JY_num_ind
    ON JY (借书证号,ISBN)
GO
```
实训 2　根据 XS 表中借书证号字段创建唯一聚集索引。

提示：
```
CREATE UNIQUE CLUSTERED INDEX xs_ind
    ON XS(借书证号)
```
实训 3　根据 BOOK 表的 ISBN 列创建唯一聚集索引，因为指定了 CLUSTERED 子句，所以该索引将对磁盘上的数据进行物理排序。

提示：
```
CREATE UNIQUE CLUSTERED INDEX book_id_ind
    ON  book(ISBN)
GO
```
实训 4　创建 CS_JY 视图，包括计算机专业各学生的借书证号、其借阅图书的索书号及借书时间。要保证对该视图的修改都要符合专业为计算机这个条件。

提示：
```
CREATE VIEW CS_JY WITH ENCRYPTION
AS
    SELECT XS.借书证号, 索书号, 借书时间
        FROM XS, JY
        WHERE XS.借书证号=JY.借书证号 AND 专业='计算机'
    WITH CHECK OPTION
GO
```
实训 5　创建计算机专业学生在 2004 年 7 月 30 日以前的借书情况视图 CS_JY_730。
```
CREATE VIEW CS_JY_730
AS
    SELECT 借书证号, 索书号, 借书时间
        FROM CS_JY
        WHERE 借书时间<'20040730'
GO
```
实训 6　定义学生所借图书总价值的视图。

提示：
```
CREATE VIEW TOTPRICE(借书证号,PRICE)
AS
    SELECT JY.借书证号,SUM(价格)
        FROM XS,JY,BOOK
        WHERE XS.借书证号=JY.借书证号 AND JY.ISBN=BOOK.ISBN
        GROUP BY JY.借书证号
    GO
```

第8章

函数

【任务引入】

在 SQL Server 2008 中，是否存在一种方法，既能封闭一系列复杂的 T-SQL 代码，又能根据需要设定参数，返回程序需要的执行结果呢？函数就是满足这一需求的最好方法。

【学习目标】
- 掌握常用的系统内置函数
- 掌握自定义标量函数和表值函数的方法
- 掌握修改和删除用户自定义函数的方法

8.1 函数概述

函数是由一个或多个 T-SQL 语句组成的子程序，是一组可用于封闭实现一定功能的程序代码，函数使代码便于重复使用。系统内部就存在的函数，称之为系统内置函数。除此之外，还有用户自定义函数。用户自定义函数（User Defined Function，UDF）是为了满足系统功能实现的需要，用户创建的函数。

函数可用于如下的几个方面：

① 在用 SELECT 语句的查询的选择列表中，以返回一个值。

② SELECT 或数据修改（INSERT、DELETE 或 UPDATE）语句的 WHERE 子句搜索条件中，限制符合查询条件的行。

③ 视图的搜索条件（WHERE 子句）中，使视图在运行时与用户或环境动态地保持一致。

④ CHECK 约束或触发器中，在插入数据时查找指定的值。

⑤ DEFAULT 约束或触发器中，在 INSERT 语句未指定值的情况下提供一个值。

⑥ 任意表达式中。

8.2 系统内置函数

SQL Server 2008 提供了丰富的系统内置函数，可以在 SQL Server Management Studio 中的"对象资源管理器"中查看，如图 8-1 所示，用户可以根据需要查看相应的函数。下面仅介绍几种常用的内置函数。

图 8-1 "对象资源管理器"中查看系统函数

8.2.1 聚合函数

聚合函数对一组值执行计算，并返回单个值。除了 COUNT 以外，聚合函数都会忽略空值。聚合函数经常与 SELECT 语句的 GROUP BY 子句一起使用。常用的聚合函数包括 AVG、COUNT、MAX、MIN、SUM，其功能及使用示例见表 8-1。

表 8-1　常用聚合函数

语　法	功　能	示　例	示例返回值
AVG([ALL ∣ DISTINCT] expression)	返回表达式的平均值	SELECT AVG(age) FROM student	返回 student 表中 age 字段的平均值
COUNT({[[ALL∣DISTINCT]expression]∣*})	返回表达式的项数	SELECT COUNT(*) FROM student WHERE gender = '男'	返回 student 表中性别为男的项数
MAX([ALL ∣ DISTINCT] expression)	返回表达式的最大值	SELECT MAX(age) FROM student	返回 student 表中 age 字段的最大值
MIN([ALL ∣ DISTINCT] expression)	返回表达式的最小值	SELECT MIN(age) FROM student	返回 student 表中 age 字段的最小值
SUM([ALL ∣ DISTINCT] expression)	返回表达式的和	SELECT SUM(age) FROM student	返回 student 表中 age 字段的和

8.2.2 日期和时间函数

使用日期和时间函数可以方便地对日期进行显示、比较、截取等操作，常用的日期和时间函数包括 GETDATE、DATENAME、DATEPART、DAY、MONTH、YEAR、DATEDIFF、DATEADD，其功能及使用示例见表 8-2。

表 8-2　日期和时间函数

语　法	功　能	示　例	示例返回值
GETDATE ( )	返回当前计算机的日期和时间	GETDATE()	2011-03-07 20:05:57.437
DATENAME (datepart , date)	返回表示指定日期的指定 datepart 的字符串	DATENAME(WEEKDAY,GETDATE())	星期一

语　法	功　能	示　例	示例返回值
DATEPART（datepart，date）	返回表示指定 date 的指定 datepart 的整数	DATEPART(MONTH,('2011-04-03'))	4
DAY（date）	返回表示指定 date 的"日"部分的整数	DAY('2011-04-03')	3
MONTH（date）	返回表示指定 date 的"月"部分的整数	MONTH ('2011-04-03')	4
YEAR（date）	返回表示指定 date 的"年"部分的整数	YEAR ('2011-04-03')	2011
DATEDIFF(datepart,startdate,enddate）	返回两个指定日期之间所跨的日期或时间 datepart 边界的数目	DATEDIFF(MONTH,'2011-01-01','2012-01-01')	12
DATEADD(datepart,number,date）	通过将一个时间间隔与指定 date 的指定 datepart 相加，返回一个新的 datetime 值	DATEADD(MONTH,12,'2011-01-01')	2012-01-01 00:00:00.000

8.2.3 数学函数

数学函数用于对数值表达式进行数学运算，并返回运算结果。常用的数学函数包括 ABS、FLOOR、POWER、SQRT、RAND，其功能及使用示例见表 8-3。

表 8-3　数学函数

语　法	功　能	示　例	示例返回值
ABS（numeric_expression）	返回指定数值表达式的绝对值（正值）	ABS(-3)	3
CEILING（numeric_expression）	返回大于或等于指定数值表达式的最小整数	CEILING(-2.6)	-2
FLOOR（numeric_expression）	返回小于或等于指定数值表达式的最大整数	FLOOR(-2.6)	-3
POWER（float_expression，y）	返回指定表达式的指定幂的值	POWER(-3,2)	9
SQRT（float_expression）	返回指定浮点值的平方根	SQRT(4)	-2
RAND（[seed]）	返回从 0 到 1 之间的随机 float 值	RAND()	

8.2.4 字符串函数

字符串函数对字符串进行运算，返回运算完成后的字符串。常用的字符串函数包括 CHARINDEX、LEN、LOWER、LEFT、LTRIM、REPLACE、REVERSE、RIGHT、RTRIM、STUFF、UPPER，其功能及使用示例见表 8-4。

表 8-4　字符串函数

语　　法	功　　能	示　　例	示例返回值
CHARINDEX(expression1 ,expression2 [, start_location])	在 expression2 中搜索 expression1 并返回其起始位置。搜索的起始位置为 start_location	SELECT CHARINDEX('soft','Microsoft SQL Server')	6
LEN (string_expression)	返回指定字符串表达式的字符数，其中不包含尾随空格	LEN('Microsoft SQL　')	13
LOWER (character_expression)	将大写字符数据转换为小写字符数据后返回字符表达式	LOWER('Microsoft SQL')	microsoftsql
LEFT (character_expression , integer _expression)	返回字符串中从左边开始指定个数的字符	LEFT('Microsoft SQL',5)	Micro
LTRIM (character_expression)	返回删除了前导空格之后的字符表达式	LTRIM('　Microsoft')	'Microsoft'
REPLACE (string_expression1　string_ expression2 , string_expression3)	用另一个字符串值替换出现的所有指定字符串值	REPLACE('stool','o','i')	stiil
REVERSE(character_expression)	返回字符表达式的逆向表达式	REVERSE('world')	dlrow
RIGHT (character_expression , integer _expression)	返回字符串中从右边开始指定个数的字符	RIGHT('Microsoft',4)	soft
RTRIM (character_expression)	截断所有尾随空格后返回一个字符串	RTRIM('sql server　　')	'sql server'
STUFF(character_expression, startlength , character_expression)	将字符串插入另一字符串。它在第一个字符串中从开始位置删除指定长度的字符；然后将第二个字符串插入第一个字符串的开始位置	STUFF('Micromysql',5,4,'soft')	'Microsoft sql'
UPPER (character_expression)	返回小写字符数据转换为大写的字符表达式	UPPER('sql')	SQL

系统内置函数可以通过查看 SQL Server 的帮助系统得到每一种函数的使用方法，如图 8-2 所示。

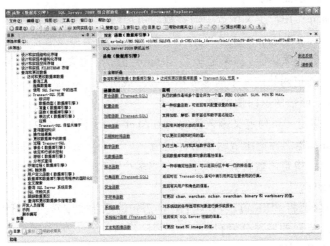

图 8-2　"系统内置函数"帮助

8.3　用户自定义函数

根据返回值形式的不同，用户自定义函数分为两种：标量函数和表值函数。标量函数返回一个确定类型的标量（Scalar）值，其返回值类型为除 TEXT、NTEXT、IMAGE、CURSOR、TIMESTAMP 和 TABLE 类型外的其他数据类型。而表值函数的返回值是表。

8.3.1　标量函数

标量函数的返回值类型是确定的，其数据类型在 RETURNS 子句中指定，如果 RETURNS 子句中指定 TABLE，则该函数是表值函数。

创建返回标量值的 UDF 的基本语法：

```
CREATE FUNCTION [ schema_name. ] function_name
( [ { @parameter_name [ AS ][ type_schema_name.] parameter_data_type
    [ = default ] [ READONLY ] }
    [ ,...n ]
  ]
)
RETURNS return_data_type
    [ WITH <function_option> [ ,...n ] ]
    [ AS ]
    BEGIN
function_body
        RETURN scalar_expression
END
[ ; ]
```

各参数的含义：

Schema_name：用户定义函数所属的架构的名称。

Function_name：用户定义函数的名称。函数名称必须符合有关标识符的规则，并且在数据库中以及对其架构来说是唯一的。

@parameter_name：用户定义函数中的参数。可声明一个或多个参数。

[type_schema_name.] parameter_data_type：参数的数据类型及其所属的架构。

[= default]：参数的默认值。如果定义了 default 值，则无须指定此参数的值即可执行函数。

[READONLY]：指定函数定义中的参数不能修改或更新。

return_data_type：函数的返回值类型。

Function_body：指定一系列定义函数值的 Transact-SQL 语句。

Scalar_expression：指定标量函数返回的标量值。

<function_option>：指定函数将具有以下一个或多个选项：

（1）ENCRYPTION

指示数据库引擎会将 CREATE FUNCTION 语句的原始文本转换为模糊格式。可防止将函数作为 SQL Server 复制的一部分发布。

（2）SCHEMABINDING

指定将函数绑定到其引用的数据库对象。如果其他架构绑定对象也在引用该函数，此条件将防止对其进行更改。

（3）RETURNS NULL ONNULLINPUT | CALLED ONNULLINPUT

指定标量值函数的 OnNULLCall 属性。如果未指定，则默认为 CALLED ONNULLINPUT。这意味着即使传递的参数为 NULL，也将执行函数体。

（4）EXECUTE AS 子句

指定用于执行用户定义函数的安全上下文。不能为内联用户定义函数指定 EXECUTE AS。

【例 8-1】创建一个函数 function_getNumberInDepartment，通过部门查找该部门的人员数量。

实现步骤

① 打开 Microsoft SQL Server Managerment Studio，在查询窗口中输入如下创建函数的 SQL 语句。

```
USE Csu
GO
CREATE FUNCTION function_getNumberInDepartment
(
    @Department VARCHAR(50)
)
RETURNS INT
AS
BEGIN
    DECLARE @Number INT
    SELECT @Number=COUNT(*)
    FROM Personnel
    WHERE PersonnelDepartment=@Department
    RETURN @Number
END
GO
```

② 执行该命令，在"对象资源管理器"中依次展开 Csu→"可编程性"→"函数"→"标量值函数"选项，即可看到已经创建好的函数，如图 8-3 所示。

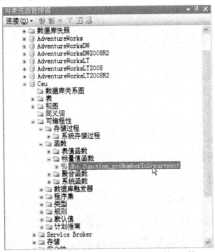

图 8-3 已经创建好的标量值函数

【例 8-2】使用函数 function_getNumberInDepartment，查询"配货部"的人数。

实现代码：
```
USE Csu
GO
SELECT dbo.function_getNumberInDepartment('配货部') AS 配货部人数
```
执行结果如图 8-4 所示。

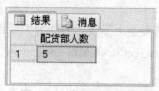

图 8-4　代码运行结果

8.3.2　表值函数

用户自定义表值函数分为内联表值函数和多语句表值函数。

内联表值函数返回的结果是表，其表是由单个 SELECT 语句形成，内联表值函数可用于实现参数化的视图功能。

多语句表值函数是标量函数与内嵌表值函数的结合体，返回值是一个表。它与标量函数一样，有一个用 BEGIN...END 语句括起来的函数体。

1. 创建内联表值函数

内联表值函数 RETURNS TABLE 子句中的 RETURN 部分没有 BEGIN...END 语句，而是一个内联表的查询语句，其功能相当于一个可带参数的视图。

内联表值函数的语法：
```
CREATE FUNCTION [ schema_name. ] function_name
( [ { @parameter_name [ AS ] [ type_schema_name. ] parameter_data_type
    [ = default ] [ READONLY ] }
    [ ,...n ]
  ]
)
RETURNS TABLE
    [ WITH <function_option> [ ,...n ] ]
    [ AS ]
    RETURN [ ( ] select_stmt [ ) ]
[ ; ]
```

各参数的含义：

schema_name：用户定义函数所属的架构的名称。

function_name：用户定义函数的名称。函数名称必须符合有关标识符的规则，并且在数据库中以及对其架构来说是唯一的。

@parameter_name：用户定义函数中的参数，可声明一个或多个参数。

[type_schema_name.] parameter_data_type：参数的数据类型及其所属的架构。

[= default]：参数的默认值。如果定义了 default 值，则无须指定此参数的值即可执行函数。

[READONLY]：指定函数定义中的参数不能修改或更新。

<function_option>：指定函数将具有的一个或多个选项。

select_stmt：定义内联表值函数返回值的单个 SELECT 语句。

【例 8-3】创建一个名为 function_getPeopleBeforeEntryDate 的函数，用于返回入职日期在指定日期之前的员工姓名、性别、年龄、手机号码、入职日期和工资。

实现代码：

```
USE Csu
GO
CREATE FUNCTION function_getPeopleBeforeEntryDate
(
    @EntryDate DATETIME
)
RETURNS TABLE
AS
RETURN SELECT PersonnelName,PersonnelGender,PersonnelAge,PersonnelMobile
Phone,PersonnelEntrydate, PersonnelSalary
        FROM Personnel
        WHERE PersonnelEntryDate<@EntryDate
GO
```

【例 8-4】利用 function_getPeopleBeforeEntryDate 函数，将 2009 年 1 月 1 日之前进入公司的人员工资上调 10%。

实现代码：

```
UPDATE function_getPeopleBeforeEntryDate('2009-01-01')
SET PersonnelSalary=PersonnelSalary*1.1
```

2．创建多语句表值函数

多语句表值函数允许使用多条 SQL 语句来创建表的内容，它允许开发人员使用多个步骤动态地填充表。使用多语句表值函数时，表的结构必须在函数头定义，要为表定义一个变量名，并且所有修改数据的操作只能引用表变量。

创建多语句表值函数的语法：

```
CREATE FUNCTION [ schema_name. ] function_name
( [ { @parameter_name [ AS ] [ type_schema_name. ] parameter_data_type
    [ = default ] [READONLY] }
    [ ,...n ]
  ]
)
RETURNS @return_variable TABLE <table_type_definition>
    [ WITH <function_option> [ ,...n ] ]
    [ AS ]
    BEGIN
function_body
        RETURN
    END
[ ; ]
```

各参数的含义：

schema_name：用户定义函数所属的架构的名称。

function_name：用户定义函数的名称。函数名称必须符合有关标识符的规则，并且在数据库中以及对其架构来说是唯一的。

@parameter_name：用户定义函数中的参数，可声明一个或多个参数。

[type_schema_name.] parameter_data_type：参数的数据类型及其所属的架构。

[= default]：参数的默认值。如果定义了 default 值，则无须指定此参数的值即可执行函数。

[READONLY]：指定函数定义中的参数不能修改或更新。

<function_option>：指定函数将具有的一个或多个选项。

@return_variable：TABLE 变量，用于存储和汇总应作为函数值返回的行。

<table_type_definition>：定义表的 SQL 语句。

function_body：指定一系列定义函数值的 Transact-SQL 语句。

【例 8-5】创建一个名为 function_GetNewPersonTable 的函数，该函数将所有员工的年龄提高 1 岁，并返回所有员工的姓名、性别、年龄、手机号码、入职日期和工资。

实现代码：

```
USE Csu
GO
CREATE FUNCTION function_GetNewPersonTable
(
)
RETURNS @NewTable TABLE
(
    PersonnelName VARCHAR(50),
    PersonnelGender CHAR(2),
    PersonnelAge INT,
    PersonnelMobilePhone VARCHAR(20),
    PersonnelEntrydate DATETIME,
    PersonnelSalary MONEY
)
AS
BEGIN
    INSERT @NewTable
    SELECT PersonnelName,PersonnelGender,PersonnelAge, PersonnelMobilePhone,
PersonnelEntrydate, PersonnelSalary
    FROM Personnel
    UPDATE @NewTable
    SET PersonnelAge=PersonnelAge+1
    RETURN
END
GO
```

【例 8-6】利用 function_GetNewPersonTable 函数，查询所有男员工的平均工资和人数。

实现代码：

```
SELECT AVG(PersonnelSalary) AS 平均工资,COUNT(*) AS 男员工的人数
FROM function_GetNewPersonTable()
WHERE PersonnelGender='男'
```

8.4 管理用户自定义函数

8.4.1 删除用户自定义函数

当用户自定义的函数不再使用时，需要将它从系统中删除。

从当前数据库中删除一个或多个用户自定义函数的语法为：

```
DROP FUNCTION { [ schema_name. ] function_name } [ ,...n ]
```

【例 8-7】删除 function_getNumberInDepartment 和 function_getPeopleBeforeEntryDate 函数。

实现代码：

```
USE Csu
GO
DROP FUNCTION function_getNumberInDepartment,function_getPeopleBeforeEntryDate
GO
```

8.4.2　修改用户自定义函数

要修改先前通过执行 CREATE FUNCTION 语句创建的函数，只要将 CREATE 变为 ALTER 即可。与删除 UDF，再创建相同的 UDF 相比较，修改函数将不会更改权限，也不影响任何的其他函数、存储过程或触发器。

【例 8-8】修改 function_GetNewPersonTable 函数，使其能够根据用户输入的年限，将最近年限范围内入职的所有员工的工资提高 10%，并返回其姓名、性别、年龄、手机号码、入职日期和工资。

实现代码：

```
USE Csu
GO
ALTER FUNCTION function_GetNewPersonTable
(
    @year INT
)
RETURNS @NewTable TABLE
(
    PersonnelName VARCHAR(50),
    PersonnelGender CHAR(2),
    PersonnelAge INT,
    PersonnelMobilePhone VARCHAR(20),
    PersonnelEntrydate DATETIME,
    PersonnelSalary MONEY
)
AS
BEGIN
    INSERT @NewTable
    SELECT PersonnelName, PersonnelGender, PersonnelAge, PersonnelMobilePhone,
 PersonnelEntrydate, PersonnelSalary
    FROM Personnel
    WHERE DATEDIFF(YEAR,PersonnelEntryDate,GETDATE())<=@year
    UPDATE @NewTable
    SET PersonnelSalary=PersonnelSalary*1.1
    RETURN
END
GO
```

小　　结

事实上，UDF 中的内容和在脚本中所看到的语句、变量以及一般编码方式都是一样的。UDF

的好处在于返回值并不限于整数，而是可以返回除 TEXT、NTEXT、IMAGE、CURSOR、TIMESTAMP 类型外的标量值和表值。

UDF 是 SQL Server 2008 中最有用的新功能之一，它可以封装大量代码，并在查询中内联使用这一封装功能。

实　　训

实训目的：

① 熟悉系统内置函数。

② 熟悉自定义标量函数和表值函数。

实训要求：

实训 1 ~ 实训 5 要求分别在 20 分钟之内完成。

实训内容：

实训 1　使用系统内置函数辅助查询功能。

① 使用系统内置的函数查询订单表（Orderlist）中所有订单总费用（OrderListTotalPrice）的总和、平均值、最高值、最低值和表中的货物总数。

实现功能的 SQL 语句如下：

```
USE Csu
GO
SELECT SUM(OrderlistTotalPrice) AS 总和,AVG(OrderlistTotalPrice) AS 平均值,
MAX(OrderlistTotalPrice)AS 最高值,MIN(OrderlistTotalPrice) AS 最低值,COUNT(*)
AS 货物总数
FROM Orderlist
GO
```

② 使用系统内置的函数查询订单表（Orderlist）中所有订单的订单日期（OrderlistDate）中的年、月、日，10 天之后的日期以及与当前系统时间相差的天数。

实现功能的 SQL 语句如下：

```
USE Csu
GO
SELECT YEAR(OrderlistDate) AS 年,MONTH(OrderlistDate) AS 月,DAY(Orderlist
Date)AS 日,DATEADD(DAY,10,OrderlistDate) AS '10 天之后的日期',DATEDIFF(DAY,
OrderlistDate,GETDATE()) AS 与当前时间相差的天数
FROM Orderlist
GO
```

③ 使用系统内置的函数查询订单表（Orderlist）中所有订单的货物保价费用（OrderlistAssuretPrice）和货物保价金额（OrderlistAssureValue）之间的差价。

实现功能的 SQL 代码如下：

```
USE Csu
GO
```

```
SELECT ABS(OrderlistAssurePrice-OrderlistAssureValue) AS 差价
FROM Orderlist
GO
```

④ 使用系统内置的函数查询客户表(Client)中所有客户的客户账号密码(ClientPassword)的长度、去掉左右空格之后的密码、转换成小写字母之后的密码、转换成大写字母之后的密码，并且为了防止密码中字母 o 和数字 0 的混淆，将所有客户账号密码中的字母 o 全部用数字 0 替换。

实现功能的 SQL 代码如下：

```
USE Csu
GO
SELECT LEN(ClientPassword) AS 密码长度,LTRIM(RTRIM(ClientPassword)) AS 去掉
左右空格后的密码,LOWER(ClientPassword) AS 小写密码,UPPER(ClientPassword) AS 大
写密码, REPLACE(ClientPassword,'o',0) AS 替换后的密码
FROM Client
GO
```

实训 2　自定义标量函数。

① 定义一个函数，使其返回客户表（ Client ）中所有客户家庭地址（ ClientAddress ）为空的客户数量。

实现功能的 SQL 代码如下：

```
USE Csu
GO
CREATE FUNCTION GetCountOfNullAddress
(
)
RETURNS INT
AS
BEGIN
    DECLARE @Count INT
    SELECT @Count=COUNT(*)
    FROM Client
    WHERE ClientAddress IS NULL
    RETURN @Count
END
GO
```

② 定义一个函数，根据用户输入的发货配送点（ StartStationId ），返回订单表（ Orderlist ）中的货物运输费用（ OrderlistDeliveryPrice ）的总和。

实现功能的 SQL 代码如下：

```
USE Csu
GO
CREATE FUNCTION GetSumFeeOfStartStationId
(
    @StartStationId INT
)
RETURNS INT
AS
BEGIN
```

```
        DECLARE @SumFee INT
        SELECT @SumFee=SUM(OrderlistDeliveryPrice)
        FROM Orderlist
        WHERE StartStationId=@StartStationId
        RETURN @SumFee
    END
    GO
```

实训 3　自定义表值函数。

① 定义一个函数，根据用户输入的客户编号（ClientId），返回客户表（Client）中该客户的姓名（ClientUserName）、订单表（Orderlist）中的订单编号（OrderlistId）、订单状态（OrderlistStatus）、货物保价金额（OrderlistAssureValue）、货物保价费用（OrderlistAssuretPrice）和收货人姓名（OrderlistReceiveName）。

实现功能的 SQL 代码如下：

```
USE Csu
GO
CREATE FUNCTION GetCertainClientOrderInformation
(
    @ClientId INT
)
RETURNS TABLE
AS RETURN
    SELECT Client.ClientUserName AS 客户姓名,Orderlist.OrderlistId AS 订单编
号,Orderlist.OrderlistStatus AS 订单状态,Orderlist.OrderlistAssureValue AS 保价金
额,Orderlist.OrderlistAssurePrice AS 保价费用,Orderlist.OrderlistReceiveName
 AS 收货人姓名
    FROM Client
    INNER JOIN Orderlist ON Client.ClientId=Orderlist.ClientId
GO
```

② 定义一个函数，根据用户输入的客户编号（ClientId），将客户表（Client）中该客户的密码重置为 "888888"，并返回表中该客户的所有信息。

实现功能的 SQL 代码如下：

```
USE Csu
GO
CREATE FUNCTION UpdateCertainClientPassword
(
    @ClientId INT
)
RETURNS @returnUpdatedData TABLE
(
    ClientId INT PRIMARY KEY NOT NULL,
    ClientUserName VARCHAR(50) NULL,
    ClientName VARCHAR(50) NOT NULL,
    ClientAddress VARCHAR(200) NULL,
    ClientPhone VARCHAR(20) NULL,
    ClientMobilePhone VARCHAR(20) NULL,
    ClientEmail VARCHAR(50) NULL,
    ClientPassword VARCHAR(50) NULL,
```

```
        ClientPasswordQuestion VARCHAR(200) NULL,
        ClientPasswordAnswer VARCHAR(50) NULL
)
AS
BEGIN
    INSERT @returnUpdatedData
    SELECT
ClientId,ClientUserName,ClientName,ClientAddress,ClientPhone,ClientMobil
ephone,ClientEmail,ClientPassword,ClientpasswordQuestion,ClientPasswordA
nswer
    FROM Client
    WHERE ClientId=@ClientId
    UPDATE @returnUpdatedData
    SET ClientPassword='888888'
    WHERE ClientId=@ClientId
    RETURN
END
GO
```

③ 定义一个函数，根据用户输入的订单编号（OrderlistId），将其状态（OrderlistStatus）修改为指定的状态，并返回该订单的订单编号（OrderlistId）、订单状态（OrderlistStatus）、货物保价金额（OrderlistAssureValue）、货物保价费用（OrderlistAssurePrice）和收货人姓名（OrderlistReceiveName）。

实现功能的 SQL 代码如下：

```
USE Csu
GO
CREATE FUNCTION UpdateOrderList
(
    @OrderlistId INT,
    @OrderlistStatus VARCHAR(20)
)
RETURNS @OrderInformationOfStatus TABLE
(
    OrderListId INT NOT NULL,
    OrderlistStatus VARCHAR(50),
    OrderlistAssureValue MONEY NULL,
    OrderlistAssurePrice MONEY NULL,
    OrderlistReceiveName VARCHAR(50) NOT NULL
)
AS
BEGIN
    INSERT @OrderInformationOfStatus
    SELECT OrderlistId,OrderlistStatus,OrderlistAssureValue,OrderlistAssurePrice,
 OrderlistReceiveName
    FROM Orderlist
    WHERE OrderlistId=@OrderlistId
    UPDATE @OrderInformationOfStatus
    SET OrderlistStatus=@OrderlistStatus
    RETURN
END
GO
```

实训 4　修改自定义函数。

修改训练 3 中第 3 题定义的函数，使其根据用户输入的订单状态（OrderlistStatus）和货物保价金额（OrderlistAssureValue），生成一张新表，用于存储订单表（Orderlist）中该状态的大于该货物保价金额的所有订单的订单编号（OrderlistId）、货物保价金额（OrderlistAssureValue）、货物保价费用（OrderlistAssurePrice）和收货人姓名（OrderlistReceiveName），并将该表返回。

实现功能的 SQL 代码如下：

```
USE Csu
GO
ALTER FUNCTION UpdateOrderList
(
    @OrderlistId INT,
    @OrderlistAssurePrice MONEY
)
RETURNS @OrderInformationOfStatus TABLE
(
    OrderListId INT NOT NULL,
    OrderlistStatus VARCHAR(50),
    OrderlistAssureValue MONEY NULL,
    OrderlistAssurePrice MONEY NULL,
    OrderlistReceiveName VARCHAR(50) NOT NULL
)
AS
BEGIN
    INSERT @OrderInformationOfStatus
    SELECT OrderlistId,OrderlistStatus,OrderlistAssureValue,OrderlistAssurePrice,
 OrderlistReceiveName
    FROM Orderlist
    WHERE OrderlistId=@OrderlistId
    UPDATE @OrderInformationOfStatus
    SET OrderlistAssurePrice=@OrderlistAssurePrice
    RETURN
END
GO
```

实训 5　删除弃用的自定义函数。

自已定义一个函数，并将其删除。

第9章

存储过程

【任务引入】

当基于 SQL Server 数据库服务器创建应用程序时，T-SQL 是程序与数据库之间的接口。有两种方法保存和执行功能：

第一种方法，可以将 SQL 程序放在编程语言中间，也就是直接编写在应用程序中，然后由应用程序将 SQL 命令发送到 SQL Server 执行并获得结果。根据多年项目开发经验得知，即使软件交付之后，客户对业务逻辑也会有少量调整的需求。另外，由于客户公司的管理规范化程度有很大差异，所以业务流程的变化随时都有可能发生。如果上述两种情况一旦发生，那么将 SQL 程序放在程序中固定下来，会造成一定麻烦。因为这样，要想对 SQL 程序进行更改时，哪怕是最小的更改，也需要再次找到开发人员，深入到应用程序源代码内部，进行烦琐地更改。然后再将改好的整个应用程序重新编译发布，再交付给客户。

另一种方法，可以将 SQL 程序编写成独立的存储过程，保存在数据库中，而不是应用程序代码里。应用程序只需要通过存储过程的名称，就可以调用存储过程执行并获取结果。这样，即使在发布之后出现少量轻微的变更，那么无论是客户的维护人员，还是软件企业的实施人员，只需要在数据库中对存储过程进行相应简单调整即可。甚至不需要对已经发布好的应用程序进行任何改动。

所以存储过程是开发团队中必须的也是普遍使用的开发方式。有些团队甚至严格规定，所有数据库操作，必须先定义为存储过程放在数据库中，然后再调用执行，而不应在代码中出现任何 SQL 语句。可见存储过程的重要程度。

本章仍以物流配送系统为例，详细讲解存储过程的设计方法以及企业级项目数据库开发中的要求。

【学习目标】

- 根据具体客户需求创建存储过程
- 在存储过程中使用参数
- 管理存储过程
- 让存储过程通过输出参数返回具体值
- 通过异常处理使存储过程更健壮，更友好

9.1　存储过程概述

存储过程（Stored Procedure）是在数据库服务器执行的一组 T-SQL 语句集合，经编译后存

放在数据库服务器上。存储过程与其他编程语言类似。存储过程可以接受输入参数、输出参数，同时可以向调用它的应用程序返回操作结果和查询结果。如果操作失败，也可以返回失败的原因。同时存储过程包含执行数据库操作的 SQL 语句。

SQL Server 提供了 3 种类型的存储过程：

① 用户自定义存储过程：用户通过 SQL 语句创建的，封装了程序执行逻辑的，可重用的代码块。

② 系统存储过程：在 SQL Server 中有许多的管理活动都是通过系统存储过程实现。例如，sys.sp_changedbowner 就是系统存储过程。在数据库中系统存储过程保存在资源数据库中，带有"sp_"前缀。系统存储过程出现在每个系统定义数据库和用户定义数据的 SYS 架构中。当用户要创建存储过程的时候最好不要以"sp_"开头，因为当用户存储过程和系统存储过程重名时，会调用系统存储过程。

③ 扩展存储过程：SQL Server 允许用户使用编程语言（如 C 或 C#）等创建外部实例。扩展存储过程是指 SQL Server 可以动态加载和运行的 DLL。

存储过程的优点：

1. 模块化程序设计

每个存储过程就是一个模块，可以用它来封装程序执行的功能单元。存储过程创建后，即可在程序中调用任意次数，这可以改进应用程序的可维护性，并允许应用程序统一访问数据库。

存储过程的模块化还带来一个好处。比如在我们这次的物流配送系统中，客户要想将订单保存到数据库，需要进行两步操作。首先需要在 Order 表中插入订单信息，如订单日期、订单状态、客户的编号等。只有订单表中有了这条新订单的记录后，才可以在订单明细表中继续插入订单的明细信息，如货物名称、货物数量、货物单价以及货物所属订单的编号等。如下列代码：

```
USE <数据库名>
EXEC <向订单表插入记录的存储过程>
While <订单中货物的数量作为退出循环的条件>
Begin
EXEC <向订单明细表中插入一条货物信息的存储过程>
End
```

通过以上代码可以看出，如果在上面的案例中，某条语句发生了问题，那么可以很容易通过调试定位到具体的出现问题的存储过程。而在程序编写过程中，可以从每个存储过程的开发做起，将注意力集中到每个功能单元的实现上，调试也只需要调试一个存储过程。显然调试一个存储过程比调试一大段复杂的程序要容易得多。这样就将调试的复杂程度分散到了各个功能单元中。同时，如果每个存储过程执行都没有问题，那么程序整体出现问题的可能性就非常低了。

2. 创建可调用的进程

存储过程是存储在数据库中的语句集合，因此它是数据库对象，可以直接调用，不需要在执行前从文件中手动加载存储过程。

存储过程可以调用其他存储过程，这称之为嵌套。对于 SQL Server 2008 来说，可以嵌套 32 层的深度。

3．提高系统效率

存储过程之所以会提高效率，是因为存储过程在创建时已被编译，执行时不必每次都编译，而普通的 SQL 语句每次都需要编译。

另外，曾经试过对上万条记录进行嵌套或逻辑的比较以及计算。如果同样的逻辑和执行过程放到 C#或 Java 中执行，可能需要几个小时完成，甚至有的时候时间更长。而当将计算的逻辑放到存储过程中执行，然后仅将结果一次性绑定到应用程序的界面上时，5 分钟之内就解决了问题。这就是存储过程的功劳。

存储过程也在某种程度上减少了网络带宽的占用。这也是使用存储过程的重要原因之一。

4．安全性

存储过程是可以设置权限的，这一点和视图类似。可以创建一个返回结果集的存储过程而不用赋予用户访问底层数据表的权限。如果赋予用户执行返回某一表中结果集的存储过程权限，而没有赋予直接访问数据库中的表的权限，那么当用户想尝试直接访问数据库中的表时是行不通的。

另外，存储过程可以有效的保护应用程序不受 SQL 注入式攻击（SQL Injection）。SQL 注入式攻击是将恶意代码插入到将要传递给 SQL Server 分析和执行的字符串中。

9.2　存储过程的设计

前面给出的存储过程执行的案例可能比较抽象。下面就根据具体的客户需求来创建存储过程，返回客户想要的结果或者执行客户想要的操作。

学习创建存储过程之前需要了解，虽然几乎所有的 SQL 语句都可以包含在存储过程中，但仍有少量 SQL 语句，如果包含在存储过程中，会导致不兼容，甚至错误。读者需要明确记住这些不能包含在存储过程中的 SQL 语句，见表 9-1。

表 9-1　不能包含在存储过程中的 SQL 语句

语　　句	描　　　　　　　述
Create Aggregate	创建用户自定义聚合函数
Create Rule	创建规则（已被 Check 约束取代，较少使用）
Create Default	创建默认值（已被 Create Table 或 Alter Table 语句中的 Default 取代，较少使用）
Create Schema	创建架构
Create（或 Alter）　FUNCTION	创建和修改函数
Create（或 Alter）　TRIGGER	创建和修改触发器
Create（或 Alter）　PROCEDURE	创建和修改存储过程
Create（或 Alter）　VIEW	创建和修改视图
SET PARSEONLY	检查每个 T-SQL 语句的语法，并返回错误消息，但并不编译和执行语句
SET SHOWPLAN_ALL	不执行 T-SQL 语句，而是返回有关语句的执行情况，并估算语句对 SQL Server 资源的需求情况
SET SHOWPLAN_TEXT	不执行 T-SQL 语句，而是返回有关语句执行情况
SET SHOWPLAN_XML	不执行 T-SQL 语句，而是返回有关 XML 信息
USE database_name	显示地引用数据库。存储过程属于特定的数据库，所以也没有必要在存储过程中再重复显示的引用

9.2.1　创建存储过程基本语法

创建存储过程的方法和创建数据库中其他对象一样，通过 SQL Server Management Studio 和 T-SQL 的 CREATE PROCEDURE 语句来创建存储过程，存储过程的基本语法如下：

```
CREATE { PROCEDURE|PROC } [schema_name.]<procedure_name>
    [ { @Parameter [type_schema_name.]data_type}
        [=DEFAULT] [OUT|OUTPUT] [READONLY]
    ] [ ,…n ]
[WITH<procedure_option> [ ,…n]]
AS
{ <sql_statement> [;…n] }
```

组成元素的意义如下：

Schema_name 是存储过程的架构名称。

procedure_name 是存储过程的名称，在同一架构中必须是唯一的。

@Parametern 是存储过程的参数，可以声明一个或多个参数。

[type_schema_name]data_type 是参数的数据类型，如果数据类型中没有 type_schema_name，那么数据库会去找 data_type，如果依然找不到，就会报错。

Default 是参数的默认值，默认值必须是常量或者 NULL。

OUTPUT 是用来表示参数是输出参数，但是 TEXT、NTEXT、IMAGE 以及用户自定义的表类型是不能作为 output 参数的。

<procedure_option>代表以下内容：

[ENCRYPTION]用于加密 CREATE PROCEDURE 定义的文本。

[RECOMPILE]用于指定存储过程在执行时需要重新编译。

[EXECUTE AS Clause]用于指定执行存储过程的环境，如果将执行环境指定为 OWNER，在同一个存储过程定义中，可以定义多个 EXECUTE AS。

<sql_statement> 是一个 T-SQL 语句，格式如下：

```
[Begin] statements [End]
```

AS 后可以跟多条该格式的 SQL 语句。

9.2.2　创建不带参数的存储过程

使用 Create Procedure 语句创建存储过程。使用 Create Procedure 创建存储过程之前需要注意，必须保证当前登陆数据库的用户拥有在指定数据库中创建存储过程和修改存储过程的权限。

存储过程有特定的范围。一般是某个具体的数据库内部。所以，在创建存储过程之前最好显示指定存储过程将要创建在哪个具体的数据库中。

【例 9-1】大多数电子商务类应用程序中都包含对订单的查询和对订单状态的修改操作。首先假设我们是一个订单管理员。订单管理员首先具有查询所有订单的需求。接下来就使用 Create Procedure 语句创建一个查询所有订单摘要信息的存储过程：

① 通过数据库关系图查看与订单表相关联的主数据表有哪些，从而分析订单查询的语句结构，如图 9-1 所示。

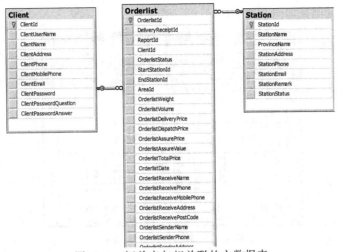

图 9-1　订单表与相关联的主数据表

② 由于订单表中字段很多，而一般在应用程序中，并不会总是将所有列第一时间都列出来，所以选择订单管理员最关心的数据字段：

OrderlistId：订单编号。通常用于精确查询某个具体的订单。

ClientUserName：客户姓名。在主键表中，通过订单表的 ClientID 进行连接查询得到。

OrderlistStatus：订单状态。订单管理员和客户普遍最关心的字段。

From：订单的发送起始地址。在订单列表中没有 From 字段，但是，可发现订单表中有 StartStationId 字段用来表示订单发送起始地址的 Id。这样就可以使用连接查询从 Station 表中得到 StationName 字段，然后用 AS 给这个 StationName 起一个易懂的名字——From。

To：订单的目的地地址。使用与 From 同样的方法，用订单表的 EndStationId 字段进行连接查询，得到 StationName，然后用 AS 命名为 To。

OrderlistTotalPrice：订单总金额。在商务类应用程序中，金额是随时都要显示的重要字段。

OrderlistDate：订单生成日期。

OrderlistSenderName：订单发送人的姓名。

OrderlistSenderAddress：订单发送人的地址。

OrderlistReceiveName：订单接收人的姓名。

OrderlistReceiveAddress：订单接收人的地址。

以上列出了订单管理员第一时间最关心的字段。根据之前的分析，最终得出了以下查询语句：

```
SELECTOrderlist.OrderlistId,
    Client.ClientUserName, Orderlist.OrderlistStatus,
     (SELECT ProvinceName FROM Station
      WHERE(StationId=Orderlist.StartStationId))AS [From],
     (SELECT ProvinceName FROM Station
      WHERE(StationId=Orderlist.EndStationId))AS [To],
    Orderlist.OrderlistTotalPrice, Orderlist.OrderlistDate,
    Orderlist.OrderlistSenderName, Orderlist.OrderlistSenderAddress,
    Orderlist.OrderlistReceiveName, Orderlist.OrderlistReceiveAddress
FROM Client INNERJOIN Orderlist ON Client.ClientId=Orderlist.ClientId
```

以上查询语句的结果如图 9-2 所示。

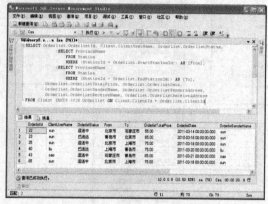

图 9-2　全部订单查询结果

接下来就可以将这条复杂的查询语句创建到一个存储过程中，命名为 GetAllOrders。

③ 启动 SQL Server Management Studio，在"对象资源管理器"中找到物流配送系统数据库 Csu。在 Csu 数据库中的"可编程性"选项中右击"存储过程"文件夹，如图 9-3 所示。

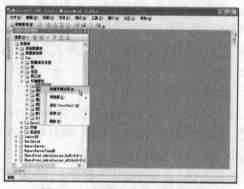

图 9-3　"新建存储过程"菜单

在弹出的快捷菜单中选择"新建存储过程"命令。此时会看到 SQL Server Management Studio 自动生成的存储过程模板，如图 9-4 所示。

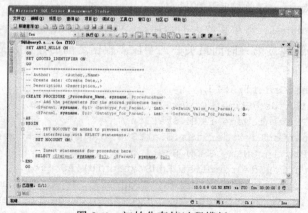

图 9-4　初始化存储过程模板

④ 我们注意到生成的代码模板当中有很多<>包含的部分，如：<Author,,Name>、<@Param1,sysname, @p1>等。这些都是需要存储过程的编写者进行替换的部分。

在菜单栏中选择"查询"→"指定模板参数的值"命令，如图9-5所示。

图9-5 "指定模板参数的值"菜单项

在弹出的"指定模板参数值"对话框中，输入存储过程的作者、时间、名称等信息，如图9-6所示。

图9-6 "指定模板参数值"对话框

在查询所有订单的查询语句中并没有用到 WHERE 条件查询，所以不需要用户输入参数。只需清空所有的参数内容即可。然后单击"确定"按钮。编辑结果中仍然保留着一些残留的标点符号，将其清除。最好能够在存储过程开始位置，使用 USE 指定存储过程所在的数据库名字，代码如下：

```
SET ANSI_NULL SON
GO
SET QUOTED_IDENTIFIER ON
GO
-- ============================================
-- Author:      张三
-- Create date: 2011/03/09
-- Description: 查询所有订单的摘要信息
-- ============================================
USE Csu
Go
CREATE PROCEDURE GetAllOrders
-- Add the parameters for the stored procedure here
AS
BEGIN
-- SET NOCOUNT ON added to prevent extra result sets from
-- interfering with SELECT statements.
-- Insert statements for procedure here
END
GO
```

第 9 章 存储过程

代码中前四行的 SET 意义如下：

当 SET ANSI_NULLS 为 ON：如果某列的值中包含空值，WHERE 中的<列名> = NULL 或<列名><> NULL 的条件取值总为 FALSE。

当 SET ANSI_NULLS 为 OFF 时：如果某列的值中包含空值，WHERE 中的<列名> = NULL 或 WHERE <列名><> NULL 的 SELECT 语句可以与 NULL 值进行比较并返回相应结果。此外，使用 WHERE <列名><><值> 的 SELECT 语句时，会返回所有不等于<值>也不为 NULL 的行。

当 SET QUOTED_IDENTIFIER 为 ON 时，标识符可以由双引号分隔，而文字必须由单引号分隔。

当 SET QUOTED_IDENTIFIER 为 OFF 时，标识符不可加引号，且必须符合所有 Transact-SQL 标识符规则。

这两条是对环境的设置，并不会包含在存储过程的内部。所以对存储过程的内容和日后的执行，没有影响。

模板中关于创建存储过程的作者、日期、描述等信息极其重要，甚至其重要程度与存储过程本身相当。在大型的企业级项目开发中，某一个开发人员所做的程序，无论是编程语言实现的方法，还是数据库中的存储过程，都不仅仅是供自己使用。这些方法和存储过程随时都可能被团队中的其他开发人员、维护人员和实施人员使用或修改。在外包项目中更是如此。有些方法和存储过程，甚至会被不同国家的团队的开发人员使用。这就要求编写者随时将自己的用意和想法，包含在存储过程的注视中，为其他人员提供解释。这样，合作开发的其他开发人员才能毫无障碍的利用其成果去实现更多的强大的功能。编写者的价值才在团队中得到体现。所以，注释必不可少。

注释下方是指定该存储过程所保存的数据库。一旦指定，该存储过程则只在对给定数据库的操作中起作用。有一个细节，读者应注意，在 USE Csu 与 Create Procedure 之间有一个 GO。这个 Go 是必不可少的。它代表前后两条语句独立执行。因为 Create Procedure 语句不能与其他语句混合使用。

有了前期的这些语句和注释做准备，就可以编写存储过程的内容了。根据模板中注释的提示，在 BEGIN 与 END 之间可以插入要执行的 SQL 语句。现在将在步骤②中已经做好的查询所有订单摘要信息的 SQL 语句插入到 BEGIN 与 END 之间，修改结果如下：

```
BEGIN
--SET NOCOUNT ON added to prevent extra result sets from
--interfering with SELECT statements.
SELECT Orderlist.OrderlistId, Client.ClientUserName,
        Orderlist.OrderlistStatus,
        (SELECT ProvinceName FROM Station
    WHERE (StationId=Orderlist.StartStationId))AS [From],
(SELECT ProvinceName FROM Station
WHERE(StationId=Orderlist.EndStationId))AS [To],
        Orderlist.OrderlistTotalPrice, Orderlist.OrderlistDate,
        Orderlist.OrderlistSenderName, Orderlist.OrderlistSenderAddress,
Orderlist.OrderlistReceiveName, Orderlist.OrderlistReceiveAddress
FROM Client INNER JOIN Orderlist ON Client.ClientId=Orderlist.ClientId
--Insert statements for procedure here
END
```

到此，查询所有订单摘要信息的存储过程的代码编辑完毕。

⑤ 接下来，需要验证和执行 Create Procedure 语句。在 SQL 语句编辑框上方的工具栏中单击"分析"按钮，进行检查。检查结果会出现在 SQL 语句编辑框下方的"结果"选项卡中。如果编辑正确，则结果如图 9-7 所示。

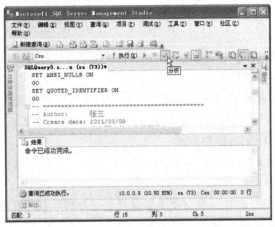

图 9-7　创建存储过程语句验证正确的显示结果

⑥ 验证通过，在工具栏中单击"执行"按钮。结果如图 9-8 所示。

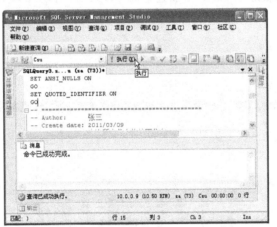

图 9-8　创建存储过程语句执行结果

结果显示执行成功。此时，刷新对象资源管理器，就可以在 Csu 数据库中的"可编程性"→"存储过程"文件夹下，看到 GetAllOrders 存储过程。

9.3　执行存储过程

存储过程创建后，应用程序就可以仅仅通过存储过程的名字来执行复杂的 SQL 语句逻辑。最重要的是，在应用程序的任何位置想要使用存储过程，只需要知道存储过程的名字，而不需要关心存储过程的细节，而且可以多次调用。即使需要改动存储过程的内容，应用程序也不需要做任何更改。

执行存储过程，使用 EXECUTE 语句，语法如下：

```
Exec[ute] [@return_status=][schema_name.]procedure_name
        [[[@parameter=][value|@variate[OUTPUT][DEFAULT]]][,...n]
        [WITH RECOMPILE]
```

其组成部分如下：

@return_status：一个使用 DECLARE 语句声明的整数类型变量，用于返回存储过程执行后的状态。

schema_name：存储过程所在架构。

procedure_name：存储过程名称。

@parameter：存储过程参数名称。这里的名称一定要与存储过程中定义的参数相同（包括参数个数及其数据类型）。参数可以指定默认值。如果没有给出后面的 value，则默认值为空。也可以把一个变量@variate 赋值给参数。

默认情况下参数是输入参数，如果需要指定输出参数，需要显示在参数后使用 OUTPUT 关键字声明。

RECOMPILE：在执行存储过程时需要重新编译存储过程。不建议这样做，因为每次都重新编译会耗费更多 SQL Server 的资源。

【例 9-2】使用 EXECUTE 语句执行 GetAllOrders 存储过程，获得所有订单的摘要信息列表。

在 SQL Server Management Studio 中新建查询，输入如下 SQL 语句：

```
Use Csu
GO
Exec GetAllOrders
GO
```

执行结果如图 9-9 所示。

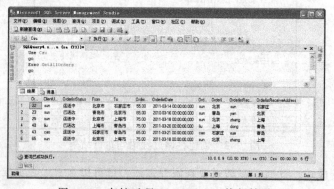

图 9-9　存储过程 GetAllOrders 执行结果

执行结果中虽然没有显示的声明参数，但是 Exec 语句却包含着存储过程执行的状态。下面的这段代码能够显示的返回存储过程执行状态：

```
Use Csu
GO
Declare @return_status int;
Exec @return_status=GetAllOrders;
Select @return_status
GO
```

上面代码声明了一个整数类型的变量@return_status,然后将执行结果赋值给@return_status,并将变量的值随结果一起返回。结果如图 9-10 所示。

图 9-10　带执行状态的 GetAllOrders 存储过程执行结果

状态显示为 0,代表正确执行完成。

9.4　创建带参数的存储过程

前面介绍了创建和使用不带参数的存储过程。通常情况下不带参数的存储过程,如查询全部商品类别、查询全部省份、查询全部订单状态等,大多用于对应用程序中的主数据填充,如下拉列表,单选列表或多选列表。而客户大多具体的业务需求都是要根据选择或填写的条件进行有条件查询。带条件查询所占的比重,远超过单纯的无条件查询。所以下面的内容更加重要。

【例 9-3】作为客户,大家在进行网上下订单的过程中,都有过查询自己历史订单的需求。比如客户张三,它想看到自己的订单,这显然不能使用无条件的查询。因为通常情况下,客户根本无权看到任何别人的订单。这样,就需要为客户查看订单功能专门建立一个存储过程。这个存储过程应该根据当前登录应用程序的客户姓名查看当前客户自己的订单。

下面就创建这样一个根据客户姓名查询该客户自己订单的存储过程。

① 首先对例 9-1 中,步骤①的存储过程进行加工,为它加入一个查询条件。代码如下:

```
SELECTOrderlist.OrderlistId,
    Client.ClientUserName, Orderlist.OrderlistStatus,
    (SELECT ProvinceName FROM Station
    WHERE(StationId=Orderlist.StartStationId))AS [From],
    (SELECT ProvinceName FROM Station
    WHERE(StationId=Orderlist.EndStationId))AS [To],
    Orderlist.OrderlistTotalPrice,Orderlist.OrderlistDate,
    Orderlist.OrderlistSenderName,Orderlist.OrderlistSenderAddress,
    Orderlist.OrderlistReceiveName,Orderlist.OrderlistReceiveAddress
FROMClient INNERJOIN Orderlist ON Client.ClientId=Orderlist.ClientId
WHERE(Client.ClientUserName='sun')
```

② 采用例 9-1 中,步骤③到步骤④的操作打开"指定模板参数的值"对话框。然后按照图 9-11 所示,填写内容。

图 9-11 在"指定模板参数的值"对话框中声明参数

从对话框中可看到定义了一个参数，名称为@customerName。数据类型和长度与 Client 表中的客户姓名 ClientUserName 字段的定义相符。

在"指定模板参数的值"的窗口中填写了需要的值后，单击"确定"按钮关闭窗口。然后对模板中的内容进行少量修改，修改后的代码如下：

```
SETANSI_NULLSON
GO
SET QUOTED_IDENTIFIER ON
GO
-- =============================================
-- Author:      张三
-- Create date: 2011/03/09
-- Description: 根据客户姓名查询该客户的订单摘要信息
-- =============================================
CREATEP ROCEDURE GetOrdersByCustomerName
-- Add the parameters for the stored procedure here
@customerName nvarchar(50)=''
AS
BEGIN
-- SET NOCOUNT ON added to prevent extra result sets from
-- interfering with SELECT statements.
-- Insert statements for procedure here
END
GO
```

③ 将步骤①中准备好的按客户姓名查询订单信息的查询语句，填写到步骤②中的创建存储过程的脚本中。BEGIN 和 END 之间的代码如下：

```
BEGIN
-- SET NOCOUNT ON added to prevent extra result sets from
-- interfering with SELECT statements.
SELECT Orderlist.OrderlistId, Client.ClientUserName, Orderlist.Orderlist
Status,
    (SELECT ProvinceName FROM Station
    WHERE (StationId=Orderlist.StartStationId))AS [From],
    (SELECT ProvinceName FROM Station
    WHERE (StationId=Orderlist.EndStationId))AS [To],
    Orderlist.OrderlistTotalPrice, Orderlist.OrderlistDate,
    Orderlist.OrderlistSenderName,Orderlist.OrderlistSenderAddress,
    Orderlist.OrderlistReceiveName, Orderlist.OrderlistReceiveAddress
```

```
FROM Client INNERJOIN Orderlist ON Client.ClientId = Orderlist.ClientId
WHERE(Client.ClientUserName=@customerName)
-- Insert statements for procedure here
END
```

需要注意的是，由于作为条件的查询参数在运行时的值是等待外部传入的，所以在查询语句的结尾，将参数条件换成了在步骤②中定义的参数。这样，在执行该存储过程时，就可以传入一个具体的值，而存储过程会根据传入的具体的值进行筛选，而不是固定的值。

④ 参考例9-1中，步骤⑤到步骤⑥，检查并运行创建存储过程的脚本。

到此，一个新的带参数的存储过程就创建完毕。

9.5 执行带参数的存储过程

执行带参数的存储过程与执行普通存储过程的不同就是，在执行时按照存储过程定义的参数个数和每个参数的数据类型，在EXEC语句中指定参数的值。

【例9-4】下面就假设自己是一个登录到应用程序的客户，并且在程序中下了多个订单。现在想查看以下这些订单的摘要信息，比如价钱、状态等。刚好存储过程GetOrdersByCustomerName提供了对应的功能。参考例9-2中的步骤，执行如下代码：

```
Use Csu
Go
Exec GetOrdersByCustomerName'sun'
Go
```

可以看到，在Exec语句中的存储过程之后，加入了参数值sun。这样，GetOrdersByCustomerName就会接收到sun这个客户名，并将这位客户的所有订单查询出来。结果如图9-12所示。

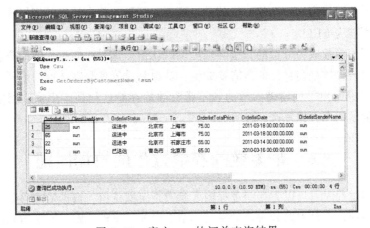

图9-12 客户sun的订单查询结果

到这里一切都很顺利，但上面说到假设参数是必须的，并且当调用存储过程时需要提供一个初始值。下面观察不设初始值的结果。

尝试执行以下代码：

```
Use Csu
Go
Exec GetOrdersByCustomerName
Go
```

这里并没有告诉存储过程要查哪个客户的订单，所以没有查出任何结果。之所以上面这段不带参数的执行语句没有出错，是因为我们在例9-3中为存储过程定义参数时，已经给参数定义了一个默认值。这样即使别人在执行这个存储过程时，没有提供参数，存储过程也会用参数的默认值作为查询条件的值执行。

由此可见，这一简单的定义几乎是四两拨千金。无论是 T-SQL 语句还是其他编程语言的开发，对参数的默认值的定义是必须的。请大家切记。

下面再看一下如果没有为参数指定默认值的存储过程，在执行给定参数的语句时，出现的后果，如图9-13所示。

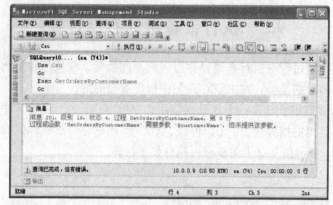

图 9-13   当存储过程中未给参数定义默认值时的执行结果

一般定义默认值也有一些技巧。默认值可以保证程序在参数未提供时，不至于导致程序停止运行的严重后果。而 NULL 值通常是造成程序停止运行的首要元凶。所以一般在为参数指定默认值时，尽量不要指定 NULL 值。也就是说既要保证默认值在执行的逻辑中无意义，又要保证参数默认值不能为 NULL。

另外，为了使参数成为可选的，也必须提供默认值。这样存储过程的用户就可以决定是对此参数不提供值或提供他们自己的所需要的值。这也是设置参数默认值的用意之一。

上面我们已经给出了创建带参数的和不带参数的存储过程具体步骤，相信读者已经熟悉了，下面给出的示例不再重复这一过程。

9.6   带参数的存储过程的模糊匹配

在创建存储过程时，可以为存储过程输入参数指定默认值，根据输入参数的数据类型的不同，默认值也不同，不过大致分为两个类型，精确匹配和模糊匹配，所谓精确匹配是指与参数直接匹配，一般使用"="、">"、">"等，而模糊匹配主要用于字符串类型，一般使用通配符，如"%"。GetOrdersByCustomerName 存储过程就是使用"="对客户姓名进行的精确匹配。

下面的示例将为字符类型的输入参数指定一个模糊匹配的值，然后存储过程中使用 LIKE 匹配 WHERE 子句条件。

【例9-5】大多数应用程序中通常有会员管理员这样的角色。他可查看和管理应用程序中已经注册的会员信息。通常会员管理员不可能精确记住每个会员的会员信息。所以需要根据条件进行模糊查询，然后逐步缩小范围。最后才能精确找到某个会员。下面就以客户表中的客户真实姓名为例，让会员管理员能够通过对会员名的模糊记忆逐渐排除找到他想要的会员。将这个存储过程命名为 GetCustomersByCustomerName。

创建存储过程的代码如下：

```
-- =============================================
-- Author:      张三
-- Create date: 2011/03/09
-- Description: 根据客户姓名中的部分内容模糊查询该客户的信息
-- =============================================
CREATE PROCEDURE GetCustomersByCustomerName
-- Add the parameters for the stored procedure here
    @customerName nvarchar(50)=''
AS
BEGIN
-- SET NOCOUNT ON added to prevent extra result sets from
-- interfering with SELECT statements.
SELECT ClientId, ClientUserName, ClientName, ClientAddress,
       ClientPhone, ClientEmail
FROM Client
WHERE (ClientName Like'%'+ @customerName +'%')
-- Insert statements for procedure here
END
GO
```

根据前面章节学到的模糊查询的例子发现，在 nvarchar 类型的变量@customerName 前后，利用字符串拼接的方法加入"%"。如果传入的参数是 liu，那么执行该存储过程时，该条件就会显示如下内容：

```
WHERE (ClientName Like'%liu%')
```

而这个条件正是所期望的模糊查询的条件语句。

按照上面代码创建了存储过程 GetCustomersByCustomerName 后，运行一下这个存储过程，找出所有会员名中包含 liu 的会员信息，代码如下：

```
USE [Csu]
GO
EXEC [dbo].[GetCustomersByCustomerName]@customerName =N'liu'
GO
```

正如预期的那样，所有会员名中包含 liu 的会员信息都查出来了，如图9-14 所示。

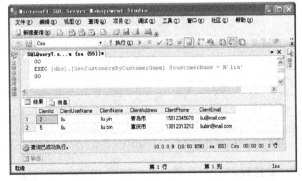

图 9-14 所有会员名中包含"LIU"的会员信息

9.7 修改和删除存储过程

在 SQL Server 2008 中，可以使用 ALTER PROC 语句修改已经存在的存储过程，使用 ALTER PROC 和 CREATE PROC 语句的区别有以下几点：

ALTER PROC 找到一个已有的存储过程，而 CREATE PROC 则不是。

ALTER PROC 保留了存储过程上已经建立的任何权限。它在系统对象中保留了相同的对象 ID 并允许保留依赖关系。

修改存储过程也可以在 SQL Server Management Studio 中找到想要修改的存储过程右击，在弹出的快捷菜单中选择"修改"命令，如图 9-15 所示。

此时修改存储过程的语句默认的就是 ALTER PROC。

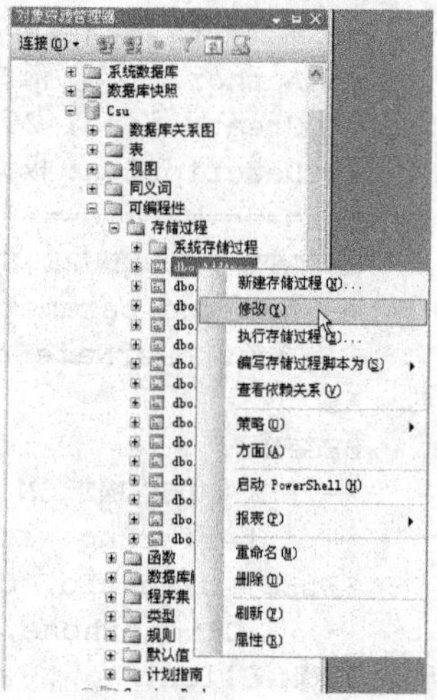

图 9-15 修改存储过程菜单项

【例 9-6】通常客户在关心所有自己的订单基础上，订单都应该是按照时间降序排序。所以，就需要对例 9-3 中的查询客户自己订单的存储过程——GetOrdersByCustomerName 进行更改。

① 在"对象资源管理器"中，找到 Csu 数据库中的"可编程性"→"存储过程"文件夹。然后右击 GetOrdersByCustomerName 存储过程，在弹出的快捷菜单中选择"修改"命令。打开修改存储过程脚本。

② 在打开的存储过程修改脚本中看到，当时创建存储过程模板中，注释下方的 Create Procedure 已经变成了 Alter Procedure。除此之外，没有其他的变化。下面要做的是在原有 Select 查询条件 Where 语句后，插入排序语句：

```
OrderBy OrderlistDate DESC
```

③ 检查并执行修改存储过程命令。

④ 然后新建查询，调用新修改好的 GetOrdersByCustomerName 存储过程，如图 9-16 所示。

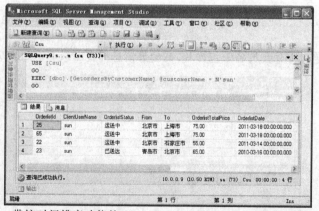

图 9-16 带按时间排序功能的 GetOrdersByCustomerName 存储过程执行结果

如果数据库中某个存储过程不再需要了，可以使用 DROP PROC 语句删除该存储过程，这种删除是永久性的，不能恢复。删除存储过程的示例如下：

```
USE [Csu]
GO
DROP PROC<procedure_name>
```
其中<procedure_name>代表将要删除的存储过程名字。

当然也可通过 SQL Server Management Studio 在数据库中选中相应的存储过程，右击，在弹出的快捷菜单中选择"删除"命令，如图 9-17 所示。

图 9-17　删除存储过程菜单项

9.8　存储过程输出参数

存储过程不仅返回多行数据的结果集。有时需要返回特定的值。比如统计客户会员总数，统计某个会员累计消费额等，都是以具体的一个计算结果返回。它很可能是一个整数值，也可能是一个字符串。这就需要存储过程通过一种特定参数将计算和查询的精确值返回给存储过程的使用者。有一个常用的需求就是向数据库插入订单。正如在本章开始时的演示，要想向应用程序中插入订单，必须先后向两个表中插入数据。首先要向订单表中插入数据。成功向订单表中插入新订单后，要向订单明细表（也就是订单的外键表）中插入订单中包含物品的明细记录。

下面通过数据库关系图观察它们的关系，如图 9-18 所示。

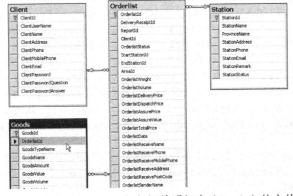

图 9-18　订单表（OrderList）与订单明细表（Goods）的主从关系

　　从图中鼠标所指的位置来看，要想向订单明细表中插入记录，那么必须知道该明细所属订单的编号。怎么样才能在向订单明细表中插入记录之前，拿到刚刚添加到订单表中的新订单的编号呢？此时，可利用输出参数。

【例 9-7】 这里我们要使用输出参数将插入订单和插入订单明细两个操作顺利联系起来。

① 新建插入订单存储过程——**AddOrder**。创建代码如下：

```
CREATE PROCEDURE AddOrder
  -- Add the parameters for the stored procedure here
    @OrderID intout,
    @DeliveryReceiptId int, @ReportId int,@ClientId int,
    @OrderlistStatus varchar(20),@StartStationId int,
    @EndStationId int,@AreaId int,@OrderlistWeight float,
    @OrderlistVolume float,@OrderlistDeliveryPrice money,
    @OrderlistDispatchPrice money,@OrderlistAssurePrice money,
    @OrderlistAssureValue money,@OrderlistTotalPrice money,
    @OrderlistDate datetime,@OrderlistReceiveName varchar(50),
    @OrderlistReceivePhone varchar(50),
    @OrderlistReceiveMobilePhone varchar(50),
    @OrderlistReceiveAddress varchar(200),
    @OrderlistReceivePostCode varchar(20),
    @OrderlistSenderName varchar(50),
    @OrderlistSenderPhone varchar(50),
    @OrderlistSenderAddress varchar(50),
    @OrderlistSenderPostCode varchar(50),
    @OrderlistSenderFax varchar(50),
    @OrderlistSenderEmail varchar(50),
    @OrderlistRequestDate datetime,@OrderlistRemark varchar(200),
    @OrderlistIdentifyCode int,@OrderlistTempStatus int
AS
BEGIN
  -- SET NOCOUNT ON added to prevent extra result sets from
  -- interfering with SELECT statements.
INSERTINTO [Csu].[dbo].[Orderlist]
        ([DeliveryReceiptId],[ReportId],[ClientId],[OrderlistStatus]
        [StartStationId],[EndStationId],[AreaId],[OrderlistWeight]
        [OrderlistVolume],[OrderlistDeliveryPrice]
        [OrderlistDispatchPrice],[OrderlistAssurePrice]
        [OrderlistAssureValue],[OrderlistTotalPrice],[OrderlistDate]
        [OrderlistReceiveName],[OrderlistReceivePhone]
        [OrderlistReceiveMobilePhone],[OrderlistReceiveAddress]
        [OrderlistReceivePostCode],[OrderlistSenderName]
        [OrderlistSenderPhone],[OrderlistSenderAddress]
        [OrderlistSenderPostCode],[OrderlistSenderFax]
        [OrderlistSenderEmail],[OrderlistRequestDate],[OrderlistRemark]
        [OrderlistIdentifyCode],[OrderlistTempStatus])
VALUES
        (@DeliveryReceiptId,@ReportId,@ClientId,@OrderlistStatus,
        @StartStationId,@EndStationId,@AreaId,@OrderlistWeight,
        @OrderlistVolume,@OrderlistDeliveryPrice,
        @OrderlistDispatchPrice,@OrderlistAssurePrice,
```

```
        @OrderlistAssureValue,@OrderlistTotalPrice,@OrderlistDate,
        @OrderlistReceiveName,@OrderlistReceivePhone,
        @OrderlistReceiveMobilePhone,@OrderlistReceiveAddress,
        @OrderlistReceivePostCode,@OrderlistSenderName,
        @OrderlistSenderPhone,@OrderlistSenderAddress,
        @OrderlistSenderPostCode,@OrderlistSenderFax,
        @OrderlistSenderEmail,@OrderlistRequestDate,
        @OrderlistRemark,@OrderlistIdentifyCode,@OrderlistTempStatus);
Set @OrderID=@@Identity;
-- Insert statements for procedure here
    END
    GO
```

其中明显的变化就是在参数声明区的开始位置就声明了一个输出参数@OrderID。该参数为整数类型，并且显示为 OUT。然后在 Insert 语句结束之后，使用@@Identity 变量自动获得新加入的订单的编号，并赋值给@OrderID 输出参数。

② 新建插入订单明细存储过程——AddOrderDetail，创建代码如下：

```
CreatePROCEDURE [dbo].[AddOrderDetail]
    -- Add the parameters for the stored procedure here
        @OrderlistId int,
        @GoodsTypeName varchar(50),@GoodsName varchar(50),
        @GoodsAmount int,@GoodsValue money,@GoodsVolume float,
        @GoodsWeight float,@GoodsRemark varchar(200),@ClientId int,
        @PersonnelId int
    AS
    BEGIN
    -- SET NOCOUNT ON added to prevent extra result sets from
    -- interfering with SELECT statements.
    INSERTINTO [Csu].[dbo].[Goods]
        [OrderlistId]
        [GoodsTypeName],[GoodsName],[GoodsAmount],[GoodsValue]
        [GoodsVolume],[GoodsWeight],[GoodsRemark],[ClientId]
        [PersonnelId])
    VALUES
        (@OrderlistId,
        @GoodsTypeName,@GoodsName,@GoodsAmount,
        @GoodsValue,@GoodsVolume,@GoodsWeight,
        @GoodsRemark,@ClientId,@PersonnelId)
    -- Insert statements for procedure here
    END
```

插入订单明细的存储过程与普通的 Insert 语句没有差别。但是需要注意的是，AddOrderDetail 存储过程中的@OrderID 参数的值需要来自于 AddOrder 存储过程直接结束后的输出参数。

③ 下面在一次命令执行过程中依次调用 AddOrder 和 AddOrderDetail 存储过程。代码如下：

```
USE [Csu]
GO
DECLARE @OrderIDResultint
EXEC [dbo].[AddOrder]
    @OrderID=@OrderIDResultOUTPUT,
    @DeliveryReceiptId=4,@ReportId=1,@ClientId=1,
```

```
    @OrderlistStatus=N'运送中',@StartStationId=1,
    @EndStationId=10,@AreaId=1,@OrderlistWeight=40,
    @OrderlistVolume=50,@OrderlistDeliveryPrice=55.00,
    @OrderlistDispatchPrice=55.00,@OrderlistAssurePrice=55.00,
    @OrderlistAssureValue=50.00,@OrderlistTotalPrice=75.00,
    @OrderlistDate=N'2011-03-18',@OrderlistReceiveName=N'zhang',
    @OrderlistReceivePhone=N'13312345678',
    @OrderlistReceiveMobilePhone=N'13312345678',
    @OrderlistReceiveAddress=N'上海',
    @OrderlistReceivePostCode=N'011000',
    @OrderlistSenderName=N'sun',
    @OrderlistSenderPhone=N'13312345678',
    @OrderlistSenderAddress=N'北京',
    @OrderlistSenderPostCode=N'010000',
    @OrderlistSenderFax=N'021-6547827',
    @OrderlistSenderEmail=N'semail@mail.com',
    @OrderlistRequestDate=N'2011-03-20',
    @OrderlistRemark=N'NULL',@OrderlistIdentifyCode=15975,
    @OrderlistTempStatus=1
SELECT  @OrderIDResultasN'@OrderIDResult'
EXEC [dbo].[AddOrderDetail]
    @OrderlistId=@OrderIDResult,
    @GoodsTypeName=N'衣服',@GoodsName=N'衣服',
    @GoodsAmount=1,@GoodsValue=10.00,@GoodsVolume=8,
    @GoodsWeight=5,@GoodsRemark=N'NULL',@ClientId=1,
    @PersonnelId=1
EXEC [dbo].[AddOrderDetail]
    @OrderlistId=@OrderIDResult,
    @GoodsTypeName=N'光盘',@GoodsName=N'光盘',
    @GoodsAmount=1,@GoodsValue=5.00,@GoodsVolume=5,
    @GoodsWeight=3,@GoodsRemark=N'NULL',@ClientId=1,
    @PersonnelId=1
Exec GetOrdersByCustomerName'sun'
Select*From Goods Where OrderlistId=@OrderIDResult
GO
```

上面代码中首先向订单表插入一条新的订单。在调用 AddOrder 存储过程时，第一个参数就是将声明的@orderIDResult 参数，赋值给存储过程的@OrderID 参数。或许会有这样的疑问，等号两边是不是写反了？应该是把@OrderID 的值传给@OrderIDResult，所以@OrderIDResult 变量应该在等号左边。事实上，这就是输出参数特别的地方。它是以由内向外的方式将存储过程内部的值反向返回给外部的变量。所以代码如下：

```
@OrderID=@OrderIDResultOUTPUT,
```

为了验证@OrderIDResult 变量确实拿到了新订单的编号。用 SELECT 语句将变量的值输出。

接下来，用@OrderIDResult 中的值，向订单明细表中插入该订单所包含的两个物品——衣服和光盘。

为了验证插入成功，最后使用 GetOrdersByCustomerName 存储过程配合一条查询订单明细的 SQL 语句，将客户 sun 的订单查询出来，并显示新订单的明细信息。

执行结果如图 9-19 所示。

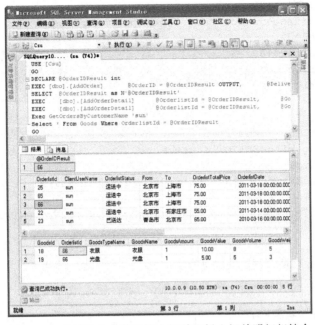

图 9-19 通过输出参数将插入订单和插入订单明细相结合

9.9 存储过程异常处理

代码不可能永远正常执行，而且经常会出现意想不到的状况，有些严重的会导致客户操作中止，甚至应用程序停止运行。和其他编程语言的设计一样，SQL 语句也需要随时进行异常处理以尽量保证应用程序正常执行。SQL Server 中有以下 3 种常见的异常类型：

① 产生运行时错误，这种错误会终止代码继续运行。

② SQL Server 可以兼容的，不会使代码停止运行的错误。这类异常也被称为内联错误。

③ 更具逻辑性但在 SQL Server 中不太引起注意的错误。

首先尝试处理内联错误，内联错误是指那些能让 SQL Server 继续运行，但是因为某种原因不能完成指定的任务的异常。

【例 9-8】数据库中存在着很多主外键的表间关系。比如物流系统数据库中，配送范围表 Area，用于表示某个配送点所负责的配送范围，以及区域内的配送价格随货物重量的变化的数据。配送点表 Station 中的每条记录代表每个配送点。可以想象，每个配送点根据配送范围的不同和物品重量的不同，会在配送范围表中有多条记录来表示不同的配送价格。现在试图向 Area 表中插入一条新的配送范围信息。这条配送范围信息的特殊之处在于，该配送范围所属的配送点，并不在 Station 表中。观察会发生什么情况。

① 创建存储过程 AddArea：

```
-- ============================================
-- Author:      张三
-- Create date: 2011/03/09
-- Description: 为某个配送点添加配送范围信息
-- ============================================
```

```
CREATE PROCEDURE AddArea
-- Add the parameters for the stored procedure here
@StationId int=0,
@AreaName nvarchar(50)='',
@AreaWeightPrice money=0,
@AreaVolumePrice money=0
AS
BEGIN
-- SET NOCOUNT ON added to prevent extra result sets from
-- interfering with SELECT statements.
INSER TINTO Area
(StationId,AreaName,AreaWeightPrice,AreaVolumePrice)
VALUES
    (@StationId,@AreaName,@AreaWeightPrice,@AreaVolumePrice)
END
GO
```

② 执行 AddArea 存储过程，代码如下：

```
Use Csu
Go
Exec AddArea2,'北京市五环内',20,20
Go
```

注意到一个细节，AddArea 存储过程的第一个参数需要提供配送点的编号 StationID。在执行存储过程时，传递的第一个参数是 2。而如果观察当前的 Station 表，里边是没有编号为 2 的配送点的。这样就出现了想为一个不存在的配送点定义配送范围的错误情况，这种情况并不是每次都发生。一般情况下，如果配送点编号指定正确的情况下，AddArea 存储过程会正常执行。只有在配送点不存在时，才会出错。这种问题并不是由存储过程本身的逻辑造成的，是存储过程本身不能控制的。这正是异常与错误的本质区别。异常不可控，且不可避免。而错误是可以通过检查进行纠正的，且一旦纠正以后就不会出现错误。

回到执行结果中，消息显示如下内容：

消息 547，级别 16，状态 0，存储过程 AddArea，第 16 行
INSERT 语句与 FOREIGN KEY 约束 "FK_Area_Station" 冲突。该冲突发生于数据库 "Csu"，表 "dbo.Station"，column "StationId"。
语句已终止。

根据上边的消息可以看出，SQL Server 不会执行插入语句，因为在配送范围表（Area）的 StationID 列上有外键约束，外键约束引用自另一个表——配送点表（Station）。外键约束要求外键列中的数据必须能够在主键表的主键列中找到匹配值。显然给出的 StationID 为 2 的值不存在于 Station 表的 StationID 列中。所以试图向 Area 表插入记录违反了外键约束，并会被拒绝。

在 SQL Server 提供的错误中只显示了违反外键约束的异常，这是因为 SQL Server 运行到该异常语句时，知道继续运行没有任何意义。如果修正了这个异常，也无法保证后续的语句没有其他异常，会再次给出异常提示。

9.9.1 使用@@Error

@@Error 包含了最后执行的 T-SQL 语句的异常编号。如果最后返回值是 0，则没有发生过异常。@@Error 的内容在执行下一条新语句时都会使其重置。如果想延迟处理该值，或者想多

次使用的话，则需要把该值放入到其他变量中。

下面修改例 9-8 中存储过程 AddArea 的内容，代码如下：

```
ALTERPROCEDURE [dbo].[AddArea]
-- Add the parameters for the stored procedure here
@StationId int=0,
@AreaName nvarchar(50)='',
@AreaWeightPrice money=0,
@AreaVolumePrice money=0
AS
BEGIN
-- SET NOCOUNT ON added to prevent extra result sets from
-- interfering with SELECT statements.
INSER TINTO Area
(StationId, AreaName, AreaWeightPrice, AreaVolumePrice)
VALUES
(@StationId,@AreaName,@AreaWeightPrice,@AreaVolumePrice)
if@@Error=0
Print'添加配送范围['+ @AreaName +']成功! ';
else
Begin
if@@Error= 547
    Print'不存在编号为'+Convert(nvarchar,@StationID)+'的配送点! ';
else
    Print'发生未知异常'+Convert(nvarchar,@@Error)+', 请联系管理员! ';
End
-- Insert statements for procedure here
END
```

上面代码中，在 Insert 语句后加入对@@Error 的判断。如果@@Error 为 0，说明 Insert 正常执行。然后在消息中显示出成功信息。如果@@Error 不为 0，说明 Insert 语句执行出现异常。可以根据@@Error 中保存的异常编号可以确定出异常发生的原因，然后显示出一条友好的消息来帮助使用存储过程的人调整输入参数。

这里，可知异常编号为 547，所以期望的输出结果应该是：

不存在编号为 2 的配送点!

但是执行存储过程的结果确实如此吗？显示结果如下：

消息 547, 级别 16, 状态 0, 存储过程 AddArea, 第 16 行
INSERT 语句与 FOREIGN KEY 约束 "FK_Area_Station" 冲突。该冲突发生于数据库 "Csu",
表 "dbo.Station", column "StationId"。
语句已终止。
发生未知异常 0, 请联系管理员!

结果并不是所期望的。结果显示异常编号为 0。根据程序的逻辑分析，异常为 0，应该执行第一个 If 中的 print，那么显示的结果是：

添加配送范围[北京市 五环内]成功!

可是，经过刚才分析，又没有包含编号为 2 的配送点。显然@@Error 的编号不应该是 0，上面的现象印证了@@Error 的特点。当 Insert 语句执行完之后，确实有问题，所以进行第一次 If 判断时，@@Error=0 显然不成立，因为此时@@Error 中的编号为 547。但是，@@Error 的特点

是在执行下一条语句时，其中的内容会被再次初始化为原始值。这里，由于 if 判断的顺利执行，导致@@Error 值又初始化为 0，至此后面的 if…else 判断是在@@Error 为 0 的基础上进行的，自然达不到所期望的结果。

正如前面所说，需要将@@Error 放到一个临时变量中，才可以保存@@Error 的值。

将 Insert 语句后的代码修改如下：

```
Declare @Error int
Set @Error=@@Error
if @Error=0
Print'添加配送范围['+ @AreaName +']成功！';
else
Begin
if @Error=547
    Print'不存在编号为'+Convert(nvarchar,@StationID)+'的配送点！';
else
    Print'发生未知异常'+Convert(nvarchar,@Error)+'，请联系管理员！';
End
-- Insert statements for procedure here
END
```

现在运行结果则为所需结果：

```
消息 547，级别 16，状态 0，存储过程 AddArea，第 16 行
INSERT 语句与 FOREIGN KEY 约束"FK_Area_Station"冲突。该冲突发生于数据库"Csu"，表"dbo.Station"，column "StationId"。
语句已终止。
不存在编号为 2 的配送点！
```

但是问题仍然存在。显示的消息中除了为用户量身定义的消息外，还是有一条红色的系统信息。下面将介绍正规的异常处理如何实现。

9.9.2　在存储过程中使用 TRY/CATCH

前面章节中，讨论过 TRY/CATCH 块，看到 ERROR_NUMBER()函数、ERROR_NUMBER()函数只在 TRY/CATCH 块中有效。类似的函数还有：

ERROR_MESSAGE()：获取异常中的消息内容。

ERROR_STATE()：获取异常的状态。

ERROR_SEVERITY()：获取异常的严重级别。

ERROR_LINE()：获取发生异常语句的行号。

有了这些函数，就可以在 TRY/CATCH 块中获得异常的信息，并根据异常的编号等信息返回给使用存储过程的人，友好地告诉他们异常的原因和解决方法。

下面将例 9-8 中的存储过程进行进一步修改，让它更友好，更能健壮地执行功能。代码如下：

```
ALTER PROCEDURE [dbo].[AddArea]
-- Add the parameters for the stored procedure here
@StationId int=0,
@AreaName nvarchar(50)='',
@AreaWeightPrice money=0,
@AreaVolumePrice money=0
AS
BEGINTry
```

```
-- SET NOCOUNT ON added to prevent extra result sets from
-- interfering with SELECT statements.
INSERT INTO Area
(StationId, AreaName, AreaWeightPrice, AreaVolumePrice)
VALUES
(@StationId,@AreaName,@AreaWeightPrice,@AreaVolumePrice)

Print'添加配送范围['+ @AreaName +']成功！';
-- Insert statements for procedure here
ENDTry
BEGINCatch
if ERROR_NUMBER()=547
    Print'不存在编号为'+Convert(nvarchar,@StationID)+'的配送点！';
else
    Print'发生未知异常: '+ERROR_MESSAGE()+'，请联系管理员！';
ENDCatch
```

将原来存储过程中的 BEGIN/END，换成了 TRY/CATCH。其中 BEGIN TRY/END TRY 中放置的是可能发生异常的语句的正常执行过程。BEGIN CATCH/END CATCH 块中放置的是根据异常的编号，判断异常出现的原因，并用友好地信息指导使用存储过程者进行更正。

熟悉常见的异常编号和异常信息及其对应的处理方法，才可以保证程序的友好性和健壮性。对异常的处理能力，是一个开发人员技术娴熟程度和资历的重要体现。但是，哪怕是最健壮的应用程序和最娴熟的开发人员，都无法预料到所有的异常。这就需要对那些未预料到的异常进行处理。也就是本例中 else 中的部分。既然未预料到，也就无法给出友好的提示，只好使用 ERROR_MESSAGE()函数获得系统的异常信息。

在真实的企业项目开发中异常处理的代码量会远远超过正常流程的代码量。能够健壮而友好地处理并抛出异常，是所有软件和客户的普遍要求。

言归正传，修改后的存储过程少了系统抛出的生硬而费解的异常消息，留下的只有很友好的处理意见。执行结果如下：

不存在编号为 2 的配送点！

现在的处理方法，能够满足调用存储过程者直接通过 SQL Server Management Studio 来执行。事实上，这种机会很少，没有几个人可以直接在 SQL Server Management Studio 中执行存储过程。所有操作都通过应用程序实现。而存储过程也是通过应用程序的调用来执行。如果是从应用程序中调用所写的存储过程，那么 Print 显示出的内容不适合应用程序的获取。

RAISERROR 用于将与 SQL Server 数据库引擎生成的系统错误或警告消息使用相同格式的消息返回到应用程序中。

下面将例 9.8 中的存储过程进行修改，用 RAISERROR()函数替换 Print，BEGIN CATCH/END CATCH 中的代码修改如下：

```
Declare @ErrorMessage nvarchar(200)='';
ifERROR_NUMBER()=547
BEGIN
    SET @ErrorMessage
        ='不存在编号为'+Convert(nvarchar,@StationID)+'的配送点！'
    RAISERROR( @ErrorMessage,16,1);
END
```

```
    else
    BEGIN
        SET @ErrorMessage
        ='发生未知异常: '+ERROR_MESSAGE()+', 请联系管理员! '
        RAISERROR(@ErrorMessage,16,1);
    END
```

修改后的存储过程执行结果如下：

```
Msg 50000, Level 16, State 1, Procedure AddArea, Line 29
不存在编号为 2 的配送点!
```

与之前执行结果不同的是消息编号变成了 50000。当 RAISERROR 中使用自定义消息时，则返回的 SQL Server 异常号和本机异常号为 50000。也可以为每个 RAISERROR 函数定义独特的异常编号，这有助于在应用程序调用时，区分每个异常，进行更进一步处理。如上面代码中，当 ERROR_NUMBER()函数为 547 时，可以将 "RAISERROR(@ErrorMessage,16,1);" 修改为：

```
RAISERROR(50547,16,1);
```

这样在应用程序中就可以捕获到 50547 号异常进行进一步处理。

9.9.3 在异常出现之前屏蔽异常

进行异常处理时并不总是被动的接受，猜测系统可能会有哪些异常，然后补救。相反，大多数情况下，一个成熟的开发人员应该在遇见到异常可能出现之前，对数据进行验证，然后进行相应的处理。不等系统异常终止就主动出击，主动抛出异常。

在例 9-8 中也可主动抛出异常。在执行 Insert 语句之前先到配送点表（Station）中，验证输入的@StationID 参数是否存在。只有存在，才执行 Insert 语句；如果不存在，就使用 RAISERROR 主动抛出异常。这样在 BEGIN CATCH/END CATCH 块中就无须再进行异常处理。但是此时 CATCH 块仍需保留，因为并不能预测所有异常。

修改后的完整的存储过程 AddArea 代码如下：

```
-- =============================================
-- Author:      张三
-- Create date: 2011/03/09
-- Description: 为某个配送点添加配送范围信息
-- =============================================
ALTER PROCEDURE [dbo].[AddArea]
-- Add the parameters for the stored procedure here
@StationId int=0,
@AreaName nvarchar(50)='',
@AreaWeightPrice money=0,
@AreaVolumePrice money=0
AS
BEGIN Try
-- SET NOCOUNT ON added to prevent extra result sets from
-- interfering with SELECT statements.
Declare @Exist int=0;
Declare @ErrorMessage nvarchar(200)='';
Set @Exist=(SelectCount(*)from Station Where StationID = @StationId)
if @Exist>0
BEGIN
```

```
  INSER TINTO Area
(StationId, AreaName, AreaWeightPrice, AreaVolumePrice)
  VALUES
(@StationId,@AreaName,@AreaWeightPrice,@AreaVolumePrice)
  Print'添加配送范围['+ @AreaName +']成功！';
END
else
BEGIN
SET @ErrorMessage
        ='不存在编号为'+Convert(nvarchar,@StationID)+'的配送点！'
    RAISERROR( @ErrorMessage,16,1);
END
-- Insert statements for procedure here
END Try
BEGIN Catch
    SET @ErrorMessage
     ='发生未知异常：'+ERROR_MESSAGE()+'，请联系管理员！'
    RAISERROR(@ErrorMessage,16,1);
END Catch
```

执行结果如下所示：

Msg 50000, Level 16, State 1, Procedure AddArea, Line 35
发生未知异常：不存在编号为 2 的配送点！，请联系管理员！

这就是变被动为主动的过程。程序将 547 异常成功屏蔽，并且减轻了 Catch 块中的异常处理负担。

在真实的开发过程中，异常处理的能力包括三步：首先预测可能出现的异常；其次在执行操作之前，对可能的异常进行验证，正确才执行，不正确则主动抛出异常；最后才是确保万无一失的 CATCH 块中的异常捕获。

第二步尤其关键，它既可以保证程序的健壮执行，更能够减少很多无谓的代码执行和资源消耗。

小　　结

本章以物流配送系统为例，详细讲解了存储过程的设计方法以及企业级项目数据库开发中关于存储过程的要求。包括客户需求创建存储过程、在存储过程中使用参数、管理存储过程、让存储过程通过输出参数返回具体值以及通过异常处理使存储过程更健壮，更友好。

实　　训

实训目的：

熟悉存储过程的各种用法。

实训要求：

实训 1 在 40 分钟之内完成；实训 2 ~ 实训 4 分别在 20 分钟之内完成；实训 5 在 15 分钟之内完成。

实训内容:

实训 1 实现"客户登陆系统功能"。

实训 2 实现"客户下订单功能"的存储过程。

实训 3 为配送点工作人员设计"修改订单"的存储过程,使其可以更改物品的重量、体积以及订单中的价格等信息。

实训 4 创建并执行存储过程,实现在货物装车时更改订单的状态。

实训 5 根据订单到达位置和流程修改订单状态。

前面课程中我们通过具体的客户需求,熟悉了存储过程的创建和使用方法。接下来需要在下面的训练中,通过一系列存储过程的创建和调用,实现客户从网上下订单到最后货物送达客户手中的全部过程。有了这些存储过程,应用程序的主要业务流程就可以顺利执行。具体业务流程如下:

(1)货物的配送过程是以客户下订单为开始的。客户成功登录到系统。然后填写发货相关的信息。当客户提交订单后,系统会根据客户填写的订单信息,在数据库中创建一个新的订单。此时,该订单状态为"未生效"。客户此时有一个更严格的需求,即如果在规定天数内,订单仍未生效,则系统自动删除订单。

(2)客户将需要发送的货物送达到本地的配送点。在本地配送点,由配送点员工清点货物,确定准确的体积和重量。同时对客户在网站上填写的订单基本信息进行核实。准确无误后,将体积、重量、费用、订单状态等信息,更新到数据库的订单中。修改后的订单状态是"待运输"。

(3)配送点根据情况或按照一定的时间频率(如每天几点)将一批订单的货物装车运送。当货物装车运送后,配送点员工会将订单状态更改为"运输中"。如果订单很多,而配送点的员工又刚好将所有处于"待运输"状态的订单一次性全部装车。那么对于数据库而言,可以一次性批量更改所有"待运输"状态的订单为"运输中"。这种数据库中的批量操作将会极大地减少程序中的代码量,更重要的是,数据库中的批量处理会比程序中的循环语句要高效得多。

(4)货物运送途中,当订单经过某个中途配送点时,订单状态会更改为当前配送点名称,以通知客户该订单当前运输的进展。

(5)直到货物到达订单中标识的货物的接收配送点。接收配送点的员工会将该订单包含的货物卸车,并查验清点货物。当清点无误后,订单的状态就会更改为"待配送"。这里同样有批量处理的情况。因为在同一个配送点需要卸车的订单很可能有很多。所以,在数据库中可以选择所有目的地为当前配送点的订单,然后批量更改这些订单的状态。

(6)目的地配送点的工作人员会按照订单的具体地址,将货物配送到收货人手中。在未送达到收货人手中时,订单状态会被修改为"配送中"。

(7)客户收货后,收货配送点的管理员就会将订单状态修改为"已签收"。

到此,订单的整个流程就完成了。客户在整个过程中都可以通过网站查看到自己发送过的每个订单的状态。下面以一张流程图(见图9-20)来描述物流系统的主要流程。

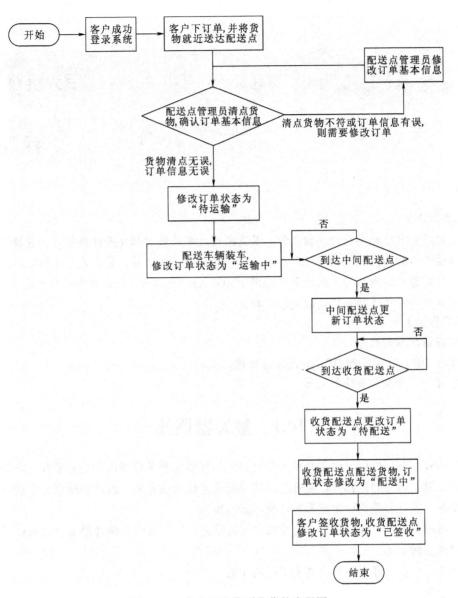

图 9-20 客户从发货到收货的流程图

第 10 章

触发器

【任务引入】

触发器是一种特殊类型的存储过程，其主要通过事件进行触发而被执行，而存储过程可以通过存储过程名称而被直接调用。触发器是一个功能强大的工具，它与表紧密相连，在表中数据发生变化时自动强制执行。触发器可以用于 SQL Server 约束、默认值和规则的完整性检查，还可以完成难以用普通约束实现的复杂功能。

【学习目标】

- 掌握触发器的概念
- 掌握 DML 触发器和 DDL 触发器的创建方法
- 掌握如何修改和删除触发器

10.1　触发器概述

SQL Server 数据库中提供了两种主要机制来强制使用业务规则和数据完整性，它们是约束和触发器，触发器与约束都可以实现复杂的参照完整性和数据的一致性。所谓复杂的参照完整性和数据的一致性，是指由主键和外键所不能实现的。

sp_helptrigger 可查询数据表中已建触发器的信息；使用系统存储过程 sp_helptext 可查看指定触发器的创建文本。

除此之外，触发器还有其他许多不同的功能：

（1）强化约束

触发器能够实现比 CHECK 语句更为复杂的约束。

（2）跟踪变化

触发器可侦测数据库内的操作，从而不允许数据库中未经许可的指定更新和变化。

（3）级联运行

触发器可以侦测数据库内的操作，并自动地级联影响整个数据库的各项内容。例如，某个表上的触发器中包含有对另外一个表的数据操作（如删除、更新、插入）而该操作又导致该表上触发器被触发。

（4）存储过程的调用

为了响应数据库更新，触发器可以调用一个或多个存储过程，甚至可以通过外部过程的调用而在 DBMS（数据库管理系统）本身之外进行操作。

由此可见，触发器可以解决高级形式的业务规则或复杂行为限制以及实现定制记录等一些方面的问题。例如，触发器能够找出某一表在数据修改前后状态发生的差异，并根据这种差异执行一定的处理。此外，一个表的同一类型（INSERT、UPDATE、DELETE）的多个触发器能够对同一种数据操作采取多种不同的处理。

使用触发器主要有以下优点：

① 触发器是自动执行的，在数据库中定义了某个对象之后，或对表中的数据做了某种修改之后立即被激活。

② 触发器可以实现比约束更为复杂的完整性要求，比如 CHECK 约束中不能引用其他表中的列，而触发器可以引用；CHECK 约束只是由逻辑符号连接的条件表达式，不能完成复杂的逻辑判断功能。

③ 触发器可以根据表数据修改前后的状态，根据其差异采取相应的措施。

④ 触发器可以防止恶意的或错误的 INSERT、UPDATE 和 DELETE 操作。

10.2　触发器的分类

触发器按照触发事件可分为 3 类，分别是数据操纵语言（DML）触发器、数据定义语言（DDL）触发器和数据库事件触发器，触发器作用见表 10-1。

表 10-1　触发器的分类与作用

种　　类	作　　用
DML 触发器	数据操作语言触发器，创建在表上，由 DML 事件引发的触发器
DDL 触发器	数据定义语言触发器，触发事件是数据库对象的创建和修改
数据库事件触发器	定义整个数据库上，触发事件是数据库事件

当数据库中发生数据操纵语言事件时将调用 DML 触发器。DML 事件包括在指定表或视图中修改数据的 INSERT 语句、UPDATE 语句或 DELETE 语句。

在 DML 触发器中，可以执行查询其他表的操作，也可以包含更加复杂的 T-SQL 语句。DML 触发器将触发器本身和触发事件的语句作为可以在触发器内回滚的单个事务对待。也就是说，当在执行触发器操作过程中，如果检测到错误发生，则整个触发事件语句和触发器操作的事务自动回滚。

DDL 触发器与 DML 触发器相同的是，都需要触发事件进行触发。但是，DDL 触发器的触发事件是数据定义语言（data definition language，DDL）语句。这些语句主要是以 CREATE、ALTER、DROP 等关键字开头的语句。DDL 触发器的主要作用是执行管理操作，例如审核系统、控制数据库的操作等。通常情况下，DDL 触发器主要是用于以下一些操作需求：防止对数据库架构进行某些修改；希望数据库中发生某些变化以利于相应数据库架构中的更改；记录数据库架构中的更改或事件。DDL 触发器只在响应由 T-SQL 语法所指定的 DDL 事件时才会触发。

10.3　DML 触发器

根据触发器代码执行的时机，DML 触发器可以分为两种：After 触发器和 Instead of 触发器。AFTER 触发器在执行了 INSERT、UPDATE 或 DELETE 语句操作之后执行，只能在表上定义，不能在视图上定义 AFTER 触发器。而 INSTEAD OF 触发器则代替激活触发器的 DML 操作执行，即 INSERT、UPDATE 和 DELETE 操作不再执行，取而代之的是 INSTEAD OF 触发器中的代码。INSTEAD OF 触发器可以定义在表上和视图上，通常使用 INSTEAD OF 触发器扩展视图支持的可更新类型。

DML 触发器是一种特殊类型的存储过程，所以 DML 触发器的创建和存储过程的创建方式有很多相似的地方。可以使用 CREATE TRIGGER 语句创建 DML 触发器。

1. 使用 SQL Server Managerment Studio 创建触发器

用管理工具 SQL Server Managerment Studio 创建触发器，其操作步骤如下：

启动 SQL Server Managerment Studio，登录到指定的服务器上。展开数据库，然后展开要在其上创建触发器的表所在的数据库及该数据表的目录树，在"触发器"上右击，在弹出的快捷菜单中选择"新建触发器"命令，如图 10-1 所示。

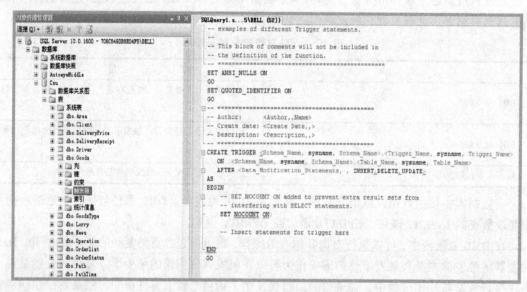

图 10-1　使用 SQL Server Managerment Studio 创建触发器

2. 使用 T-SQL 语句创建触发器

在 CREATE TRIGGER 语句中，指定了定义触发器的基表或视图、触发事件的类型和触发的时间、触发器的所有指令等内容。

使用 CREATE TRIGGER 语句创建 DML 触发器。

语法格式：

```
CREATE TRIGGER [ schema_name . ]trigger_name
ON { table | view }                          /*指定操作对象*/
    [ WITH  ENCRYPTION ]                      /*说明是否采用加密方式*/
```

```
{ FOR |AFTER | INSTEAD OF }
{ [ INSERT ] [ , ] [ UPDATE ] [ , ] [ DELETE ] }    /*指定激活触发器的动作*/
[ NOT FOR REPLICATION ]                              /*说明该触发器不用于复制*/
AS  sql_statement [ ; ]
```

说明：

- trigger_name：触发器名称，必须遵守标识符命名规则，并且不能以#或##开头。
- table | view：对其执行触发器的表或视图，视图上不能定义 FOR 和 AFTER 触发器，只能定义 INSTEAD OF 触发器。
- WITH ENCRYPTION：对指定触发器进行加密处理。
- FOR | AFTER：指定触发器中在相应的 DML 操作（INSERT、UPDATE、DELETE）成功执行后才触发。
- INSTEAD OF：指定执行 DML 触发器而不是 INSERT、UPDATE 或 DELETE 语句。在使用了 WITH CHECK OPTION 语句的视图上不能定义 INSTEAD OF 触发器。
- [INSERT] [,] [UPDATE] [,] [DELETE]：指定能够激活触发器的操作，必须至少指定一个操作。
- sql_statement：触发器代码，根据数据修改或定义语句来检查或更改数据，通常包含流程控制语句，一般不应向应用程序返回结果。

创建一个触发器，应包含五个部分：触发器名称、触发器触发事件、激活时间、触发条件、触发体（SQL 语句组成）。同时注意以下几个方面：

① CREATE TRIGGER 语句必须是批处理的第一个语句；
② 表的所有者可以创建触发器的默认权限，表的所有者不能把该权限传给其他用户；
③ 触发器是数据库对象，所以其命名必须符合命名规则；
④ 触发器只能创建在当前数据库中；
⑤ 只能在基表或在创建视图的表上创建触发器，不能在视图或临时表上创建；
⑥ 一个触发器只能对应一个表。
⑦ 触发器不能返回任何结果，不要在触发器定义中包含 SELECT 语句或变量赋值。

在触发器执行的时候，会产生两个临时表：Inserted 表和 Deleted 表。这两个表的结构和触发器所在的表的结构相同。在触发器中可以使用这两个临时表测试某些数据修改的效果和设置触发器操作的条件，但是这两个表是只读表，不能对表中的数据进行修改。触发器执行完成后，这两个表就会被删除。

- Inserted 表用于存储 INSERT 语句和 UPDATE 语句所影响行的副本。当对触发器表执行 INSERT 操作时，新行将被同时添加到触发器表和 INSERTED 表中，INSERTED 表中的行是触发器表中新添加行的副本。
- DELETED 表用于存储 DELETE 语句和 UPDATE 语句所影响行的副本。当对触发器表执行 DELETE 操作时，行将从触发器表中删除，并存入 DELETED 表中。DELETED 表和触发器表没有相同的行。
- 当对触发器表执行 UPDATE 操作时，先从触发器表中删除旧行，然后再插入新行。其中被删除的旧行被插入到 DELETED 表中，插入的新行的副本被插入到 Inserted 表中。

【例 10-1】在 Csu 数据库中创建一个 INSERT 触发器，该触发器的功能是：在 Goods 表中插入新记录时，触发该触发器，提示"新的记录被插入，请检查正确性"。

```
USE Csu
GO
CREATE TRIGGER  trig_goodsInsert
ON  Goods
FOR INSERT
AS
BEGIN
print    '新的记录被插入，请检查正确性'
END
```

【例 10-2】在 Csu 数据库中创建一个 DELETE 触发器，该触发器的功能是：不允许删除 Goods 表中的数据，如果删除数据，则触发该触发器，并对删除的数据执行回滚操作。

```
CREATE TRIGGER tri_goodsDelete
ON Goods
FOR DELETE
AS
BEGIN
    print '不允许删除 Goods 表中的数据'
    ROLLBACK
END
GO
```

【例 10-3】在 Csu 数据库中创建一个 UPDATE 触发器，该触发器防止用户修改表 Goods 中的 GoodsId 数据。

```
CREATE TRIGGER tri_GoodsUpdate
ON Goods
FOR UPDATE
AS
IF UPDATE (GoodsId)
BEGIN
    RAISERROR ('你不能修改表 Goods 中的 GoodsId ',10,1)
    ROLLBACK TRANSACTION
END
GO
```

3. INSTEAD OF 触发器的设计

AFTER 触发器是在触发语句执行后触发的，与 AFTER 触发器不同的是，INSTEAD OF 触发器触发时只执行触发器内部的 SQL 语句，而不执行激活该触发器的 SQL 语句。一个表或视图中只能有一个 INSTEAD OF 触发器。

【例 10-4】创建表 table1，值包含一列 a，在表中创建 INSTEAD OF INSERT 触发器，当向表中插入记录时显示相应消息。

```
USE Csu
GO
CREATE TABLE table1 (a int)
GO
CREATE TRIGGER table1_insert
    ON table1 INSTEAD OF INSERT
AS
    PRINT 'INSTEAD OF TRIGGER IS WORKING'
```

向表中插入一行数据：

```
INSERT INTO table1 VALUES(10)
```
执行结果如图 10-2 所示。

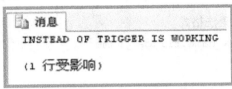

图 10-2　执行结果

10.4　DDL 触发器

DDL 触发器是 SQL Server 2005 新增的一种特殊的触发器，DDL 触发器是在响应数据定义语言事件时执行的特殊存储过程，一般用于在数据库中执行管理任务。SQL Server 2008 可以就整个服务器或数据库的某个范围为 DDL 事件定义触发器。

语法格式：
```
CREATE TRIGGER trigger_name
ON { ALL SERVER | DATABASE }
[ WITH ENCRYPTION ]
{ FOR | AFTER } { event_type | event_group } [ ,…n ]
     AS    sql_statement [ ; ] [ …n ]
```

说明：

① ALL SERVER 关键字是指将当前 DDL 触发器的作用域应用于当前服务器。ALL DATABASE 指将当前 DDL 触发器的作用域应用于当前数据库。

② event_type 表示执行之后将导致触发 DDL 触发器的 T-SQL 语句事件的名称。

当 ON 关键字后面指定 DATABASE 选项时使用该名称。值得注意的是，每个事件对应的 T-SQL 语句有一些修改，如要在使用 CREATE TABLE 语句时激活触发器，AFTER 关键字后面的名称为 CREATE_TABLE，在关键字之间包含下画线（_）。event_type 选项的值可以是 CREATE_TABLE、ALTER_TABLE、DROP_TABLE、CREATE_USER、CREATE_VIEW 等。

③ event_group：预定义的 T-SQL 语句事件分组的名称。ON 关键字后面指定为 ALL SERVER 选项时使用该名称，如 CREATE_DATABASE、ALTER_DATABASE 等。

【例 10-5】在 Csu 数据库中定义一个 DDL 触发器，禁止删除或修改数据库的表。
```
USE Csu
GO
CREATE TRIGGER trig_notdelete
    ON database
    FOR drop_table,alter_table
    AS
    PRINT '事务不能被处理，数据表不能被修改和删除'
ROLLBACK
```
当删除、新建或修改 Csu 数据库中的表时，会弹出一个对话框禁止执行此操作。

10.5　修改触发器

1. 修改 DML 触发器的语法格式

```
ALTER TRIGGER schema_name.trigger_name
ON ( table | view )
[ WITH ENCRYPTION ]
( FOR | AFTER | INSTEAD OF )
    { [ DELETE ] [ , ] [ INSERT ] [ , ] [ UPDATE ] }
[ NOT FOR REPLICATION ]
AS  sql_statement [ ; ] [ ...n ]
```

2. 修改 DDL 触发器的语法格式

```
ALTER TRIGGER trigger_name
ON { DATABASE | ALL SERVER }
[ WITH ENCRYPTION ]
{ FOR | AFTER } { event_type [ ,...n ] | event_group }
AS  sql_statement [ ; ]
```

【例 10-6】修改 Csu 数据库中在 Goods 表上定义的触发器 reminder。

```
USE Csu
GO
ALTER TRIGGER reminder ON Goods
FOR UPDATE
AS PRINT '执行的操作是修改'
GO
```

【例 10-7】在 Csu 数据库的 Goods 表中，定义一个触发器，功能为：当删除多于 1 行数据时，提示"一次只能删除一行数据"。现在要求修改触发器实现删除多于 3 行数据时，提示"一次最多只能删除三行数据"。

```
CREATE TRIGGER trig_deleterow
ON Goods
FOR DELETE
AS
IF( @@rowcount>1)
    BEGIN
        raiserror('一次只能删除一行数据',16,1)
        rollback transaction
    END
GO
ALTER TRIGGER trig_deleterow
ON Goods
FOR DELETE
AS
IF( @@rowcount>3)
    BEGIN
        raiserror('一次最多只能删除三行数据',16,1)
        rollback transaction
    END
GO
```

3. 使用系统存储过程重命名触发器

```
EXEC sp_rename 原名称, 新名称
```

sp_rename 是 SQL Server 2008 自带的一个存储过程,用于更改当前数据库中用户创建的对象的名称,如表名、列表、索引名等。

4. 使用 SQL Server Management Studio 修改触发器信息

打开 SQL Server Management Studio,在对象资源管理器中,展开服务器名,展开数据库目录树,找到触发器所在的数据表,选中所要修改内容的触发器右击,在弹出的快捷菜单中选择"修改"命令,在打开的文本框中修改触发器内容。

10.6 删除触发器

1. 使用 SSMS 删除触发器

打开 SQL Server Management Studio,在对象资源管理器中,展开服务器名,展开数据库目录树,找到触发器所在的数据表,展开数据表,选中所要删除的触发器右击,在弹出的快捷菜单中选择"删除"命令,完成删除触发器。

2. 使用 T-SQL 语句删除触发器

从当前数据库中删除一个或多个触发器的语法格式:
```
DROP TRIGGER  {trigger_name}[,…n]
```
其中:

① trigger_name 为要删除的触发器名称,包含触发器所有者名。

② n 表示可以指定多个触发器。

【例 10-8】 删除触发器 reminder。

```
IF EXISTS (SELECT name FROM sysobjects WHERE name = 'reminder' AND type =
'TR')
DROP TRIGGER reminder
GO
```

【例 10-9】删除 DDL 触发器 safety。

```
DROP TRIGGER safety ON DATABASE
```

10.7 禁用或重新启用数据库触发器

在大量数据转载时,为了避免触发相应的触发器,应禁用触发器,使其失效,等数据转载完毕后,再重新启用触发器。禁用触发器与删除触发器不同,禁用触发器时,仍会为数据表定义该触发器,只是在执行 INSERT、UPDATE 或 DELETE 语句时,除非重新启用触发器,否则不会执行触发器中的操作。

1. 使用 SSMS 禁用或重新启用数据库触发器

打开 SQL Server Management Studio,在对象资源管理器中,展开服务器名,展开数据库目录树,找到触发器所在的数据表,展开数据表,选中所要禁用的触发器右击,在弹出的快捷菜单中选择"禁用"命令,完成禁用触发器。启用触发器与上类似,只是在弹出快捷菜单中选择

"启用"命令即可。

2. 使用系统存储过程禁用或重新启用数据库触发器

禁用或启用触发器，其语法如下：

```
Alter table 数据表名
Disable 或 Enable trigger 触发器名或 ALL
```

说明：

用 Disable 可以禁用触发器，用 Enable 可以启用触发器；如果要禁用或启用所有触发器，用 ALL 来代替触发器名。

小　结

触发器是一种实现复杂数据完整性、一致性的特殊存储过程，可在执行语言事件时自动生效。触发器分为两大类：DDL 触发器和 DML 触发器，DML 触发器又分为 INSET 型、UPDATE 型和 DELETE 型。本章主要通过使用 T-SQL 语句和 SQL Server Management Studio 工具详细介绍了存储过程、触发器的开发应用，包括创建和查看、修改、删除等管理操作的具体步骤。

实　训

实训目的：

① 掌握触发器的概念。
② 掌握 DML 触发器和 DDL 触发器的创建方法。
③ 掌握如何修改和删除触发器。

实训要求：

实训 1 ~ 实训 4 要求分别在 15 分钟之内完成。

实训内容：

实训 1 在数据库 XSBOOK 的 JY 表中创建一个 INSERT 触发器，当向 JY 表插入一行记录时，检查该记录的借书证号在 XS 表是否存在，检查图书的 ISBN 号在 BOOK 表中是否存在，及图书的库存量是否大于 0，若有一项为否，则不允许插入。

提示：

```
CREATE TRIGGER tjy_insert ON JY
FOR INSERT AS
IF EXISTS(SELECT * FROM inserted a
        WHERE a.借书证号 NOT IN (SELECT b.借书证号 FROM XS b)
            OR a.ISBN NOT IN (SELECT c.ISBN FROM BOOK c))
                OR EXISTS(SELECT * FROM BOOK WHERE 库存量<=0)
BEGIN
    PRINT '违背数据的一致性'
    ROLLBACK TRANSACTION                        /*回滚之前的操作*/
```

```
END
ELSE
BEGIN
    UPDATE XS SET 借书量=借书量+1
        WHERE XS.借书证号 IN
                        (SELECT inserted.借书证号
                            FROM inserted)
    UPDATE BOOK SET 库存量=库存量-1
        WHERE BOOK.ISBN IN
                        (SELECT inserted.ISBN
                            FROM inserted)
END
```

实训 2 在 XSBOOK 数据库的 JY 表上创建一个 UPDATE 触发器，若对借书证号列和图书的 ISBN 列进行修改，则给出提示信息，并取消修改操作。

提示：
```
CREATE TRIGGER update_trigger1
ON JY
FOR UPDATE
AS
/*检查借书证号列或 ISBN 列是否被修改，如果有某些列被修改了，则取消修改操作*/
IF UPDATE(借书证号) OR UPDATE(ISBN)
BEGIN
    PRINT '违背数据的一致性'
    ROLLBACK TRANSACTION
END
GO
```

实训 3 在 XSBOOK 数据库中创建表、视图和触发器，以说明 INSTEAD OF INSERT 触发器的使用。

```
CREATE TABLE books
(
BookKey int     IDENTITY(1,1),
BookName nvarchar(10) NOT NULL,
Color nvarchar(10) NOT NULL,
ComputedCol AS (BookName +Color),
Pages int NULL
)
GO
/*建立一个视图，包含基表的所有列*/
CREATE VIEW View2
AS
SELECT BookKey, BookName ,Color, ComputedCol, Pages
        FROM books
GO
/*在 View2 视图上创建一个 INSTEAD OF INSERT 触发器*/
CREATE TRIGGER InsteadTrig on View2
INSTEAD OF INSERT
AS
BEGIN
```

```
/*实际插入时，INSERT语句中不包含BookKey字段和ComputedCol字段的值*/
    INSERT INTO books
        SELECT BookName ,Color, Pages FROM inserted
END
```

实训 4   创建 XSBOOK 数据库作用域的 DDL 触发器，当删除一个表时，提示禁止该操作，然后回滚删除表的操作。

提示：
```
USE XSBOOK
GO
CREATE TRIGGER safety
ON DATABASE
AFTER DROP_TABLE
AS
    PRINT '不能删除该表'
    ROLLBACK TRANSACTION
```
尝试删除表 table1：
```
DROP TABLE table1
```

数据库安全配置

【任务引入】

当用户登录数据库系统时，如何确保只有合法的用户才能登录到系统中呢？这是一个最基本的安全性问题，也是数据库管理系统提供的基本功能。在 Microsoft SQL Server 2008 系统中，这个问题是通过身份验证模式和主体解决的。

当用户登录到系统中，他可以执行哪些操作、使用哪些对象和资源呢？这也是一个基本的权限问题，在 Microsoft SQL Server 2008 系统中，这个问题是通过安全对象和权限设置来实现的。

【学习目标】
- 掌握 SQL Server 2008 的身份验证模式
- 建立和管理用户账户
- 熟悉服务器角色与数据库角色
- 掌握数据库权限的管理

11.1　SQL Server 2008 的身份验证模式

SQL Server 2008 的身份认证模式是指系统确认用户的方式。SQL Server 2008 有两种身份认证模式：Windows 验证模式和 SQL Server 验证模式，图 11-1 给出了这两种方式登录 SQL Server 服务器的情形。

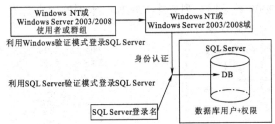

图 11-1　两种验证方式登录 SQL Server 服务器的情形

1. Windows 验证模式

用户登录 Windows 时进行身份验证，登录 SQL Server 时就不再进行身份验证。以下是对于 Windows 验证模式登录的几点重要说明：

① 必须将 Windows 账户加入到 SQL Server 中，才能采用 Windows 账户登录 SQL Server。

② 如果使用 Windows 账户登录到另一个网络的 SQL Server，必须在 Windows 中设置彼此的托管权限。

2. SQL Server 认证模式

在 SQL Server 验证模式下，SQL Server 服务器要对登录的用户进行身份验证。当 SQL Server 在 Windows 操作系统上运行时，系统管理员设定登录验证模式的类型可为 Windows 验证模式和混合模式。当采用混合模式时，SQL Server 系统既允许使用 Windows 登录账号登录，也允许使用 SQL Server 登录账号登录。

11.2　建立和管理用户账户

11.2.1　界面方式管理用户账户

1. 建立 Windows 验证模式的登录名

对于 Windows 操作系统，安装本地 SQL Server 2008 的过程中，允许选择验证模式。例如，安装时选择 Windows 身份验证方式，在此情况下，如果要增加一个 Windows 的新用户 liu，如何授权该用户，使其能通过信任连接访问 SQL Server 呢？步骤如下（在此以 Windows XP 为例）：

① 创建 Windows 的用户。以管理员身份登录到 Windows XP，选择"开始"菜单，打开"控制面板"中的"性能和维护"，选择其中的"管理工具"，双击"计算机管理"图标，打开"计算机管理"窗口。

在该窗口中选择"本地用户和组"中的"用户"图标右击，在弹出的快捷菜单中选择"新用户"命令，弹出"新用户"对话框。如图 11-2 所示，在该窗口中输入用户名、密码，单击"创建"按钮，然后单击"关闭"按钮，完成新用户的创建。

② 将 Windows 账户加入到 SQL Server 中。以管理员身份登录到 SQL Server Management Studio，在"对象资源管理器"中，找到并选择如图 11-3 所示的"登录名"选项右击，在弹出的快捷菜单中选择"新建登录名"命令，打开"登录名-新建"窗口。如图 11-4 所示，可以通过单击"常规"选项卡的"搜索"按钮，在"选择用户或组"对话框中选择相应的用户名或用户组添加到 SQL Server 2008 登录用户列表中。例如，本例的用户名为：0BD7E57C949A420\liu（0BD7E57C949A420 为本地计算机名）。

图 11-2　创建新用户的界面

图 11-3　新建登录名

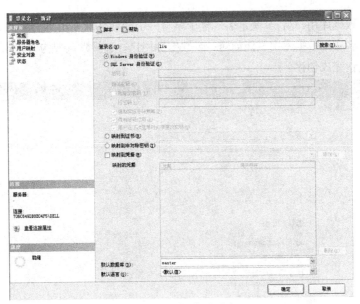

图 11-4　新建登录名

2．建立 SQL Server 验证模式的登录名

要建立 SQL Server 验证模式的登录名，首先应将验证模式设置为混合模式。如果用户在安装 SQL Server 时验证模式没有设置为混合模式，则先要将验证模式设为混合模式。步骤如下：

① 以系统管理员身份登录 SQL Server Management Studio，在"对象资源管理器"中选择要登录的 SQL Server 服务器图标右击，在弹出的快捷菜单中选择"属性"命令，打开"服务器属性"窗口。

② 在打开的"服务器属性"窗口中选择"安全性"选项卡。选择服务器身份验证为"SQL Server 和 Windows 身份验证模式"，单击"确定"按钮，保存新的配置，重启 SQL Server 服务即可。

创建 SQL Server 验证模式的登录名也在如图 11-4 所示的界面中进行，输入一个自己定义的登录名，例如 leda，选中"SQL Server 身份验证"单选按钮，输入密码，并取消选中"强制密码过期"复选框，设置完单击"确定"按钮即可。

为了测试创建的登录名能否连接 SQL Server，可以使用新建的登录名 leda 来进行测试，具体步骤如下：

在"对象资源管理器"窗口中单击"连接"按钮，在下拉框中选择"数据库引擎"命令，弹出"连接到服务器"对话框。在该对话框中，"身份验证"选择"SQL Server 身份验证"，"登录名"填写 leda，输入密码，单击"连接"按钮，即可连接 SQL Server。登录后的"对象资源管理器"界面如图 11-5 所示。

图 11-5　使用 SQL Server 验证方式登录

3．管理数据库用户

使用 SSMS 创建数据库用户账户的步骤如下（以 Csu 数据库为例）：

以系统管理员身份连接 SQL Server，展开"数据库"→Csu→"安全性"→"用户"选项右击，在弹出的快捷菜单中选择"新建用户"菜单项，进入"数据库用户–新建"窗口。在"用户名"文本框中填写一个数据库用户名，"登录名"框中填写一个能够登录 SQL Server 的登录名，如 leda。注意：一个登录名在本数据库中只能创建一个数据库用户。选择默认架构为 dbo，如图 11-6 所示，单击"确定"按钮完成创建。

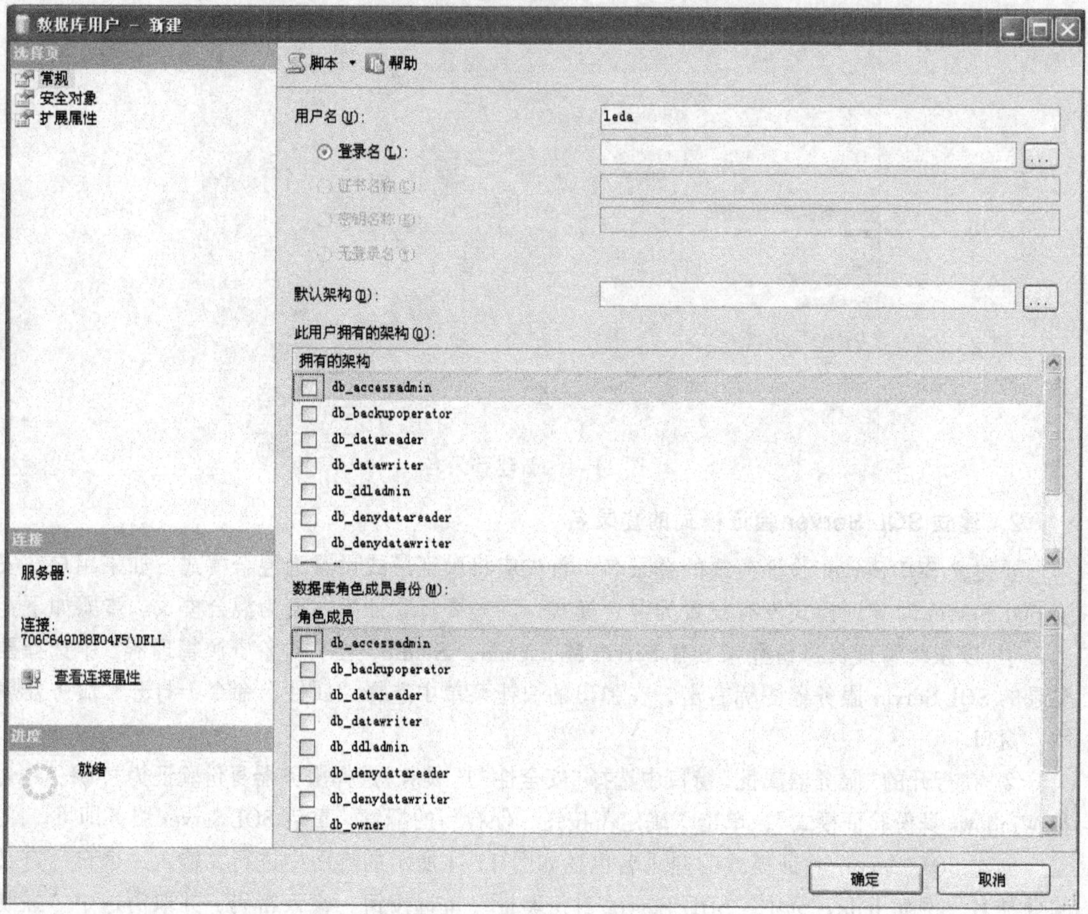

图 11-6　新建数据库用户账户

11.2.2　命令方式管理用户账户

1. 创建登录名

在 SQL Server 2008 中，创建登录名可以使用 CREATE LOGIN 命令。语法格式为：

```
CREATE LOGIN login_name
{ WITH PASSWORD='password' [ HASHED ] [ MUST_CHANGE ]
[ , <option_list> [ ,…] ]        /*WITH 子句用于创建 SQL Server 登录名*/
| FROM                   /*FROM 子句用户创建其他登录名*/
{
    WINDOWS [ WITH <windows_options> [ ,…] ]
       | CERTIFICATE certname
       | ASYMMETRIC KEY asym_key_name
}
}
```

其中：

```
<option_list> ::=
     SID=sid
   | DEFAULT_DATABASE=database
   | DEFAULT_LANGUAGE=language
   | CHECK_EXPIRATION={ ON | OFF}
   | CHECK_POLICY={ ON | OFF}
   [ CREDENTIAL=credential_name ]

<windows_options> ::=
     DEFAULT_DATABASE=database
   | DEFAULT_LANGUAGE=language
```

① 创建 Windows 验证模式登录名。创建 Windows 登录名使用 FROM 子句，在 FROM 子句的语法格式中，WINDOWS 关键字指定将登录名映射到 Windows 登录名，其中，<windows_options> 为创建 Windows 登录名的选项，DEFAULT_DATABASE 指定默认数据库，DEFAULT_LANGUAGE 指定默认语言。

【例 11-1】使用命令方式创建 Windows 登录名 tao（假设 Windows 用户 tao 已经创建，本地计算机名为 0BD7E57C949A420），默认数据库设为 Csu。

```
USE master
GO
CREATE LOGIN [0BD7E57C949A420\tao]
FROM WINDOWS
     WITH DEFAULT_DATABASE=Csu
```

命令执行成功后在"登录名"→"安全性"列表上就可以查看到该登录名。

② 创建 SQL Server 验证模式登录名。创建 SQL Server 登录名使用 WITH 子句，其中：

- PASSWORD：用于指定正在创建的登录名的密码，'password'为密码字符串。HASHED 选项指定在 PASSWORD 参数后输入的密码已经过哈希运算，如果未选择此选项，则在将作为密码输入的字符串存储到数据库之前，对其进行哈希运算。如果指定 MUST_CHANGE 选项，则 SQL Server 会在首次使用新登录名时提示用户输入新密码。
- <option_list>：用于指定在创建 SQL Server 登录名时的一些选项。

【例 11-2】创建 SQL Server 登录名 sql_tao，密码为 123456，默认数据库设为 Csu。

```
CREATE LOGIN sql_tao
WITH PASSWORD='123456',
     DEFAULT_DATABASE=Csu
```

2. 删除登录名

删除登录名使用 DROP LOGIN 命令。语法格式：

```
DROP LOGIN login_name
```

【例 11-3】删除 Windows 登录名 tao。

```
DROP LOGIN [0BD7E57C949A420\tao]
```

【例 11-4】删除 SQL Server 登录名 sql_tao。

```
DROP LOGIN sql_tao
```

3. 创建数据库用户

创建数据库用户使用 CREATE USER 命令。语法格式：

```
CREATE USER user_name
```

```
[{ FOR | FROM }
    {
      LOGIN login_name
      | CERTIFICATE cert_name
      | ASYMMETRIC KEY asym_key_name
    }
    | WITHOUT LOGIN
]
    [ WITH DEFAULT_SCHEMA = schema_name ]
```

说明：

① user_name：指定数据库用户名。FOR 或 FROM 子句用于指定相关联的登录名。

② LOGIN login_name：指定要创建数据库用户的 SQL Server 登录名。login_name 必须是服务器中有效的登录名。当此登录名进入数据库时，它将获取正在创建的数据库用户的名称和 ID。

③ WITHOUT LOGIN：指定不将用户映射到现有登录名。

④ WITH DEFAULT_SCHEMA：指定服务器为此数据库用户解析对象名称时将搜索的第一个架构，默认为 dbo。

【例 11-5】使用 SQL Server 登录名 sql_tao（假设已经创建）在 Csu 数据库中创建数据库用户 tao，默认架构名使用 dbo。

```
USE Csu
GO
CREATE USER tao
FOR LOGIN sql_tao
    WITH DEFAULT_SCHEMA=dbo
```

4．删除数据库用户

删除数据库用户使用 DROP USER 语句。语法格式：

```
DROP USER user_name
```

user_name 为要删除的数据库用户名，在删除之前要使用 USE 语句指定数据库。

【例 11-6】删除 Csu 数据库的数据库用户 tao。

```
USE Csu
GO
DROP USER tao
```

11.3 服务器角色与数据库角色

11.3.1 固定服务器角色

服务器角色独立于各个数据库。如果在 SQL Server 中创建一个登录名后，要赋予该登录者具有管理服务器的权限，此时可设置该登录名为服务器角色的成员。SQL Server 提供了以下固定服务器角色：

① sysadmin：系统管理员，角色成员可对 SQL Server 服务器进行所有的管理工作，为最高管理角色。这个角色一般适合于数据库管理员（DBA）。

② securityadmin：安全管理员，角色成员可以管理登录名及其属性。可以授予、拒绝、撤

销服务器级和数据库级的权限。另外还可以重置 SQL Server 登录名的密码。

③ serveradmin：服务器管理员，角色成员具有对服务器进行设置及关闭服务器的权限。

④ setupadmin：设置管理员，角色成员可以添加和删除链接服务器，并执行某些系统存储过程。

⑤ processadmin：进程管理员，角色成员可以终止 SQL Server 实例中运行的进程。

⑥ diskadmin：用于管理磁盘文件。

⑦ dbcreator：数据库创建者，角色成员可以创建、更改、删除或还原任何数据库。

⑧ bulkadmin：可执行 BULK INSERT 语句，但是这些成员对要插入数据的表必须有 INSERT 权限。BULK INSERT 语句的功能是以用户指定的格式复制一个数据文件至数据库表或视图。

⑨ public：其角色成员可以查看任何数据库。

用户只能将一个用户登录名添加为上述某个固定服务器角色的成员，不能自行定义服务器角色。例如，对于前面已建立的登录名 "0BD7E57C949A420\liu"，如果要给其赋予系统管理员权限，可通过 "对象资源管理器" 或 "系统存储过程" 将该登录名加入 sysadmin 角色。

1. 通过 "对象资源管理器" 添加服务器角色成员

① 以系统管理员身份登录到 SQL Server 服务器，在 "对象资源管理器" 中展开 "安全性" → "登录名"，并选择一个登录名，例如 "0BD7E57C949A420\liu"，双击或右击，在弹出的快捷菜单中选择 "属性" 命令，打开 "登录属性" 窗口。

② 在打开的 "登录属性" 窗口中选择 "服务器角色" 选项卡。如图 11-7 所示，在 "登录属性" 窗口右边列出了所有的固定服务器角色，用户可以根据需要，选中相应服务器角色的复选框，来为登录名添加相应的服务器角色，此处默认已经选择了 public 服务器角色。单击 "确定" 按钮完成添加。

2. 利用系统存储过程添加固定服务器角色成员

利用系统存储过程 sp_addsrvrolemember 可将一登录名添加到某一固定服务器角色中，使其成为固定服务器角色的成员。语法格式为：

```
sp_addsrvrolemember [@loginame=] 'login',[@rolename=]'role'
```

图 11-7　登录属性

参数含义：login 指定添加到固定服务器角色 role 的登录名，login 可以是 SQL Server 登录名或 Windows 登录名；对于 Windows 登录名，如果还没有授予 SQL Server 访问权限，将自动对其授予访问权限。固定服务器角色名 role 必须为 sysadmin、securityadmin、serveradmin、setupadmin、processadmin、diskadmin、dbcreator、bulkadmin 和 public 之一。

【例 11-7】将 Windows 登录名 0BD7E57C949A420\liu 添加到 sysadmin 固定服务器角色中。

```
EXEC sp_addsrvrolemember '0BD7E57C949A420\liu','sysadmin'
```

3. 利用系统存储过程删除固定服务器角色成员

利用 sp_dropsrvrolemember 系统存储过程可从固定服务器角色中删除 SQL Server 登录名或 Windows 登录名。语法格式为：

```
sp_dropsrvrolemember [@loginame=] 'login',[@rolename=] 'role'
```

'login'为将要从固定服务器角色删除的登录名。'role'为服务器角色名，默认值为 NULL，必须是有效的固定服务器角色名。

【例 11-8】从 sysadmin 固定服务器角色中删除 SQL Server 登录名 david。

```
EXEC sp_dropsrvrolemember 'david','sysadmin'
```

11.3.2 固定数据库角色

1. 使用"对象资源管理器"添加固定数据库角色成员

① 以系统管理员身份登录到 SQL Server 服务器，在"对象资源管理器"中展开"数据库"→Csu→"安全性"→"用户"选项，选择一个数据库用户，例如 david，双击或右击，在弹出的快捷菜单中选择"属性"命令，打开"数据库用户"窗口。

② 在打开的窗口中，在"常规"选项卡中的"数据库角色成员身份"栏，用户可以根据需要，选中相应数据库角色前的复选框，来为数据库用户添加相应的数据库角色，如图 11-8 所示，单击"确定"按钮完成添加。

图 11-8　添加固定数据库角色成员

③ 查看固定数据库角色的成员。在"对象资源管理器"窗口中，在 Csu 数据库下的"安全性"→"角色"→"数据库角色"目录下，选择数据库角色，如 db_owner 右击，在弹出的快捷菜单中选择"属性"命令，在属性窗口中的"角色成员"栏下可以看到该数据库角色的成员列表，如图 11-9 所示。

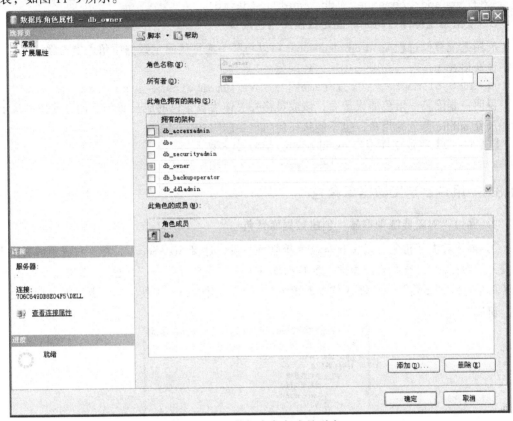

图 11-9　数据库角色成员列表

2．使用系统存储过程添加固定数据库角色成员

利用系统存储过程 sp_addrolemember 可以将一个数据库用户添加到某一固定数据库角色中，使其成为该固定数据库角色的成员。语法格式为：

sp_addrolemember [@rolename =] 'role', [@membername =] 'security_account'

'role'为当前数据库中的数据库角色的名称。'security_account'为添加到该角色的安全账户，可以是数据库用户或当前数据库角色。

说明：

① 当使用 sp_addrolemember 将用户添加到角色时，新成员将继承所有应用到角色的权限。

② 不能将固定数据库或固定服务器角色或者 dbo 添加到其他角色。例如，不能将 db_owner 固定数据库角色添加成为用户定义的数据库角色的成员。

③ 在用户定义的事务中不能使用 sp_addrolemember。

④ 只有 sysadmin 固定服务器角色和 db_owner 固定数据库角色中的成员可以执行 sp_addrolemember，以将成员添加到数据库角色。

⑤ db_securityadmin 固定数据库角色的成员可以将用户添加到任何用户定义的角色中。

【例 11-9】将 Csu 数据库上的数据库用户 david 添加为固定数据库角色 db_owner 的成员。

```
USE Csu
GO
EXEC sp_addrolemember 'db_owner', 'david'
```

3. 使用系统存储过程删除固定数据库角色成员

利用系统存储过程 sp_droprolemember 可以将某一成员从固定数据库角色中去除。

语法格式为：

```
sp_droprolemember [@rolename=]'role',[@membername=]'security_account'
```

说明：删除某一角色的成员后，该成员将失去作为该角色的成员身份所拥有的任何权限；不能删除 public 角色的用户，也不能从任何角色中删除 dbo。

【例 11-10】将数据库用户 david 从 db_owner 中去除。

```
EXEC sp_droprolemember 'db_owner', 'david'
```

11.3.3 用户自定义数据库角色

1. 通过"对象资源管理器"创建数据库角色

① 创建数据库角色。以 Windows 系统管理员身份连接 SQL Server，在"对象资源管理器"中展开"数据库"，选择要创建角色的数据库 Csu→"安全性"→"角色"，右击，在弹出的快捷菜单中选择"新建"→"新建数据库角色"命令，如图 11-10 所示。打开"数据库角色-新建"窗口。

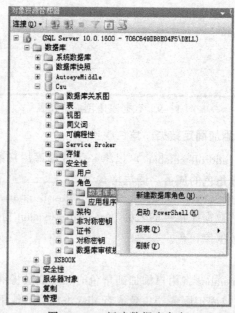

图 11-10 新建数据库角色

② 将数据库用户加入数据库角色。当数据库用户成为某一数据库角色的成员之后，该数据库用户就获得该数据库角色所拥有的对数据库操作的权限。

将用户加入自定义数据库角色的方法与 11.3.2 小节中将用户加入固定数据库角色的方法类

似，这里不再重复。图 11-11 所示为将 Csu 数据库的用户 david 加入角色 ROLE。

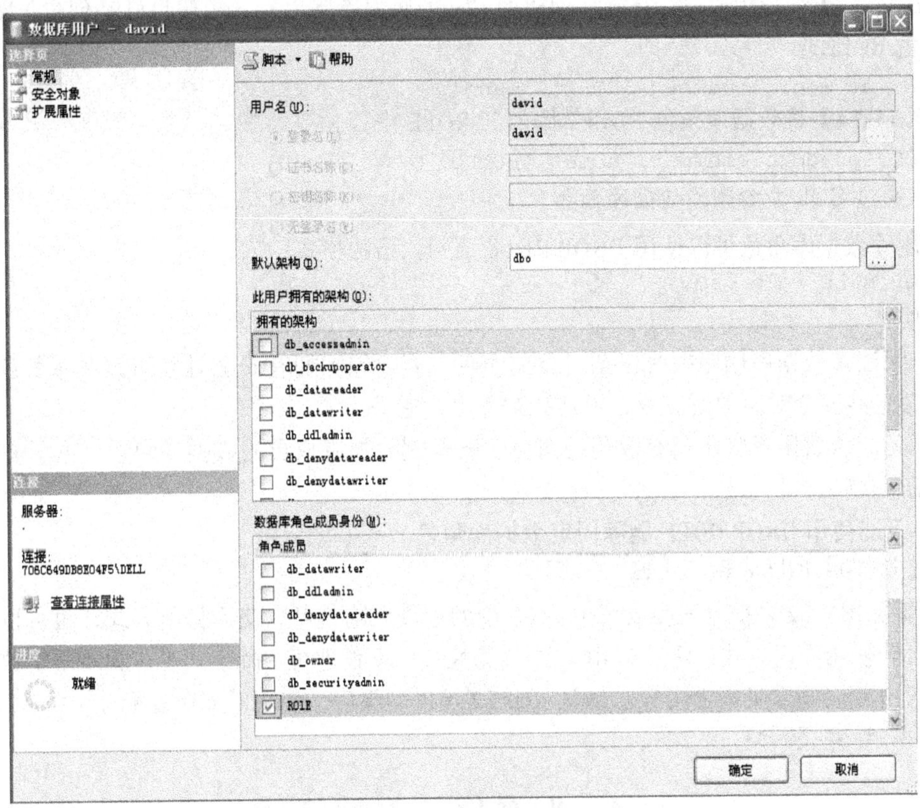

图 11-11　添加到数据库角色

2．通过 SQL 命令创建数据库角色

① 定义数据库角色。创建用户自定义数据库角色可以使用 CREATE ROLE 语句。

语法格式为：

```
CREATE ROLE role_name [ AUTHORIZATION owner_name ]
```

【例 11-11】如下示例在当前数据库中创建名为 ROLE2 的新角色，并指定 dbo 为该角色的所有者。

```
USE Csu
GO
CREATE ROLE ROLE2
AUTHORIZATION dbo
```

② 给数据库角色添加成员。向用户定义数据库角色添加成员也使用存储过程 sp_addrolemember，用法与之前介绍的基本相同。

【例 11-12】使用 Windows 身份验证模式的登录名（如 0BD7E57C949A420\liu）创建 Csu 数据库的用户（如 0BD7E57C949A420\liu），并将该数据库用户添加到数据库角色 ROLE 中。

```
USE Csu
GO
CREATE USER  [0BD7E57C949A420\liu]
FROM LOGIN [0BD7E57C949A420\liu]
GO
```

```
EXEC sp_addrolemember 'ROLE', '0BD7E57C949A420\liu'
```

【例 11-13】将 SQL Server 登录名创建的 Csu 的数据库用户 wang（假设已经创建）添加到数据库角色 ROLE 中。

```
EXEC sp_addrolemember 'ROLE','wang'
```

【例 11-14】将数据库角色 ROLE2 添加到 ROLE 中。

```
EXEC sp_addrolemember 'ROLE','ROLE2'
```

3. 通过 SQL 命令删除数据库角色

要删除数据库角色可以使用 DROP ROLE 语句。语法格式：

```
DROP ROLE role_name
```

说明：

① 无法从数据库删除拥有安全对象的角色。若要删除拥有安全对象的数据库角色，必须首先转移这些安全对象的所有权，或从数据库删除它们。

② 无法从数据库删除拥有成员的角色。若要删除拥有成员的数据库角色，必须首先删除角色的所有成员。

③ 不能使用 DROP ROLE 删除固定数据库角色。

【例 11-15】删除数据库角色 ROLE2。

在删除 ROLE2 之前首先需要将 ROLE2 中的成员删除，可以使用界面方式，也可以使用命令方式。若使用界面方式，只需在 ROLE2 的属性页中操作即可。命令方式在删除固定数据库成员时已经介绍，请参见前面内容。确认 ROLE2 可以删除后，使用以下命令删除 ROLE2：

```
DROP ROLE ROLE2
```

11.4　服务器权限的管理

11.4.1　授予权限

权限的授予可以使用命令方式或界面方式完成。

1. 使用命令方式授予权限。

利用 GRANT 语句可以给数据库用户或数据库角色授予数据库级别或对象级别的权限。语法格式：

```
GRANT { ALL [ PRIVILEGES ] } | permission [ ( column [ ,…n ] ) ] [ ,…n ]
    [ ON securable ] TO principal [ ,…n ]
        [ WITH GRANT OPTION ] [ AS principal ]
```

【例 11-16】给 Csu 数据库上的用户 david 和 wang 授予创建表的权限。

以系统管理员身份登录 SQL Server，新建一个查询，输入以下语句：

```
USE Csu
GO
GRANT CREATE TABLE
TO david, wang
GO
```

【例 11-17】首先在当前数据库 Csu 中给 public 角色授予对 goods 表的 SELECT 权限。然后，将特定的权限授予用户 liu、zhang 和 dong，使这些用户拥有对 XS 表的所有操作权限。

```
GRANT SELECT ON goods TO public
GO
GRANT INSERT, UPDATE, DELETE
ON XS TO liu, zhang, dong
GO
```

【例 11-18】将 CREATE TABLE 权限授予数据库角色 ROLE 的所有成员。

```
GRANT CREATE TABLE
TO ROLE
```

【例 11-19】以系统管理员身份登录 SQL Server，将表 goods 的 SELECT 权限授予 ROLE2 角色（指定 WITH GRANT OPTION 子句）。用户 li 是 ROLE2 的成员（创建过程略），在 li 用户上将表 goods 上的 SELECT 权限授予用户 huang（创建过程略），huang 不是 ROLE2 的成员。

首先在以 Windows 系统管理员身份连接 SQL Server，授予角色 ROLE2 在 XS 表上的 SELECT 权限。

```
USE Csu
GO
GRANT SELECT
ON goods
TO ROLE2
WITH GRANT OPTION
```

在 SQL Server Management Studio 窗口上单击"新建查询"按钮旁边的数据库引擎查询按钮" "，在弹出的连接窗口中以 li 用户的登录名登录，如图 11-12 所示。单击"连接"按钮连接到 SQL Server 服务器，打开"查询分析器"窗口。

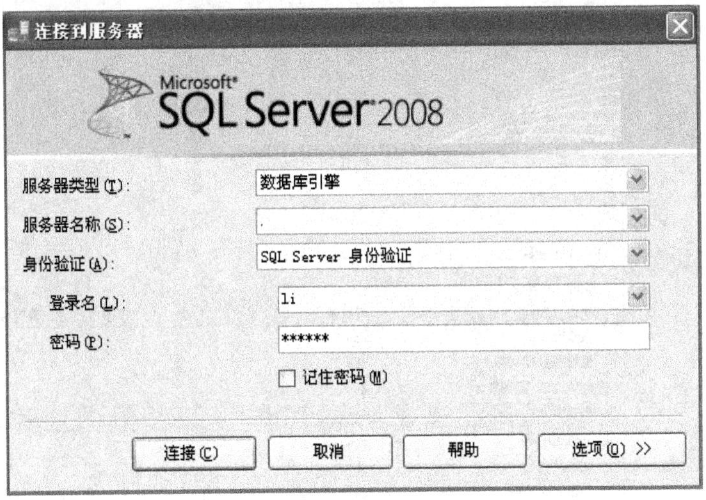

图 11-12　以 li 用户身份登录

在"查询分析器"窗口中使用如下语句将用户 li 的在 goods 表上的 SELECT 权限授予 huang。

```
USE Csu
GO
GRANT SELECT
ON goods TO huang
AS ROLE2
```

【例 11-20】在当前数据库 Csu 中给 public 角色赋予对表 goods 的 GoodsName、GoodsAmount 字段进行 SELECT 的权限。

```
GRANT SELECT
(GoodsName, GoodsAmount) ON Goods
TO public
GO
```

2. 使用界面方式授予语句权限

（1）授予数据库上的权限

以给数据库用户 david 授予 Csu 数据库的 CREATE TABLE 语句的权限（即创建表的权限）为例，在 SQL Server Management Studio 中授予用户权限的步骤如下：

以系统管理员身份登录到 SQL Server 服务器，在"对象资源管理器"中展开"数据库"→Csu 选项右击，在弹出的快捷菜单中选择"属性"命令，打开 Csu 数据库的属性窗口，选择"权限"页。

在用户或角色栏中选择需要授予权限的用户或角色，在窗口下方列出的权限列表中选中相应的权限（如"创建表"）复选框，如图 11-13 所示。单击"确定"按钮即可完成。

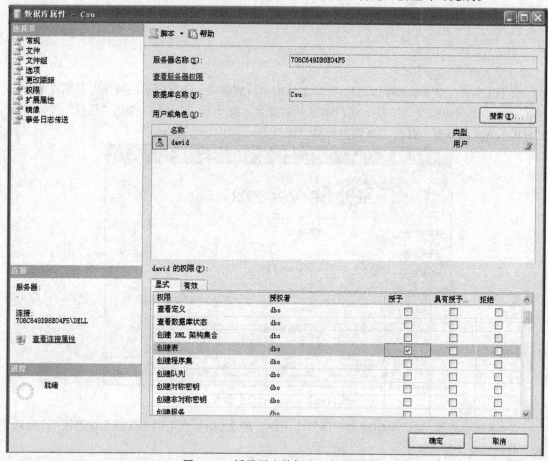

图 11-13 授予用户数据库上的权限

（2）授予数据库对象上的权限

以给数据库用户 david 授予 Goods 表上的 SELECT、INSERT 的权限为例，操作步骤如下：

以系统管理员身份登录到 SQL Server 服务器，在"对象资源管理器"中展开"数据库"→

Csu→"表"→"Goods"选项右击，在弹出的快捷菜单中选择"属性"命令，打开 Goods 表的属性窗口，选择"权限"选项卡。

单击"搜索"按钮，在弹出的"选择用户或角色"窗口中单击"浏览"按钮，选择需要授权的用户或角色（如 david），选择后单击"确定"按钮回到 Goods 表的属性窗口。在该窗口中选择用户，在权限列表中选择需要授予的权限，如"插入（INSERT）"、"删除（DELETE）"等，如图 11-14 所示，单击"确定"按钮完成授权。

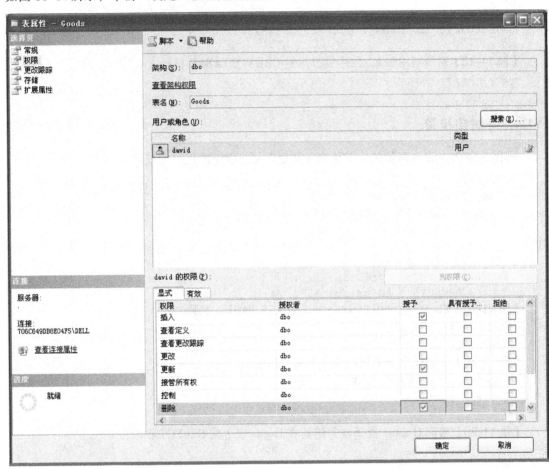

图 11-14 授予用户数据库对象上的权限

11.4.2 拒绝权限

使用 DENY 命令可以拒绝给当前数据库内的用户授予的权限，并防止数据库用户通过其组或角色成员资格继承权限。

语法格式：

```
DENY { ALL [ PRIVILEGES ] }
    | permission [ ( column [ ,…n ] ) ] [ ,…n ]
    [ ON securable ] TO principal [ ,…n ]
    [ CASCADE] [ AS principal ]
```

【例 11-21】拒绝 li、huang 用户使用 CREATE VIEW 和 CREATE TABLE 语句。

```
DENY CREATE VIEW, CREATE TABLE
TO li, huang
GO
```

【例 11-22】拒绝用户 li、huang、[0BD7E57C949A420\liu]对表 Goods 的一些权限，这样，这些用户就没有对 XS 表的操作权限了。

```
USE Csu
GO
DENY SELECT, INSERT, UPDATE, DELETE
ON Goods TO li, huang, [0BD7E57C949A420\liu]
GO
```

【例 11-23】对所有 ROLE2 角色成员拒绝 CREATE TABLE 权限。

```
DENY CREATE TABLE
TO ROLE2
```

11.4.3 撤销权限

利用 REVOKE 命令可撤销以前给当前数据库用户授予或拒绝的权限。

语法格式：

```
REVOKE [ GRANT OPTION FOR ]
    { [ ALL [ PRIVILEGES ] ]
     | permission [ ( column [ ,…n ] ) ] [ ,…n ]
    }
    [ ON securable ]
    { TO | FROM } principal [ ,…n ]
    [ CASCADE] [ AS principal ]
```

【例 11-24】取消已授予用户 wang 的 CREATE TABLE 权限。

```
REVOKE CREATE TABLE
FROM wang
```

【例 11-25】取消授予多个用户的多个语句权限。

```
REVOKE CREATE TABLE, CREATE VIEW
FROM wang, li
GO
```

【例 11-26】取消对 wang 授予或拒绝的在 Goods 表上的 SELECT 权限。

```
REVOKE SELECT
ON Goods
FROM wang
```

【例 11-27】角色 ROLE2 在 Goods 表上拥有 SELECT 权限，用户 li 是 ROLE2 的成员，li 使用 WITH GRANT OPTION 子句将 SELECT 权限转移给了用户 huang，用户 huang 不是 ROLE2 的成员。现要以用户 li 的身份撤销用户 huang 的 SELECT 权限。

以用户 li 的身份登录 SQL Server 服务器，新建一个查询，使用如下语句撤销 huang 的 SELECT 权限：

```
USE Csu
GO
REVOKE SELECT
ON Goods
TO huang
AS ROLE2
```

小　　结

安全性是评价一个数据库系统的重要指标。Microsoft SQL Server 2008 系统提供了一整套保护数据安全的机制，包括角色、架构、用户、权限等手段，这些安全机制可以有效地实现对系统访问和数据访问的控制。

实　　训

实训目的：

① 掌握 SQL Server 2008 的身份验证模式。
② 建立和管理用户账户。
③ 熟悉服务器角色与数据库角色。
④ 掌握数据库权限的管理。

实训要求：

要求在 30 分钟内完成。

实训内容：

完成满足以下安全管理要求的方案。
① 以系统管理员身份登录到 SQL Server；
② 给每个学生创建一个登录名；
③ 将每个职员的登录名定义为数据库 Csu 的数据库用户；
④ 在数据库 Csu 下创建一个数据库角色 role，并给该数据库角色授予执行 CREATE DATABASE 语句的权限；
⑤ 将每个职员对应的数据库用户定义为数据库角色 role 的成员。

第 12 章

事务与并发

【任务引入】

到现在为止，我们进行的所有训练都是在两个条件下进行的。第一个条件就是存储过程中的所有操作，尤其是 INSERT、UPDATE、DELETE 这样的修改操作，都仅仅针对一个表进行修改。比如，插入一条订单；修改一条订单的状态。虽然也批量更新过一批订单的状态，那也是在一条 SQL 语句中执行的更新操作。第二个条件就是，到目前为止没有其他人跟我们一起，同时使用存储过程更新数据表中的数据。

对于第一个条件而言，可能大多数操作都是这样单纯的对一个表中的一条记录进行操作的。但是在系统中会出现这样一种特殊的操作。首先在一次操作内，可能需要先后操作两个表的数据。其次，要操作的这两个表还存在约束关系。试想，如果在操作过程中任何一个表的数据没有操作成功，那么另一个表的数据要么会出错，要么根本就没有意义。

比如，在存储过程章节中，客户下订单的操作，就需要先后向订单表（Orderlist）和订单物品明细（Goods）表插入新记录。试想，如果向订单表中成功插入了记录，但是此时出现了错误，导致向订单物品明细表中插入记录没有成功，那么就会出现一条没有物品的订单。该订单除了没有物品明细外，与其他订单没有任何差别。显然这条没有物品明细的订单是没有意义的。

实际上，插入订单表和插入订单明细表这两个操作应该是"同进退"的。要么两个表的值都成功插入，数据库中保存一条完整的订单。要么中间出现错误，其中一个表插入成功，另一个表没有成功，则需要将已经插入的记录"回滚"到操作没有执行的样子。如何保证这种操作的"同进退"效果，本章节中就使用"事务"来解决这个问题。

对于第二种情况，也就是同一条记录，可能同时有多人在操作。现在绝大多数应用程序都是多客户端的。也就是说现实中，不太可能出现整个应用程序，包括数据库只给一个人使用的情况。那么既然大家一起使用，甚至在同一时间点，多人同时使用，数据库中的数据也是共享的，只有一份。这样难免会出现"你争我夺"的情况。比如，某人想修改的时候，别人就不能改。甚至有些数据可能要求很严格，某人修改的时候，其他人都不能读取，等这个人改完其他人才可以看。

在存储过程章节中，配送点的工作人员可以修改订单的状态。但是我们知道，对于同一个订单来说，有发货配送点和收获配送点。两个配送点都有修改订单状态的权利。此时，就出现了两个配送点都可以修改同一个订单状态的情况。此时如果控制不好，就很容易发生"冲突"的情况。本章中，还将使用锁来控制这种并发"冲突"的情况。

- 使用事务控制复杂操作的执行
- 使用锁机制控制并发冲突
- 掌握在编程时处理并发的方法

12.1 事务概述

之前所做的 SQL 程序都是一句一句的执行。但是当发现有些前后执行的两句 SQL 语句，尤其是 INSERT、UPDATE、DELETE，存在着必然的先后关系和"同进退"的关系。那么就有必要将具有这种特征的多条 SQL 语句"放在一起"执行。"放在一起"不仅仅指将语句机械的上下罗列起来，而是让它们要么都执行，要么一旦中间某条语句出现中断，就都"回滚"到没有发生操作时的状态。这样它们就成为了一个"单元"。这个包含多条相关 SQL 语句的单元就是事务。事务就是将一组相关的 SQL 语句看作一个完整的整体来执行。

有两种方式使用事务。第一种方式，我们大家其实随时都在用，只不过没有感觉而已。其实，每一条执行的 SQL 语句都在一个事务的控制下运行。包括 SELECT、INSERT、UPDATE、DELETE。其中每一条造成数据变化的语句，如 INSERT、UPDATE、DELETE 还都加入了锁机制。关于锁，在后续章节中进行介绍。这些语句带来的变化都记录在了事务日志中。当语句执行失败时，SQL Server 会使用事务日志撤销已经执行的操作。用户也可以主动通过事务日志撤销已经执行的操作。

第二种方式，是使用特定的语法结构，将一组相关的 SQL 语句组成一个逻辑单元来执行。这种方式是这一章节中重点描述的新内容。使用事务语法结构，可以保证需要共同执行的一组 SQL 语句，即使在执行到中间过程时，出现不可预料的异常（比如，安全问题、硬件故障、约束失败等）时，不会出现有的语句成功执行，而有的语句却没有执行。这样就避免了数据库中出现之前提到的有订单却没货物的情况。这种情况属于数据不一致，也可以叫做数据孤立。这种情况一旦发生就会对后续的其他操作产生困扰。比如，当货物要装车发货时，订单中明明有体积和重量，但是却在现实中找不到货物。

12.2 事务的语法

首先回顾一下在第 9 章实训中客户用来下订单的存储过程。两个存储过程 AddOrder 和 AddOrderDetail，分别向订单表中插入新订单的基本信息和向订单物品明细表中插入物品信息。要保证下订单的过程完整执行，就必须保证几个执行语句要么都执行，要么都当作没发生过，进行"回滚"。

【例 12-1】客户下订单功能回顾。旧的执行代码如下：

```
DECLARE        @OrderID int;
EXEC           [dbo].[AddOrder]
    @OrderID=@OrderID OUTPUT,
    @ClientId= 1, @StartStationId=1, @EndStationId=9,
    @AreaId=4,   @OrderlistAssureValue=190,
    @OrderlistReceiveName='李四',
```

```
            @OrderlistReceivePhone=N'0532-8605700',
            @OrderlistReceiveMobilePhone=N'13501145000',
            @OrderlistReceiveAddress=N'黄岛区前湾港路号',
            @OrderlistReceivePostCode=N'256000',
            @OrderlistSenderName=N'孙五',
            @OrderlistSenderPhone=N'010-82826262',
            @OrderlistSenderAddress=N'北京市朝阳区北苑家园',
            @OrderlistSenderPostCode=N'100101',
            @OrderlistSenderFax=N'010-82826262',
            @OrderlistSenderEmail=N'sunwu@chinasofti.com',
            @OrderlistRequestDate=N'2011/05/01';
EXEC    [dbo].[AddOrderDetail]
            @OrderlistId=@OrderID,
            @GoodsTypeName=N'服装',
            @GoodsName=N'羽绒服',
            @GoodsAmount=1,
            @GoodsValue=700;
EXEC    [dbo].[AddOrderDetail]
            @OrderlistId=@OrderID,
            @GoodsTypeName=N'生活用品',
            @GoodsName=N'电压力锅',
            @GoodsAmount=1,
            @GoodsValue=1200;
EXEC    [dbo].[GetOrderAndGoodsByOrderID]
            @orderID=@OrderID;
GO
```

184

如果这三个 SQL 语句顺利执行，那么可得出如图 12-1 所示的结果。

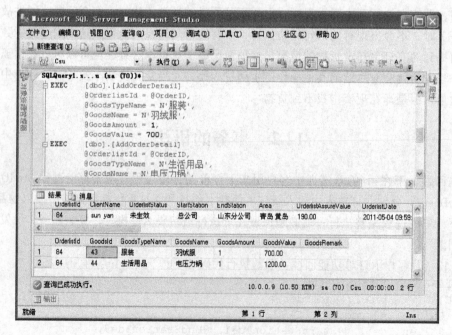

图 12-1　未使用事务的下订单执行效果

上面的情况中没有出现任何问题，但是，如果客户在下订单时，忘记填写其中一个物品的数量，那么会出现什么情况呢？这里我们注释掉"电压力锅"下面一行代码，假设客户忘记输入电压力锅的数量就会发生最不希望看到的结果。订单基本信息成功插入了数据表，但是订单中包含的物品，因为某些异常原因，导致只有部分添加进了订单。那么对于那些未能成功添加到订单的物品，该怎么办呢？事实上大多数应用程序一旦订单添加后，是不允许擅自向订单内再增加任何明细物品的。那么怎么保证这三条 SQL 语句可以作为一个整体执行呢？

可以将这三条执行语句使用事务的语法重新包裹起来。

事务的语法结构需要显式标记事务的开始位置和结束位置。而且，事务的建立一般都是因为怕出现异常中止，造成数据孤立和不一致，所以在事务中也有对失败和成功两种情况的显式处理。

BEGIN TRAN[SACTION]：标记事务的开始位置。也就是前面说的做为一个整体运行的一组 SQL 语句的开始位置。

COMMIT TRAN[SACTION]：将事务中的语句执行结果提交到数据库保存。事务的提交，也就是 COMMIT TRAN 标记着事务的终点。

ROLLBACK TRAN[SACTION]：让事务中包含的所有 SQL 语句的执行结果回到起点，当作什么都没有发生过。通常情况下，回滚操作都伴随着异常的处理。

SAVE TRAN[SACTION]：保存事务类似于在事务的执行过程中创建一个书签。有了这个书签，就可以有选择地回滚到之前某一时刻的执行结果，而不是总是将事务中的所有语句回滚。

有了上面的四个标记，就可以控制事务的执行和回滚了。对于前面下订单的执行代码，我们首先要加入异常处理代码块，然后在异常处理代码块的基础上，加入事务的开始、结束以及回滚标签。

【例 12-2】 使用事务和异常处理同时保护下订的操作。代码如下：

```
USE [Csu]
GO
DECLARE @OrderID int;
BEGINTRY
BEGINTRAN
EXEC    [dbo].[AddOrder]
    @OrderID=@OrderID OUTPUT,
    @ClientId=1, @StartStationId=1, @EndStationId=9,
    @AreaId=4,   @OrderlistAssureValue=190,
    @OrderlistReceiveName=N'李四',
    @OrderlistReceivePhone=N'0532-8605700',
    @OrderlistReceiveMobilePhone=N'13501145000',
    @OrderlistReceiveAddress=N'黄岛区前湾港路号',
    @OrderlistReceivePostCode=N'256000',
    @OrderlistSenderName=N'孙五',
    @OrderlistSenderPhone=N'010-82826262',
    @OrderlistSenderAddress=N'北京市朝阳区北苑家园',
    @OrderlistSenderPostCode=N'100101',
```

```
                @OrderlistSenderFax=N'010-82826262',
                @OrderlistSenderEmail=N'sunwu@chinasofti.com',
                @OrderlistRequestDate=N'2011/05/01';
    EXEC     [dbo].[AddOrderDetail]
                @OrderlistId=@OrderID,
                @GoodsTypeName=N'服装',
                @GoodsName=N'羽绒服',
                @GoodsAmount=1,
                @GoodsValue=700;
    EXEC     [dbo].[AddOrderDetail]
                @OrderlistId=@OrderID,
                @GoodsTypeName=N'生活用品',
                @GoodsName=N'电压力锅',
                --@GoodsAmount=1,
                @GoodsValue=1200;
    CommitTran
    END TRY
    BEGIN CATCH
    ROLLBACK TRAN
    DECLARE @ERROR_MESSAGE nvarchar(200)
    SET @ERROR_MESSAGE=ERROR_MESSAGE();
    RAISERROR(@ERROR_MESSAGE,16,1);
    END CATCH
    EXEC     [dbo].[GetOrderAndGoodsByOrderID]
        @orderID = @OrderID;
    GO
```

上面代码中加入了 TRY/CATCH 代码块。同时大家注意到，在 BEGIN TRY 的下一行，紧跟着的是事务的开始标记 BEGIN TRAN。这就表明从这里开始，下面的语句都受到事务的控制，是一个整体。如果这些语句没有执行错误的情况下，会顺利到达 END TRY 的上一行代码 COMMIT TRAN。到此，将上面的更改保存到数据库，事务也就完成了。但是，一旦执行过程中出现异常中止，也就是说可能执行不到 COMMIT TRAN 这条语句，就会进入到 BEGIN CATCH 语句块中执行异常处理语句。而在异常处理块中，除了熟悉的接收异常信息抛出异常等基本步骤外，首先要做的就是立刻回滚那些残缺的操作。所以在 BEGIN CATCH 的下一行就是 ROLLBACK TRAN。执行以上代码时，需要注意以下几点，当前的订单表（Orderlist）中，最近的订单编号是什么？在订单物品明细表中，最新的物品编号是什么。本例中，最新的订单是 73 号，最新的物品编号是 73 号订单中的 29 号物品。上面代码段执行的结果如图 12-2 所示。

可以看出前面两行受到影响，说明前两句执行语句都成功添加了新的记录，但是当执行第三句话时出现了异常，此时程序跳转到异常处理程序块中，并抛出了异常。然后紧接着显示"0 行受到影响"。这就说明，回滚语句 ROLLBACK TRAN 起了作用。大家现在可以刷新一下数据库，然后进入到订单表（Orderlist）和订单物品明细表（Goods）中观察最新的订单编号和物品编号有没有变化。经过验证，确实没有变化，说明事务成功回滚。

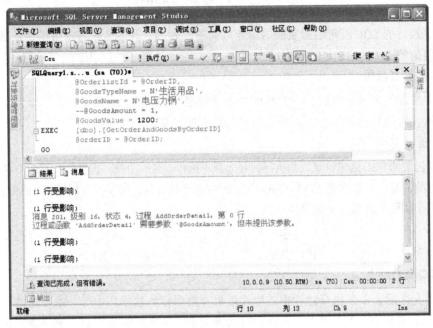

图 12-2　带异常处理和回滚的事务执行结果

那么正确执行的结果是什么呢？下面将"电压力锅"这件物品的数量解开注释。再执行一遍，结果如图 12-3 所示。

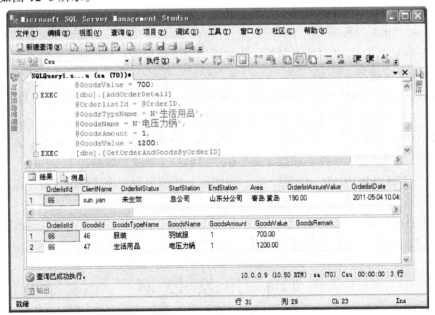

图 12-3　带异常处理和事务的无异常"下订单"执行结果

至此，已经成功编写了一个事务，并且将其与异常处理很好地结合在一起。

12.3 事务的特点

事务中执行的 SQL 语句组所完成的功能可能不尽相同，但是事务的应用场景及其本身都具有一些共同的特点：

1. 事务具有数据性

在操作中加入事务的原因，很大程度上是对数据一致性和独立性的保护。事实上，大多数事务都应用在对数据的操作上，而很少应用在对数据对象的定义上。

2. 事务具有原子性

事务中包含的 SQL 语句组要么都执行，要么都不执行，是一个统一的整体。不会出现有的执行，有的没执行的情况。当然使用 SAVE TRAN 标记的情况比较特殊，属于人为控制事务回滚的书签。

3. 事务具有隔离性（并发性）

事务执行过程中，可能会影响多行结果，甚至多个数据表。那么在事务没有提交或回滚之前，事务以外的其他操作无法读取到事务修改过程中某个 SQL 语句的处理结果。

4. 事务具有持久性

事务提交之后，事务执行过程中的修改结果会被保存到数据库中。一条普通的 INSERT 语句或 UPDATE 语句也具有持久性，是因为默认情况下，一条 SQL 语句也会被自动包裹在事务里执行。

其中，事务的隔离性是非常重要的属性，也是本章讨论的重点。ISO SQL 中定义了事务之间的隔离级别，分别是 READ UNCOMMITTED（未提交读）、READ COMMITTED（已提交读）、REPEATABLE READ（重复读）、SERIALIZABLE（可串行化）。

SQL Server 2008 的数据库引擎实现并支持所有 ISO SQL 中定义的标准隔离级别。显然，事务的隔离级别越高，事务的并发性越低，而数据的安全性越高。并没有绝对的安全，需要根据事务的具体要求而选择。

① READ UNCOMMITTED（未提交读）。是事务隔离的最低级别。事务之间几乎没有隔离，事务外的操作可以读取该事务正在操作的，没有提交的更改。

② READ COMMITTED（已提交读）。SQL Server 2008 默认的事务隔离级别。该级别能够保证，事务以外的其他操作不能读取事务正在操作但未提交修改的数据。

③ REPEATABLE READ（重复读）。一种较高的隔离级别。该级别保证事务以外的其他操作，不能修改该事务正在操作但未提交修改的数据。

④ SERIALIZABLE（可串行化）。事务之间最高的隔离级别。事务之间按照串行的方式先后执行，自然也就不存在相互争抢的问题。

12.4 并 发 控 制

正如本章开篇时所说，现在的绝大多数应用程序都采用多客户端模式。多客户端同时操作数据库中的数据，就肯定会遇到在同一个时间点，两个甚至多个客户端都可能对同一个数据进行操作。这时就出现了并发的现象。并发就意味着必须将这些争抢同一数据对象的多个客户端操作，按照操作的类型（SELECT、INSERT、UPDATE、DELETE）和操作的重要程度，决定哪些可以并发，哪些暂时要等待其他操作的完成。

处理并发，也就是控制这些并发的操作，主要方法是锁。锁是一种用来避免多个操作进程都要对同一个对象进行操作或者与正在进行的操作发生冲突，而导致出现数据不一致性的机制。

例如，在物流配送系统中，发货配送点的工作人员和收货配送点的工作人员都可能会对订单的状态进行操作。那么如果发货配送点的工作人员和收货配送点的工作人员都想查看一个订单的状态。此时这两个工作人员并没有对订单状态进行修改，而是仅读取，因此不会发生数据不一致性。所以如果多个客户端都是仅读取操作，那么就不会导致数据更改，也就不会产生数据不一致性。所以无论多少个客户端同时读取都没有问题。而如果发货配送点和收货配送点之中有一个配送点的工作人员想要修改订单的状态，甚至批量修改订单的状态。那么另一个配送点的工作人员就面临一个问题。他是在修改之前读取？还是在修改之后读取？修改之前读取的是旧值，不准确。而要修改之后读取，就得等待修改完成。要保证修改之后读取，就需要在其中一个配送点要修改订单状态时，将数据锁住，直到修改完再公开新的数据。这样就可以保证其他配送点再读取时都是新的订单状态。

而更严重的问题可能发生。假设发货配送点和收货配送点的人都要同时修改某个订单状态，甚至批量修改订单状态时，就会发生冲突。可以用两段代码来说明这种情况恶劣影响。假设，收货配送点需要将一批订单改为"待配送"状态，而这批订单的更改需要一段时间才能完成。发货配送点需要将其中一个订单更改为"已撤销"状态。此时观察一下这个执行效果。

【例 12-3】 首先，让收货配送点的人先开始批量修改订单状态的操作。

执行代码如下：

```
BEGINTRAN
EXEC    [dbo].[UpdateOrderStatusByOrderID]
    @orderID=83,
    @orderStatus=N'待配送'
waitfordelay'00:00:5'
Print'83 号订单修改完成'
GO
EXEC    [dbo].[UpdateOrderStatusByOrderID]
    @orderID=84,
    @orderStatus=N'待配送'
waitfordelay'00:00:5'
Print'84 号订单修改完成'
GO
EXEC    [dbo].[UpdateOrderStatusByOrderID]
    @orderID=85,
    @orderStatus=N'待配送'
waitfordelay'00:00:5'
```

```
Print'85号订单修改完成'
GO
EXEC    [dbo].[UpdateOrderStatusByOrderID]
    @orderID =86,
    @orderStatus=N'待配送'
Print'86号订单修改完成'
GO
COMMITTRAN
```

上面代码正常运行的结果如图 12-4 所示。

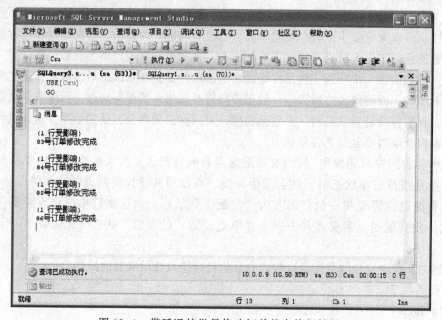

图 12-4　带延迟的批量修改订单状态执行结果

我们在每个订单状态修改执行结束后，增加了一个 SQL 语句，延迟 5 秒再执行下一句，一次模拟一个较长时间的批量操作。所以大家在运行时会发现，在消息显示区中打印出的完成信息是每 5 秒出现一次，也就代表语句执行的间隔是 5 秒。正常完成的结果，应该是 83 号到 86 号订单（这里的编号以当前数据库中实际流水号为准），四个订单的状态都被修改为了"待配送"。然后收货配送点的配送人员就可以将货物配送到收件人手中了。可是，如果在收货配送点批量更新订单过程中，发货配送点突然想要撤销 84 号订单。大家试想，这个操作如果出现在 84 号订单状态修改之后不会出现任何问题。但是现在的问题是法知道批量修改语句什么时候执行到 84 号订单。此时如果发货配送点的工作人员在批量更新语句执行到 84 号订单之前时，将 84 号订单的状态修改为"已撤销"。那么这个"已撤销"状态会被后续的更新语句再次替换成"待配送"。如果结果是这样，那么发货配送点的工作人员就会将一个不想继续交给收件人的货物配送出去。既浪费了时间和人力，又给客户造成了麻烦。

【例 12-4】下面用程序模拟一下上述这种突然出现的情况。首先运行上面的代码，然后在还没有执行 84 号订单状态更新前执行另一条语句，代码如下：（见图 12-5）

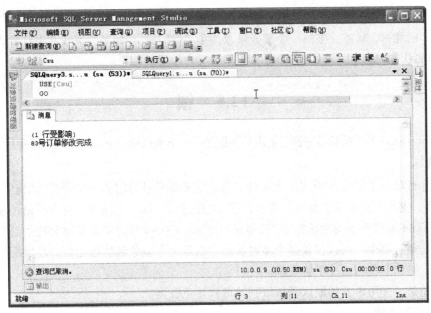

图 12-5 批量更新订单状态但未执行到 83 号订单

```
USE [Csu]
GO
BEGINTRAN
EXEC    [dbo].[UpdateOrderStatusByOrderID]
    @orderID=84,
    @orderStatus=N'已撤销'
Print'84号订单已撤销'
EXEC    [dbo].[GetOrderAndGoodsByOrderID]
    @orderID=84
COMMITTRAN
```

这段代码的执行结果如图 12-6 所示。

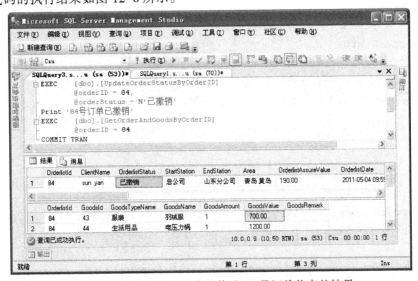

图 12-6 使用另一事物中途修改 84 号订单状态的结果

在图 12-6 中明确看到了订单状态变为"已撤销"，但是因为两个事务同时不受限制的执行，导致很快"已撤销"状态又被另一个事务修改为了"待配送"。如果大家现在去订单表中看一下 84 号订单的状态就成了"待配送"。这显然不是客户想要的。

12.5 锁

例 12-4 中出现的情况只是锁需要解决的问题之一。下面概括一下锁都要解决那些并发问题：

1. 脏读

当事务读取一条记录，而该记录是另一尚未完成事务要修改的一部分时，就会发生脏读。例 12-4 中，发货配送点的工作人员在修改了 84 号订单之后，立刻执行查询存储过程，此时它虽然拿出了 84 号订单当前的状态是"已撤销"。但是由于 84 号订单还在收货配送点工作人员执行的事务处理过程中，所以仅仅是个临时状态。而等两个事务都执行完后，发货配送点当时查询出的"已撤销"状态就成了脏数据。

幸运的是，使用事务的默认隔离级别就可以避免脏读。

2. 不可重复读

在一个事务中先后两次读取记录，在两次读取之间，另一个事务修改了第一次读取过的数据。这种情况就是不可重复读。

仍然使用订单状态的更改举例来说明不可重复读的发生。

【例 12-5】物流配送系统中有一个规定，就是一旦订单状态更改为"配送中"，说明订单的物品已经到了最后一个环节，且已经在送交收货人的路上，此时不能撤销订单。所以，如果要将某个订单更改为"已撤销"，必须先判断该订单状态是否为"配送中"。只有没有配送的订单才可以撤销。执行代码如下：

```
USE [Csu]
GO
BEGINTRAN
DECLARE @orderStatus nvarchar(200);
SET @orderStatus=
(SELECT orderlistStatus FROM orderlist Where orderlistID =84);
if @orderStatus!='配送中'
Print'判断完成: 订单状态不是配送中，可以撤销';
GO
waitfordelay'00:00:5';
GO
EXEC    [dbo].[UpdateOrderStatusByOrderID]
    @orderID=84,
    @orderStatus=N'已撤销'
Print'84 号订单已撤销'
GO
EXEC    [dbo].[GetOrderAndGoodsByOrderID]@orderID =84
COMMITTRAN
```

执行这段代码之前，84 号订单的状态为"待配送"。所以顺利通过 IF 语句的检查，然后可以执行语句撤销订单。但是如果在等待的 5 秒过程中，用另一个事务将 84 号订单的状态更改为配送中。也就是说，在发货配送点还没有完成撤销订单事务的同时，收货配送点的工作人员已经将订单货物配送出去了。此时会出现，订单状态虽然已经更改为"已撤销"，但是还是被配送的情况。这显然不符合逻辑。发货配送点的工作人员可以执行以下代码：

```
USE [Csu]
GO
BEGINTRAN
EXEC    [dbo].[UpdateOrderStatusByOrderID]
     @orderID=83,
     @orderStatus=N'配送中'
COMMITTRAN
```

如果上面的事务刚好在发货配送点的事务执行期间等待 5 秒的时候执行，那么显然状态"配送中"将会替换为"已撤销"。这就说明在执行 IF 判断时，状态还是对的，但是同一个事务中再执行更新语句时，状态就被另一个事务更改为了不符合条件的值。这就是不可重复读的典型现象。

要解决不可重复读，可以将事务的隔离级别调整为 REPEATABLE READ，甚至更高的 SERIALIZABLE。

3. 幻读

当一个事务中执行的操作涉及一个表中符合某个条件的批量更改时，在更改过程中，另一个事务刚好向表中插入了一行新记录。而新纪录又刚好符合正在批量更新的条件。此时当第一个事务执行完成后，它会认为所有符合条件的项都被更新了，但是当再次查询时，却发现还有一个没有更新。这个未更新的就是另一个事务新插入的内容。

例如，发货配送点要想将今天的所有订单都发货，也就是将所有满足配送点编号等于当前配送点的和状态为"待运输"的订单状态都更改为"运输中"。这个操作设计的订单可能会很多。但是就在这个批量更新的过程中，很可能是配送点临下班时，忽然一个客户急急忙忙的要下订单。这样，已经执行的批量订单状态的更改是无法包含这条临时加入的订单的。所以即使批量更新的事务执行完了，还会剩余一条未更新的订单。

虽然剩余的订单可以留到明天再运输。但是如果这种情况发生在一些要求必须全部更新的情况下，就必须采取严格的措施避免。

避免幻读的方法是将事务的隔离级别调至 SERIALIZABLE。

4. 丢失更新

在例 12-4 中其实就出现了丢失更新的情况。例 12-4 中，两个事务中都包含对表中 72 号订单状态的更新记录。只不过谁先改，谁后改的问题。严格来说，订单的状态是不可逆的，也就是说，如果订单已经被改为"已撤销"状态，那么就不应该再被改回到"待配送"，再次进入配送环节。这种前后两次更新的问题取决于程序调用的逻辑和连接的方法。需要使用严格的更新前检查，再配合"幻读"问题中提到的 SERIALIZABLE 隔离级别来解决。

12.5.1 可锁的资源

SQL Server 中有 6 种资源可锁，见表 12-1。

表 12-1 可 锁 资 源

锁 的 类 型	锁 定 级 别
行级锁	锁定整个数据行
键	在索引中的一个或一系列键上加锁
页	锁定该页中的所有数据和索引键
区段	锁定整个区段
表	锁定整个表
数据库	锁定整个数据库

12.5.2 锁定模式

考虑锁的同时，不但要考虑要锁定哪些资源，同时还要考虑使用什么模式锁定这些资源。有的模式互相排斥，有的模式却可以共存。具体锁定模式如下：

1. 共享锁

这是最基本的锁。当只需要读取时，可以使用共享锁。共享锁可以与其他锁定模式兼容。共享锁告诉其他事务，当前事务已经在读取指定范围内的数据了。共享锁可以避免事务进行脏读。

2. 排他锁

排他锁不与其他任何锁兼容。如果有任何其他锁存在，则不能使用。当排他锁仍然生效时，不能在已经锁定的资源上创建任何新锁。这样可以防止两人同时更新数据。

3. 更新锁

更新锁是共享锁和排他锁的混合。一般情况下，要执行 UPDATE 语句时，总伴随着 WHERE 条件的判断。首先，当执行 WHERE 条件读取要更改的数据时，会在读取的数据上新建共享锁。然后当开始执行物理更新时，就会向要更新的数据上加入排他锁。这样做的好处是避免长时间排他锁定批量数据导致死锁。死锁不是锁的类型，而是已经形成的矛盾状态。如果一个锁不能释放资源是因为另一个锁正在锁定这些要释放的资源，这种状态就称为死锁。

4. 意向锁

意向锁是一个真正的占位符。假设一个事务在行上建立了一个锁，另一个事务想在该行所在的表上建立一个锁。这样，更高层次的这个表级锁就会妨碍到行级锁。如果表级锁仅仅是一个意向锁，那么就不会实际作用于这个表，而只会告诉其他后来的事务，说明该表正在锁定。意向锁分为三种类型：

意向共享锁：已经或者将要在该层次结构的较低层次建立共享锁。

意向排他锁：已经或者将要在底层项上建立排他锁。

共享意向排他锁：已经或者将要在对象层次的下面建立共享锁，但主要目的是更新数据，所以一旦开始执行物理更新后，将会在层级的下层建立排他锁。

5. 模式锁

模式锁分为以下两种：

模式修改锁（Sch-M）：对对象进行模式改变。在 Sch-M 锁期间，不能对对象进行查询或 CREATE、ALERT 和 DROP 操作。

模式稳定性锁定（Sch-S）：与共享锁的原理类似，它可防止再对对象建立 Sch-M 锁。表示该对象已经有其他查询或 CREATE、ALERT 和 DROP 操作。

12.5.3　锁的兼容性

不同的锁可能都想应用于同一个数据资源上。但是这些锁有的相互兼容，有的相互不兼容。对于不兼容的两个锁的操作，其中后来的锁需要等待前面的锁操作完成后，释放资源才可以继续建立锁。

锁之间的兼容性，见表 12-2。

表 12-2　锁之间的兼容性

模　　式	IS	S	U	IX	SIX	X
意向共享（IS）	是	是	是	是	是	否
共享（S）	是	是	是	否	否	否
更新（U）	是	是	否	否	否	否
意向排他（IX）	是	否	否	是	否	否
意向排他共享（SIX）	是	否	否	否	否	否
排他（X）	否	否	否	否	否	否

12.6　设置隔离级别

前面介绍过事务有不同的隔离级别。事务与锁之间具有紧密的联系。可以在定义事务时，设置它们的隔离级别。甚至可以在事务执行过程中修改隔离级别。对隔离级别的修改只会影响到当前的操作，不会影响到其他连接上的事务操作。

【例 12-6】验证默认隔离级别（READ COMMITED）在批量修改订单状态中的作用。仍然使用例 12-3 中的事务代码，将 83～86 号订单的状态更新为"运输中"。在执行到刚好更新完 83 号订单时，使用另一个查询语句查询 83 号订单的状态，此时就会出现等待。而且等待的时间就是所有四条订单都更新完，并且执行了 COMMIT TRAN 之后的时间。查询语句代码如下：

```
USE [Csu]
GO
EXEC    [dbo].[GetOrderAndGoodsByOrderID]
    @orderID =83
GO
```

将 Management Studio 界面分屏显示，来展示查询语句是如何等待事务提交后才得到结果的。图 12-7 中表示的是在事务刚好更新完 70 号订单的状态时，启动上面的查询语句，查询 70 号订单。此时大家会发现上面的查询语句在等待。图 12-8 中表示的是 70 号订单的查询结果伴随着事务的提交而查询出来。说明在默认隔离级别下，事务之外的查询是不能读取事务已经修改的但是尚未提交的数据，也就是不能读取数据库中旧的脏数据。

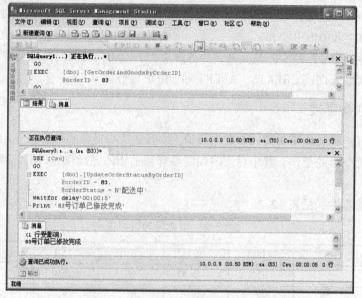

图 12-7　事务执行过程中插入查询语句的执行结果

【例 12-7】使用 REPEATABLE READ 隔离级别防止不可重复读。在例 12-5 中，重现了不可重复读造成的困扰。那么希望用更严格的隔离级别避免这种情况发生。在例 12-5 中，事务执行的结果，发现订单修改的最终状态是"已撤销"。说明中间突然插入的那条更改订单状态为"配送中"的语句是在事务提交之前执行的。

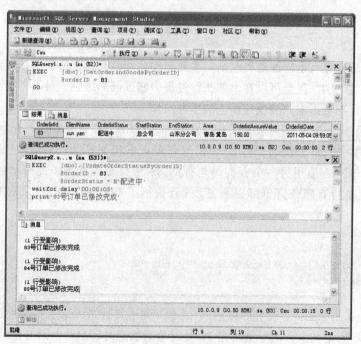

图 12-8　事务提交查询结果同时显示出来

在例 12-5 的事务的基础上，增加一个隔离级别的定义，定义为重复读级别。这样就可以保证在事务执行期间，其他更新语句无法修改订单的状态。事务代码如下：

```
USE [Csu]
GO
BEGIN TRAN
SET TRAN ISOLATION LEVEL REPEATABLE READ
GO
DECLARE @orderStatus nvarchar(200);
SET @orderStatus=
(SELECT orderlistStatus FROM orderlist Where orderlistID=72);
if @orderStatus!='配送中'
Print'判断完成：订单状态不是配送中，可以撤销';
GO
waitfordelay'00:00:10';
GO
EXEC    [dbo].[UpdateOrderStatusByOrderID]
    @orderID=72,
    @orderStatus=N'已撤销'
Print'72 号订单已撤销'
GO
EXEC    [dbo].[GetOrderAndGoodsByOrderID]@orderID = 72
COMMITTRAN
```

可发现在第四行多出了一句话，这句话就是设置事务隔离级别的语法。其中最后两个单词是事务的隔离级别。

将事务隔离级别提高到重复读后，有两个变化。首先是事务之外的更新语句要等到事务提交后才执行，所以也需要等待。第二个变化就是订单最终的状态是"配送中"。这样就与实际情况相符了。同时也说明事务中的 IF 语句和更新语句没有收到外部操作的影响。

12.7 处理死锁

如果一个锁因为另一个锁占有资源而无法释放，就会导致死锁。例如，如果事务 A 正在操作表 TableA，但是执行过程中需要继续操作表 TableB。与此同时，另一个事务 B 正在操作表 TableB，但是执行过程中却需要操作表 TableA。事务 A 请求 TableB，但是 TableB 正在被事务 B 使用，所以无法释放。而事务 B 也想操作 TableA，但是 TableA 又正在被事务 A 占用。两个事务都不肯放手，就此僵持起来。这样就形成了死锁。死锁发生时，SQL Server 会选择两个事务中的一个作为牺牲品，回滚其中一个事务，来保证另一个事务继续正常执行。

那么 SQL Server 判断死锁的方式是什么？其实，每隔 5 秒，SQL Server 会检查所有当前事务，查看有哪些锁正在等待，同时会记录这些锁的请求。然后它会再审查所有请求开锁的事务。

这样递归检查事务的资源，从而确定是否出现循环等待的情况。如果出现循环，就会选择牺牲者事务，让其回滚。选择牺牲者事务的依据是回滚需要付出的成本。回滚步骤最少或占用资源最少的事务都有可能在死锁发生时成为牺牲者。

死锁不可避免，但是可以通过一些最佳的实践方法论，将死锁发生的几率降到最低。

1. 按相同的顺序使用对象

一般在查询数据时，先查询哪个表，再查询哪个表需要有一些约定俗成的规定。比如，在物流配送系统中大家都习惯于先查询订单表，再查询订单明细表。这就是一种很好的约定。另外 INSERT 操作也通常遵循先主表后从表的顺序。而 DELETE 操作却刚好相反，尽量会遵循先从表后主表的顺序。这种约定俗成的顺序就有可能在很大程度上避免死锁。

2. 保证事务尽可能简短

这个道理很简单，事务打开的时间越长，打开的表对象越多，那么与其他事务发生冲突的几率就会越大。例如，在本章的案例中，可发现批量更新订单的状态的事务是逐条逐个订单的执行。这样无形中就增加了事务打开的时间和执行的步骤数。能够自动化批量进行的更改就不要逐条执行。另外，如果事务需要操作的对象很多，那么就需要考虑是否事务执行的功能过于集中。过于集中的功能即不利于维护和调试，也不利于功能的重用。

3. 尽可能使用最低的事务隔离级别

虽然严格的事务隔离级别更能保证数据的一致性和完整性。但是，严格的事务隔离级别导致并发性较差，从而降低系统的执行效率。对其他并行的事务来说，严格的隔离级别也是"自私"的表现。

小　　结

本章讲授了如何使用事务控制复杂操作的执行，使用锁机制控制并发冲突，以及如何在编程时处理并发，这些内容在实际项目中起着关键性作用。

实　　训

实训目的：

① 熟悉事物的语法和特点。
② 熟悉并发的处理过程。
③ 熟悉锁的具体用法。

实训要求：

实训 1 要求在 50 分钟内完成，实训 2 要求在 30 分钟内完成。

实训内容：

根据理论部分的学习，可以了解到数据库中存在着并发的风险以及数据不一致性的风险。这些风险造成的错误结果都是很难查找，且很难恢复正常。所以我们需要使用事务和锁在这些风险发生前尽量避免造成严重的后果。

实训 1 使用事务保护配送点与配送范围之间的数据一致性。

提示：见例 12-2。

实训 2 使用事务和保存点实现路线与配送点之间的数据一致性。

提示：见例 12-3。

第 13 章

备份与恢复

【任务引入】

数据库提供了强大而又灵活的数据平台。如果缺乏存储与保护工作中所依赖的各项数据的手段，各项业务将不复存在。数据库管理工作中，数据库备份的重要性排在前三名。备份与恢复数据库可以应对数据库损坏、磁盘故障甚至是自然灾害造成的损害。

保证数据安全、维护数据库正常运行是 SQL Server 数据库管理员的主要工作。管理员平时应该做好备份工作，定时进行数据库备份、导入/导出等工作。当数据库损坏时才能在第一时间予以修复。

【学习目标】

- 了解 SQL Server 2008 数据库备份机制
- 掌握备份设备的创建、管理及维护
- 了解 SQL Server 2008 数据库恢复机制
- 掌握恢复操作及技巧
- 掌握数据库分离和附加操作方法

13.1 SQL Server 2008 数据库备份机制

数据库备份就是数据结构、对象以及数据的复制。一旦数据库遭到破坏，能够立即修复。如果没有完全理解如何恢复数据库，创建数据库备份工作也就无法有效地进行。执行数据库备份前，写一个面向恢复的备份进程是非常重要的。

SQL Server 为了方便管理备份的数据，提出一种名为"备份设备"的服务器对象。也就是对应一个磁盘设备的逻辑管理名称。常见的备份设备分为 3 种类型：磁盘备份设备、磁带备份设备和逻辑备份设备。使用备份设备有简化备份程序和容易查询备份内容等优点。

13.1.1 备份类型

SQL Server 2008 支持的备份类型有 4 种，即完整数据库备份、差异数据库备份、事务日志备份和文件/文件组备份。前 3 种备份类型经常搭配执行。文件/文件组备份通常用在超大型数据库。下面分别介绍这几种备份方式。

1．完整数据库备份

完整数据库备份是指对整个数据库进行备份，包括数据和事务日志。完整备份是数据库恢复的基础，在使用差异和事务日志备份时都会用到完整备份。对于小型数据库，使用完整备份是最佳的选择。如果数据量非常大，执行完整备份时会占用大量时间，而且会占用很多的存储空间。完整数据库备份不需要频繁地进行，如果只执行了完整数据库备份，那么进行数据库恢复时只能恢复到最后一次完整数据库备份的状态。

2．差异数据库备份

差异数据库备份并不对数据库执行完整的备份，只对上次备份数据库后所发生变化的数据进行备份。与完整数据库备份相比，差异备份的速度更快。还原差异数据库备份时，首先还原基准数据库备份，然后还原差异的部分。

3．事务日志备份

事务日志备份记录了所有数据库的变化，执行数据库备份时，需要备份事务日志。每一份事务日志备份获取的是上一次事务日志备份完成以来所发生的变化。日志备份仅存放日志信息，恢复时按照日志重新插入、修改以及删除数据。对于完整数据库备份而言，事务日志备份会节省大量的时间和空间，进行事务日志恢复时，可以指定时间进行恢复。

4．文件组备份

对于数据量庞大的数据库，有时执行完整备份并不可行，可以采用文件和文件组备份。文件组是存储的范围，当某个文件组包含多个文件时，数据库会按照文件中的可用空间比例将数据写入文件组的每个文件，而不是将所有数据写入第一个文件直至其变满，然后写入接下来的文件。使用文件和文件组备份，需要用户对备份体系进行整体考虑。为了恢复文件与数据库的其余部分保持一致，执行文件和文件组备份后，必须执行事务日志备份。

13.1.2 创建备份设备

SQL Server 创建备份设备有两种方法：一是在 SQLServer Management Studio 中使用命令和功能，以图形化工具的形式实现，二是使用系统存储过程 Sp_addumpdevice 实现。这两种创建备份设备的方法如下：

1．使用 SQL Server Management Studio 创建备份设备

本例为"物流配送系统"数据库创建一个备份设备，其名称为"物流配送系统备份"，创建步骤如下。

① 启动 SQL Server Management Studio 工具，在"对象资源管理器"内展开"服务器"→"服务器对象"选项，右击"备份设备"，在弹出的快捷菜单中选择"新建备份设备"命令，打开"备份设备"窗口。

② 在"备份设备"窗口的"设备名称"文本框中输入"物流配送系统备份"。选择好目标文件或者保持默认值，如图 13-1 所示。

③ 单击"确定"按钮，"物流配送系统备份"的永久备份设备创建完成。

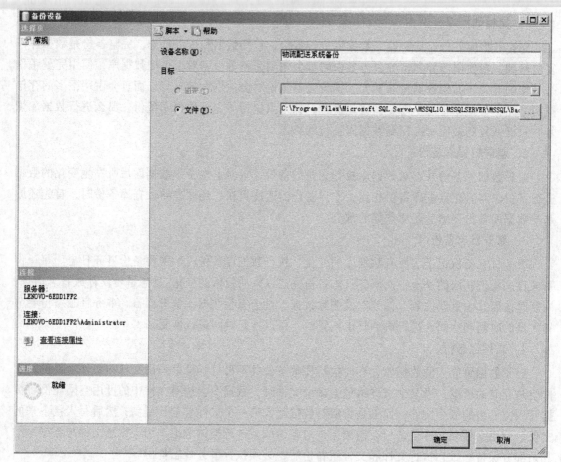

图 13-1 "备份设备"窗口

2. 使用系统存储过程 Sp_addumpdevice 创建备份设备

Sp_addumpdevice 存储过程可以添加磁盘和磁带设备。使用系统存储过程创建备份设备后，在磁盘上不能立即创建备份设备文件。只有在备份设备上执行备份时，才可以创建备份设备文件。

存储过程语法形式：

```
Sp_addumpdevice 'device_type' , 'logical_name', 'physical_name'
```

语法中，device_type 参数用于指定备份设备的类型（DISK 或者 TAPE），logical_name 参数指定备份设备的逻辑名称，physical_name 参数表示备份设备带路径的物理名称。

为"物流配送系统"数据库创建一个备份设备，其名称为"物流配送系统备份"，代码如下：

```
USE  master
GO
EXEC Sp_addumpdevice 'disk' , '物流配送系统备份', 'D:\DATABASE\物流配送系统备份.bak'
```

13.1.3 备份数据

应用 SQL Server Management Studio 图形化工具可以备份数据库，备份方式有完整备份、差异备份、事务日志备份以及文件/文件组备份。执行各备份方式的操作大同小异。

1. 完整备份执行方法

本例对"物流管理系统"数据库创建完整备份,备份到之前创建的永久备份设备"物流管理系统备份"上,具体操作步骤如下所示。

① 启动 SQL Server Management Studio 工具,在"对象资源管理器"中展开"服务器"→"数据库"选项,右击"物流配送系统"数据库,在弹出的快捷菜单中选择"任务"→"备份"命令,打开"备份数据库"窗口,如图 13-2 所示。

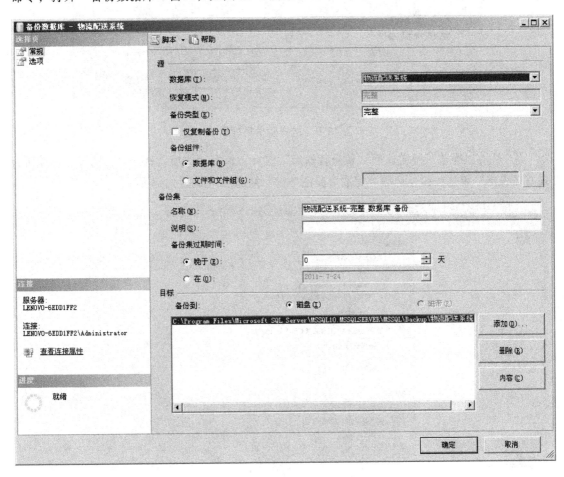

图 13-2 "备份数据库"窗口

② 在"备份数据库"窗口中,单击"备份类型"后面的下拉列表框,选择"完整"选项,保持"名称"文本框的内容不变。

③ 设置"目标"栏中的磁盘路径,单击"添加"按钮,在弹出的"选择备份目标"对话框中选择"备份设备"单选按钮,然后从下拉菜单中选择"物流管理系统备份"选项,如图 13-3 所示。

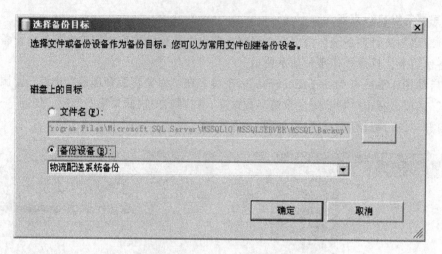

图 13-3　选择备份目标窗口

④ 单击"确定"按钮返回"备份数据库"窗口，单击"选项"选项卡，选择"覆盖所有现有备份集"单选按钮，选择"完成后验证备份"复选框，如图 13-4 所示。

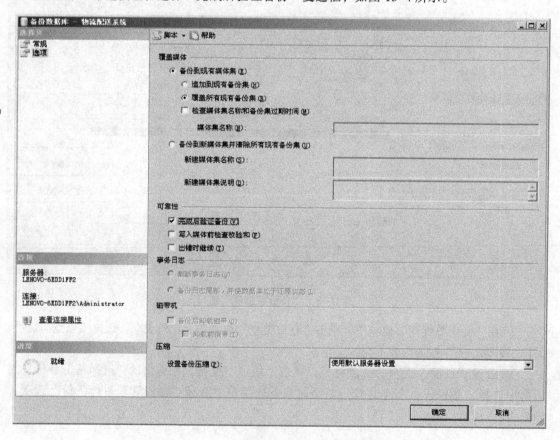

图 13-4　"备份数据库"的"选项"选项卡

⑤ 单击"确定"按钮开始备份。当备份完成后会弹出备份成功的消息框，如图 13-5 所示。

图 13-5　备份成功消息框

⑥ 在"对象资源管理器"中，展开"服务器"→"服务器对象"→"备份设备"选项，右击"物流配送系统备份"，在弹出的快捷菜单中选择"属性"选项，打开"备份设备"窗口。

⑦ "备份设备"窗口中单击"媒体内容"选项卡，窗口中显示创建的完整备份信息，如图 13-6 所示。

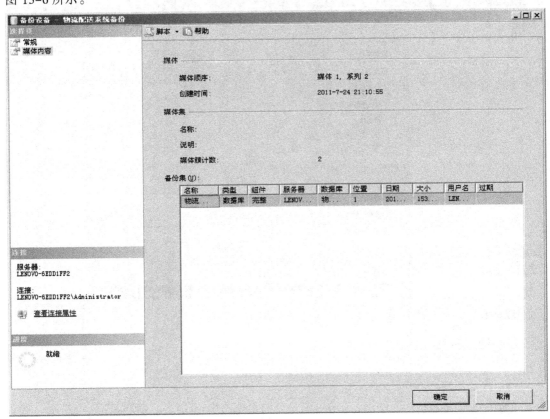

图 13-6　"媒体内容"选项卡

除了上面介绍的图形化工具备份数据库方法，还可以使用 BACKUP 命令执行数据库备份。应用 BACKUP 命令对"物流配送系统"进行完整备份的代码如下：

```
BACKUP  DATABASE 物流配送系统
TO 物流配送系统备份
```

```
WITH  INIT,
NAME='物流配送系统完整备份',
DESCRIPTION='the full back up of 物流配送系统'
```

2. 差异备份执行方法

差异备份与完整备份的执行方法类似, 差异备份之前应确保数据库执行过完整备份。其操作方法如下所示。

① 启动 SQL Server Management Studio 工具, "对象资源管理器"中展开"服务器"→"数据库"选项, 右击"物流配送系统"数据库, 在弹出的快捷菜单中选择"任务"→"备份"命令, 打开"备份数据库"窗口。

② "备份数据库"窗口中, 单击"备份类型"后面的下拉列表框, 选择"差异"选项, 设置好"目标"栏中的备份设备, 如图 13-7 所示。

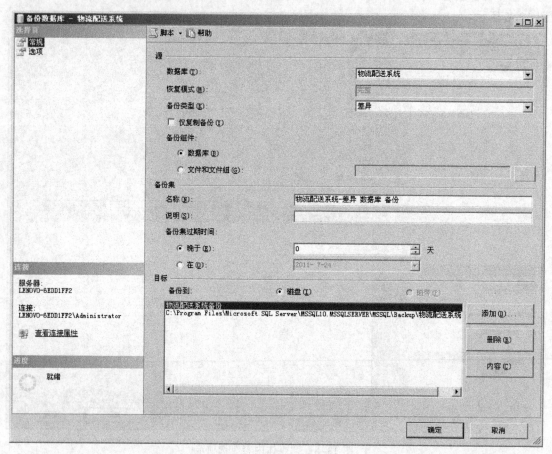

图 13-7 差异备份窗口

③ 单击"选项"选项卡, 选择"追加到现有备份集"单选按钮, 选择"完成后验证备份"复选框, 如图 13-8 所示。

④ 单击"确定"按钮开始差异备份。当备份完成后会弹出备份成功的消息框, 如图 13-9 所示。

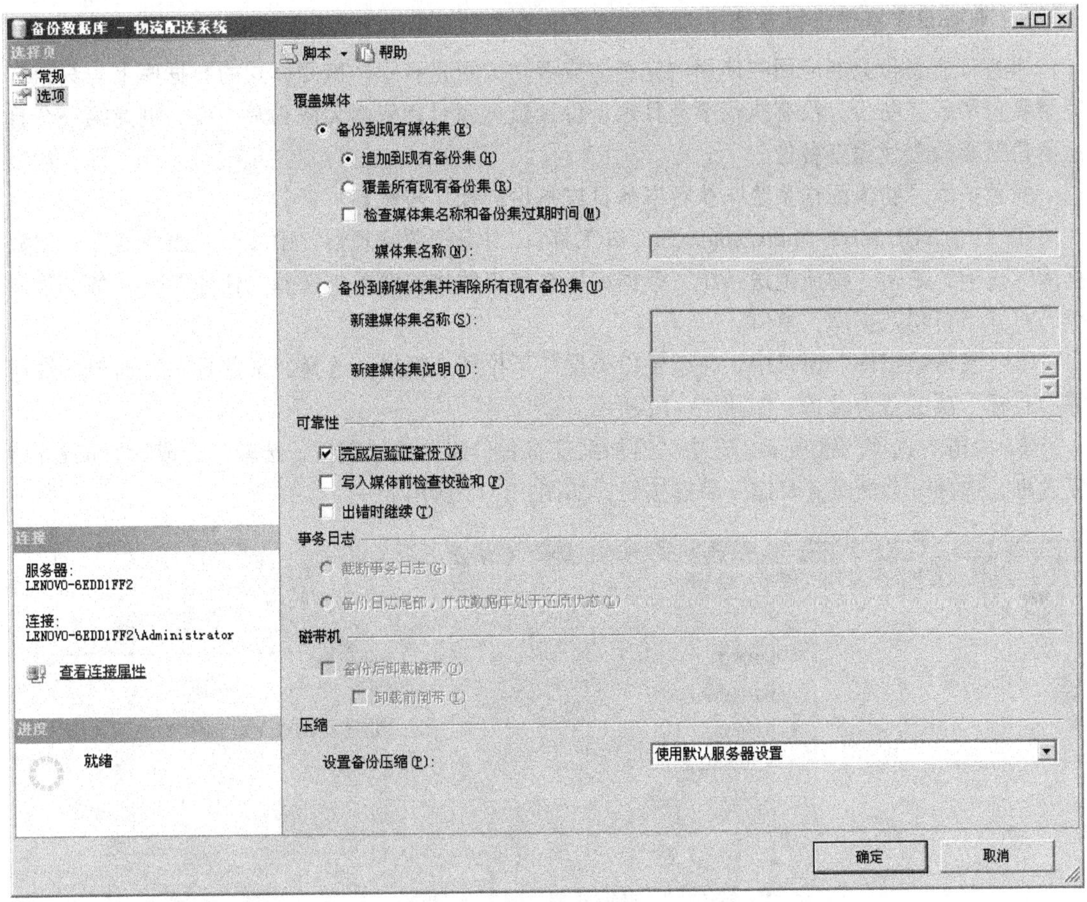

图 13-8　差异备份选项窗口

图 13-9　差异备份成功消息框

除了上面介绍的图形化工具备份数据库方法，使用 BACKUP 命令也可以创建差异备份。应用 BACKUP 命令对"物流配送系统"进行差异备份的代码如下：

```
BACKUP  DATABASE 物流配送系统
TO  DISK='物流配送系统备份'
WITH  DIFFERENTIAL,
NOINIT,
NAME='物流配送系统差异备份',
DESCRIPTION='differential  back up of 物流配送系统 on disk'
```

3．事务日志备份执行方法

事务日志备份只能应用在使用"完整"或者"大容量日志"恢复模式的数据库上。只执行完整备份和差异备份，没有执行事务日志备份，数据库可能依然无法正常工作。创建第一个日志备份前必须创建完整备份。

对数据库"物流配送系统"执行事务日志备份的操作步骤如下：

① 启动 SQL Server Management Studio 工具，"对象资源管理器"中展开"服务器"→"数据库"选项，右击"物流配送系统"数据库，在弹出的快捷菜单中选择"任务"→"备份"命令，打开"备份数据库"窗口。

② "备份数据库"窗口中，在"备份类型"下拉列表框中，选择"事务日志"选项，设置好"目标"项的备份设备，如图 13-10 所示。

③ 单击"选项"选项卡，选中"追加到现有备份集"单选按钮，选择"完成后验证备份"复选框，选择"截断事务日志"单选按钮，如图 13-11 所示。

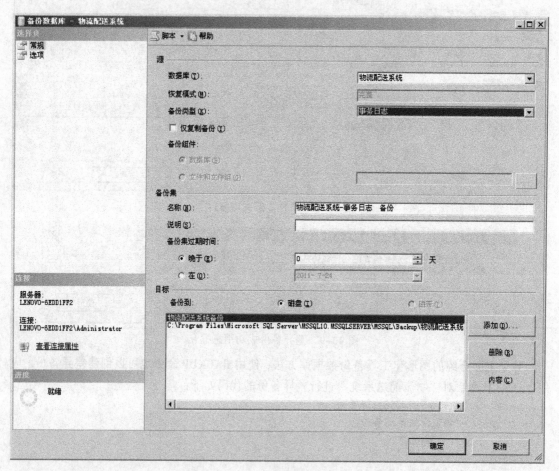

图 13-10 "备份数据库"窗口

④ 单击"确定"按钮，将弹出图 13-12 所示的备份成功消息框。

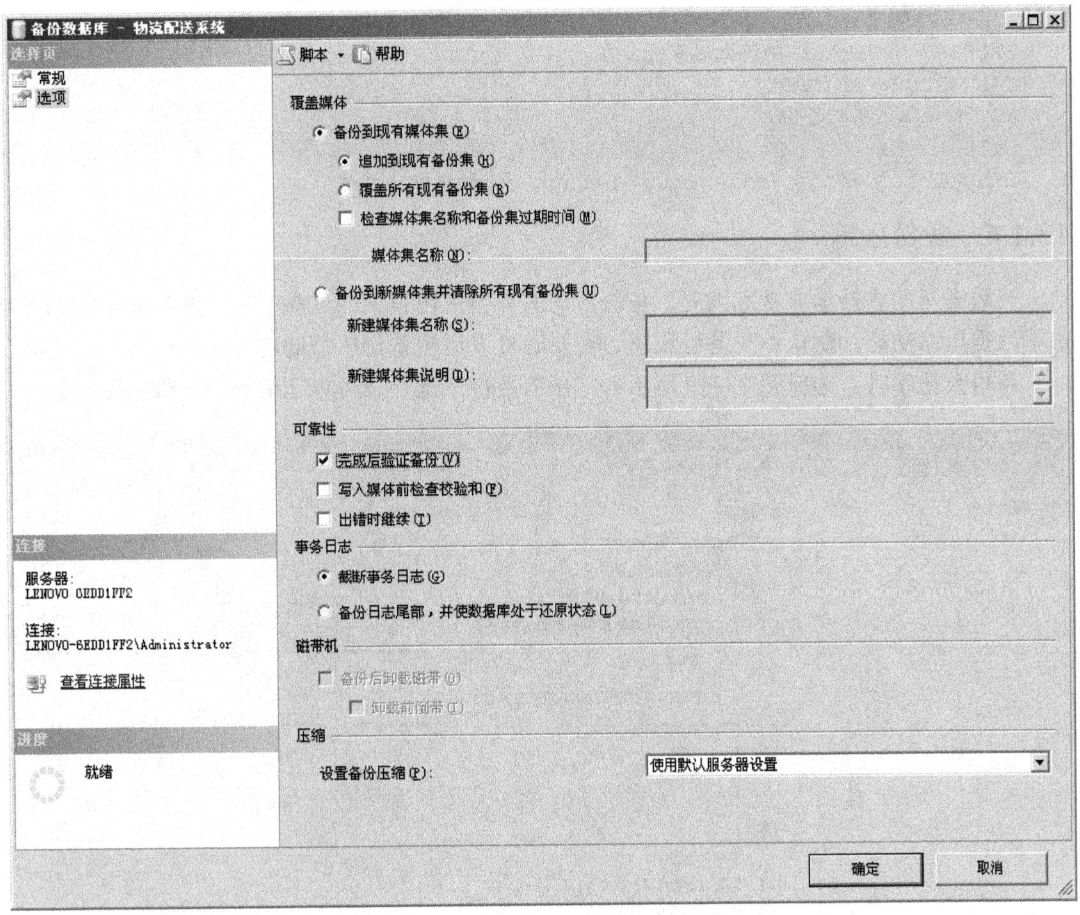

图 13-11 事务日志备份选项窗口

图 13-12 事务日志备份成功消息框

上面介绍的是图形化工具备份数据库方法，使用 BACKUP LOG 命令也可以创建事务日志备份。应用 BACKUP LOG 命令对 "物流配送系统" 做事务日志备份的代码如下：

```
BACKUP LOG 物流配送系统
TO 物流配送系统备份
WITH NOINIT,
NAME='物流配送系统备份',
DESCRIPTION=' transaction backup of 物流配送系统 on disk'
```

4. 文件和文件组备份执行方法

对于超大型数据库，执行完整备份会占用大量时间。应用文件和文件组备份可以解决这个问题。其代码如下：

```
BACKUP  DATABASE 物流配送系统
FILEGROUP='PRIMARY'
TO  物流配送系统备份
WITH
DESCRIPTION='the  filegroup  backup of 物流配送系统'
```

13.1.4 备份压缩

当数据库的数据量非常庞大时，备份后的文件会占用很大的磁盘空间。SQL Server 2008 增加了数据压缩功能。默认不对备份压缩，需要时可以启用备份压缩的功能。

备份数据库时，选择图 13-13 所示的"压缩备份"选项，可以压缩备份的数据库文件。

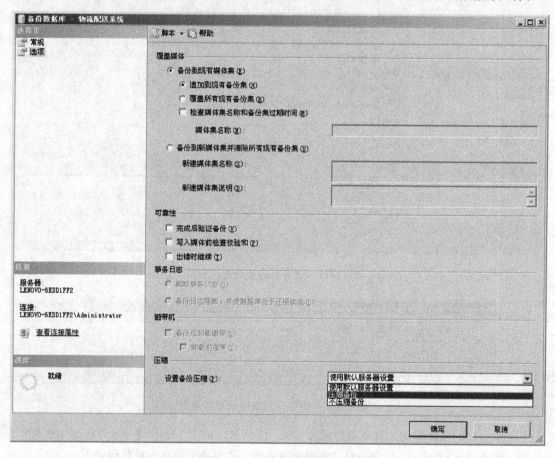

图 13-13　备份压缩窗口

使用 BACKUP 语句也可以实现压缩备份的功能。创建数据库"物流配送系统"的完整备份时，可以使用以下代码压缩：

```
BACKUP  DATABASE 物流配送系统
TO  物流配送系统备份
WITH  INIT,COMPRESSION
```

服务器上可以配置备份压缩功能，其操作方法如下：

① 启动 SQL Server Management Studio 工具，在"对象资源管理器"中右击"服务器"，在弹出的快捷菜单中选择"属性"命令，打开"服务器属性"窗口。

② 单击"数据库设置"选项卡，选择"压缩备份"复选框，如图 13-14 所示。单击"确定"按钮即可。

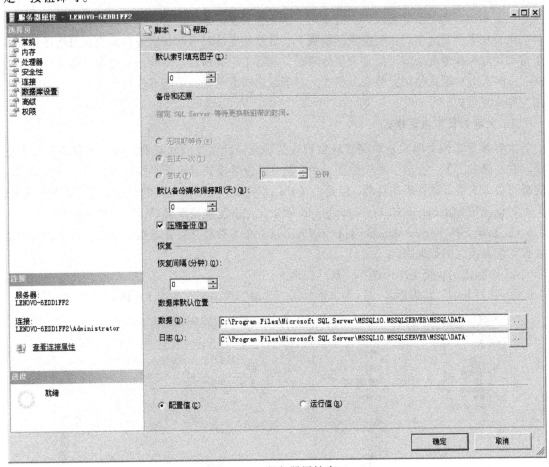

图 13-14　服务器属性窗口

13.2　SQL Server 2008 数据库恢复机制

数据库备份时可以综合运用完整备份、差异备份和事务日志备份。尽量减小数据库故障时的损坏程度。备份之前应该制作一份恢复计划。恢复计划中包含备份的类型和频率、恢复负责人、备份存储位置以及测试恢复计划等信息。测试恢复计划应确保数据库发生故障时能够发挥作用。

13.2.1　恢复模式

选择合适的恢复模式对于执行和规划备份策略是非常关键的。恢复模式决定了可对数据库执行相应类型的备份。

1. 简单恢复模式

简单恢复模式需要的维护最少，但是系统故障时潜在的数据丢失最大。简单恢复模式允许执行完整备份和差异备份。其特点是日志存储空间小，但无法将数据库还原到特定的即时点。

2. 完整恢复模式

数据库执行完整恢复模式，在完成第一次完整数据库备份之后，所有对数据库所做的修改都会记录在事务日志中。在完整恢复模式下，数据库支持对事物日志进行备份。虽然增加很多备份和还原操作的复杂度，但是发生故障时，能够根据事物日志中的记录对数据库进行还原。SQL Server 2008 默认使用完整恢复模式。对于数据非常重要，不能有任何丢失的用户，适合使用完整恢复模式。

3. 大容量日志恢复模式

大容量日志恢复模式是对完整恢复模式的补充。此恢复模式只对大容量操作进行最小记录，在故障危害下，会采取最佳性能。大容量日志恢复模式只记录必要的操作，不记录日志，这样可以大大提高数据库的性能。但是由于日志不完整，如果出现问题，数据有可能无法恢复。

可以应用 SQL Server Management Studio 图形化工具配置恢复模式，其具体步骤如下：

① 启动 SQL Server Management Studio 工具，在"对象资源管理器"中展开目录，右击需要设置恢复模式的数据库。

② 在弹出的快捷菜单中选择"属性"命令。

③ 在打开的"数据库属性"窗口中单击"选项"选项卡，如图 13-15 所示。

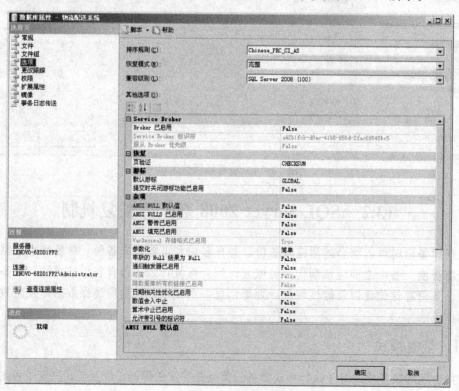

图 13-15　"数据库属性"窗口

212

④ 在"恢复模式"下拉列表框中选择相应的恢复模式。

⑤ 单击"确定"按钮，完成恢复模式的配置。

13.2.2 恢复数据

数据库管理员会遇到数据库软硬件故障或者做了大量误操作等情况。此时需要将数据库恢复到备份时状态。

恢复数据库之前，首先找到需要还原的备份文件或者备份设备，检查备份文件或者备份设备的备份集是否正确。恢复数据库之前，先查看数据库是否有其他人正在使用，如果其他人正在使用，将无法还原数据库。

1. 备份设备还原数据

通常使用 SQL Server Management Studio 图形化工具进行数据恢复。除此之外，应用 RESTORE DATABASE 语句也可以恢复备份的文件。

本例对"物流配送系统"数据库进行恢复，其操作步骤如下。

① 启动 SQL Server Management Studio 工具，在"对象资源管理器"中展开目录，展开"服务器"→"数据库"选项，右击"物流配送系统"数据库。在弹出的快捷菜单中选择"任务"→"还原"→"数据库"命令，打开"还原数据库"窗口，如图 13-16 所示。

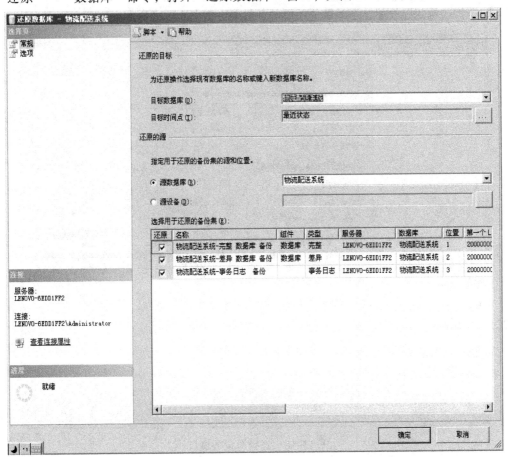

图 13-16 "还原数据库"窗口

② 在"还原数据库"窗口中选择"源设备"单选按钮，单击"源设备"后边的"…"按钮，弹出"指定设备"对话框。在"备份媒体"中选择"备份设备"选项，单击"添加"按钮，选择创建过的"物流配送系统"备份设备，如图 13-17 所示。

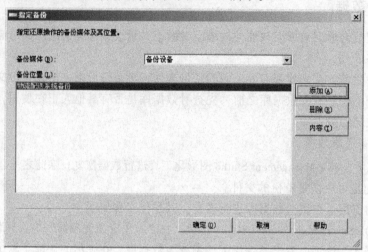

图 13-17 "指定设备"对话框

③ 单击"确定"按钮，选择需要还原的备份集，如图 13-18 所示。

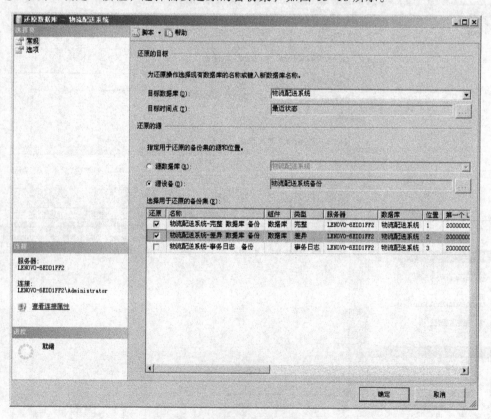

图 13-18 选择源设备窗口

④ 单击"选项"选项卡，选择"不对数据库执行任何操作，不回滚未提交的事务。可以还原其他事务日志"单选按钮，如图 13-19 所示。

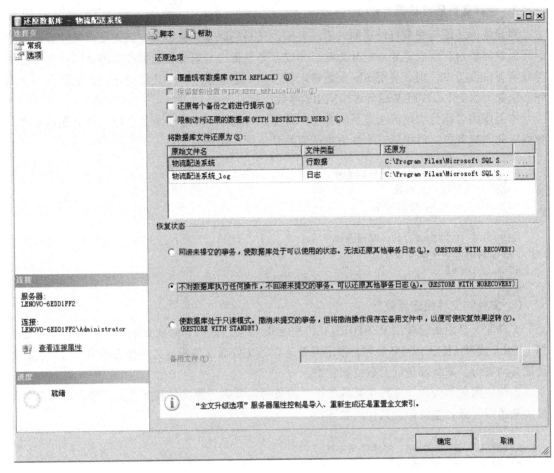

图 13-19　还原数据库的选项窗口

⑤ 单击"确定"按钮，执行数据库还原操作。还原工作完成后，会弹出如图 13-20 所示的消息框。

图 13-20　还原成功消息框

除了图形工具，还可以使用代码的方式进行恢复，其代码如下：
```
USE master
RESTORE DATABASE 物流配送系统
FROM 物流配送系统备份
```

如果代码中没有指定备份设备是哪个备份集来还原数据库备份，默认使用第一个备份集还原数据库。如果需要指定哪个备份集还原数据库，则使用 file 参数指定。

2. 差异备份还原数据

差异备份还原与完整备份还原的语法类似，只是还原差异备份时应该先还原完整备份，然后还原差异备份，所以差异备份分为两步完成。完整备份与差异备份数据如果在同一个备份文件或者备份设备中，则必须用 file 参数指定备份集。除了最后一个还原操作，其他所有还原操作必须加上 NORECOVERY 或者 STANDBY 参数。

本例使用名称为"物流配送系统备份"备份设备的第一个备份集来还原"物流配送系统"数据库的完整备份，再用第三个备份集还原差异备份，代码如下：

```
USE master
RESTORE DATABASE 物流配送系统
FROM 物流配送系统备份
WITH FILE=1,NORECOVERY
GO
RESTORE DATABASE 物流配送系统
FROM 物流配送系统备份
WITH FILE=3
GO
```

3. 文件和文件组还原数据

文件和文件组备份使用 RESTORE DATABASE 语句还原时，必须在数据库名与 FROM 之间加上 FILE 或者 FILEGROUP 参数，指定需要还原的文件或文件组。文件和文件组备份后，需要还原其他备份，来获取最近的数据库状态。

本例使用名称为"物流配送系统备份"的备份设备来还原文件和文件组。接着用第三个备份集来还原事务日志备份，其代码如下：

```
USE master
RESTORE DATABASE 物流配送系统
FILEGROUP='PRIMARY'
FROM 物流配送系统备份
GO
RESTORE LOG 物流配送  系统
FROM 物流配送系统备份
WITH FILE=3
GO
```

13.3 分离数据库

分离数据库是指在保留数据库的数据文件和日志文件情况下，将数据库从 SQLServer 实例中删除。执行分离操作能够保留数据库的数据。分离和附加数据库实现了数据到其他服务器的转移。

以下情况不能执行分离数据库操作：

① 数据库正在使用中，无法切换到 SINGLE_USER 模式
② 数据库存在数据库快照，数据库处于可疑状态。

③ 数据库为系统数据库

分离数据库的操作方法如下：

① 启动 SQL Server Management Studio 工具，"对象资源管理器"中展开目录，右击需要分离的数据库。

② 在弹出的快捷菜单中选择"任务"→"分离"命令，打开如图 13-21 所示的"分离数据库"窗口。设置好所有选项后，单击"确定"按钮，实现数据库的分离。

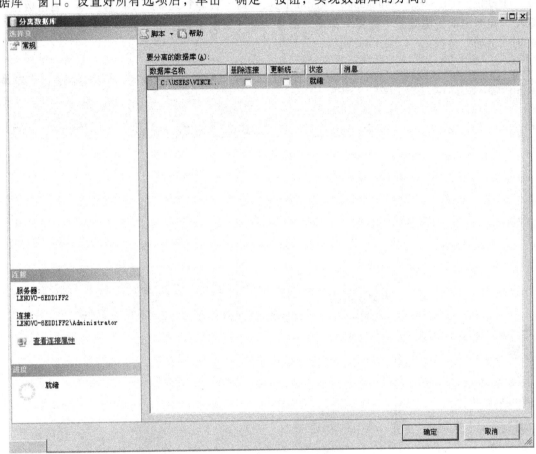

图 13-21　"分离数据库"窗口

除了 SQL Server Management Studio 图形化工具，使用 Sp_detach_db 存储过程也可以分离数据库。如分离数据库"物流配送系统"，可以使用如下代码：

```
Exec  Sp_detach_db   '物流配送系统'
```

如果数据库正在使用中，则必须将其设置成 SINGLE_USER 模式，才可以执行数据库的分离操作，其代码如下：

```
USE  master
ALTER  DATABASE  物流配送系统
SET  SINGLE_USER
GO
```

13.4 附加数据库

从数据库分离出来的数据文件和日志文件能够附加到其他服务器的数据库中。实现了多台服务器的数据备份。

附加数据库的操作方法如下：

① 启动 SQL Server Management Studio 工具，"对象资源管理器"中展开目录，右击数据库选项，在弹出的快捷菜单中选择"附加"命令。打开如图 13-22 所示的"附加数据库"窗口。单击"添加"按钮。

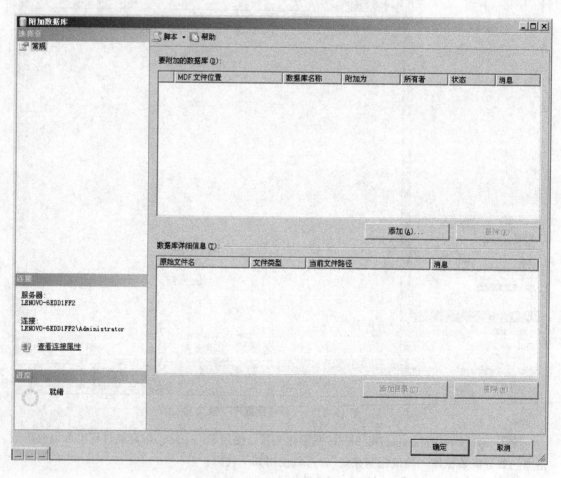

图 13-22　附加数据库窗口

② 在弹出的"定位数据库文件"对话框中，选择相应的文件，单击"确定"按钮。

③ 在图 13-23 所示的"附加数据库"窗口中单击"确定"按钮，即可执行附加数据库操作。

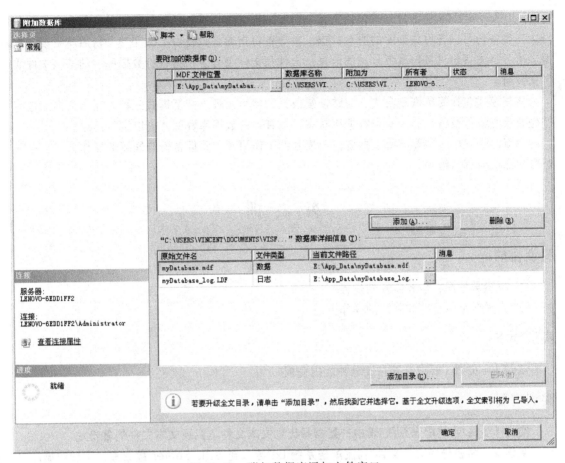

图 13-23 附加数据库添加文件窗口

除了使用以上的图形化工具，还可以使用代码的方式来附加数据库。附加数据库"物流配送系统"的代码如下：

```
USE  master
GO
CREATE DATABASE 物流配送系统
   ON (FILENAME=' C:\Program Files\Microsoft SQL
      Server\MSSQL10.MSSQLSERVER\MSSQL\DATA \物流配送系统.mdf')
      (FILENAME=' C:\Program Files\Microsoft SQL
      Server\MSSQL10.MSSQLSERVER\MSSQL\DATA \物流配送系统_log.ldf')
FOR ATTACH
GO
```

必须保证数据文件和日志文件的路径和文件名正确，附加数据库才能成功。

小　　结

本章讲解了数据备份以及恢复的相关知识。数据备份是数据库所有数据的安全保障。数据库管理员必须定期对数据库进行备份。一旦数据库出现问题，能够及时的恢复数据。

SQL Server 2008 的备份方式包括完整备份、差异备份、事务日志备份以及文件和文件组备份。完整备份可以备份数据库的所有数据。差异备份指的是只备份上次完整备份后所更改的数据。事务日志备份只备份事务日志的信息。文件和文件组备份是指备份数据库中的某些文件或者文件组。

恢复模式包括简单恢复模式、完整恢复模式和大容量日志恢复模式三种。还原数据库之前首先要检查备份设备，然后检查数据库状态，只有独占数据库资源才可以进行还原。

本章的学习中，需要理解数据备份与恢复的工作原理，掌握备份与恢复的操作方法，加深对数据库的管理与维护。

实　训

实训目的：

① 熟悉数据库备份和恢复的过程。
② 熟悉数据库分离和附加的操作方法。

实训要求：

实训 1 ~ 实训 3 要求分别在 5 分钟之内完成。

实训内容：

实训 1　将"物流配送系统"表中的数据导出到文本文件，实现文本文件的备份。

实训 2　将备份的文本文件"物流配送系统.txt"导入到 SQL Server 数据库，实现数据库表的还原。

实训 3　用名称为"物流配送系统备份"备份设备的第六个备份集来还原"物流配送系统"数据库的完整备份。接着用第八个事务日志备份集将数据库还原到 9 点 30 分的数据库状态。

提示：

```
USE  master
RESTORE  DATABASE  物流配送系统
FROM  物流配送系统备份
WITH  FILE=6, NORECOVERY
GO
RESTORE  LOG  物流配送系统
FROM  物流配送系统备份
WITH  FILE=8, STOPAT='2011-7-18 9:30:00'
GO
```

第 14 章

综合项目实训——物流配送系统设计

14.1　实训总体方案

1．实训时间

建议 2 周。

2．实训目标

① 掌握 SQL Server 2008 数据库设计，能独立设计并实现企业中小型解决方案数据库。

② 掌握 T-SQL 语言开发数据库，并能在实际需求中灵活运用。

③ 能够独立根据客户需求和系统功能需求设计存储过程、视图和函数。

④ 养成良好的 T-SQL 语言编码规范。

3．总体安排

实训分为三个阶段：需求分析阶段（3 天）、数据库设计阶段（2 天）和数据库开发阶段（5 天）；总时长 2 周（共 10 个工作日）。

14.2　需求分析阶段

14.2.1　阶段目标

① 通过讲解、演示完整的小型案例，帮助学员直观了解客户总体需求。

② 通过演示制作一个具体需求的数据库表设计，帮助学员迅速上手。

14.2.2　实训组织方式

前两天以教师讲解和演示数据库案例、学员模仿为主；第三天学员需独立阅读完整项目的需求分析并提出问题，教师负责担当"客户"的角色负责解答需求问题。

14.2.3　实战项目

1．中外运物流配送系统（见表 14-1）

表 14-1　中外运物流配送系统

序　号		功能需求内容
1	后台管理	配送点管理
		配送线路管理
		配送价格管理
		会员注册管理
		客户管理
		仓储管理
		车辆管理
		条形码管理
2	网上下单	订单输入
		订单确认
		配送办理
		订单查询
3	物流配送	货物运输
		货物交接
		车辆状态手机通知
		车辆状态跟踪
		本地货物配送
		订单状态查询
4	统计分析和结算	配送点结算查询
		总部结算查询
		按配送点统计
		按时间段统计
		配送结算拨款

注：详情请参见《物流配送系统需求分析说明书》。

2．应用技术

数据库范式基础知识；

SQL Server 2008 的 T-SQL 简单查询和复杂查询设计；

SQL Server 2008 的存储过程和视图设计；

利用 PowerDesigner 设计 E-R 图和数据库物理结构图，并生成数据库设计脚本。

14.2.4　阶段提交物

模仿编写《物流配送系统需求分析说明书》。

模仿编写物流配送系统用例图和用例文档。

14.2.5　提交物参考实例

需求分析文档中对订单管理功能模块的描述参考如下：

① 绘制订单管理流程图，如图 14-1 所示。

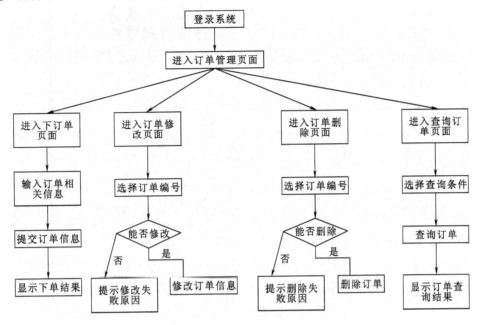

图 14-1　订单管理流程图

② 使用文字描述订单管理流程。

订单管理包括下订单、订单修改和删除。下订单由用户或配送点管理员完成，在配送点收到客户货物之前可以修改或删除订单。

对于客户不在网上下单的情况，配送点管理员需要把订单输入系统中，以便统一管理。

配送点管理员在配送点业务员收到客户货物并清点后，修改订单的状态为确认。订单生效，客户货物进入拼凑、运输流程。

配送点管理员负责订单状态的维护，订单状态包括无效、确认、在途、配送中和客户已收。订单是允许受限删除的，当订单处于未生效状态时，下订单客户可以自行删除订单；如果订单在下单之后一定时间内仍然没有生效，则系统自行将订单删除（该时间可由系统管理员设定）。

每一个系统管理员与配送点的管理人员可以查询配送点的当前订单情况。查询的信息可以包括：今日订单、历史订单、未处理订单以及特定订单的状态等。每个配送点管理员只能查询由本配送点下的订单。

注册后的客户可以查询自己的历史订单、当日订单及未生效订单。

未注册客户只能根据订单号及验证信息查询该订单。

为了给总公司提供选择路线、调整路线及管理配送点的决策依据，系统允许总公司管理员查询路线订单、配送点订单列表。

③ 使用高级需求图和文档详细描述订单管理过程（见图 14-2）。

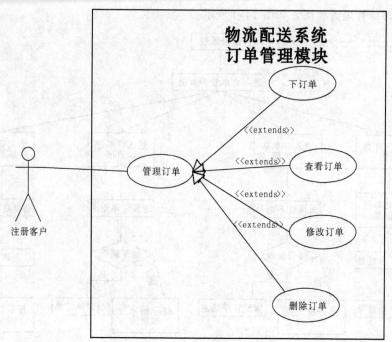

图 14-2 订单管理功能用例图

其中下订单用例文档参考内容见表 14-2。

表 14-2 下订单用例文档

用例名称	配送点管理员下订单用例
用例编号	2.4.1
相关需求	需求 1.10（订单管理）
语境目标	客户电话用之配送点管理员下单，配送点管理员网上下单
前提条件	配送点管理员登录系统、配送点管理员进入订单管理页面
成功的结束状态	配送点管理员看到下订单成功信息
失败的结束状态	配送点管理员看到下订单失败的提示信息
执行者	配送点管理员
主要流程	步骤（动作） 1. 配送点管理员进入订单管理页面 2. 配送点管理员选择下订单 3. 配送点管理员填写订单信息并提交 4. 系统提示下单成功
扩展步骤	步骤（动作） 4.1 下订单失败 4.2 显示失败的错误提示信息 4.3 返回配送点管理员下订单页面
字段列表	

14.3　数据库设计阶段

14.3.1　阶段目标

① 以团队协作和讨论方式，完成系统数据库设计。
② 在教师的指导下，发现设计中的缺陷和问题，对设计进行基本优化。

14.3.2　实训组织方式（见表 14-3）

表 14-3　实训组织方式

项目组	一个项目组由 2-3 名学生组成，在指定时间内完成完整数据库设计
项目组长	项目组长通过学生自我推荐，由学生投票选出，负责项目组数据库设计和开发计划的制订和调整、资源分配、进度管理、沟通管理等工作。项目组长对教师负责
教师	教师负责向各项目小组讲授数据库设计方法，指导项目小组完成相关文档和设计工作

14.3.3　阶段提交成果

① 数据库 E-R 图；
② 数据库物理结构图；
③ 数据字典文档；
④ 数据库设计文档；
⑤ 物理数据库文件和数据库生成脚本。

14.3.4　提交成果参考实例

① 订单管理相关表物理结构图（见图 14-3）。

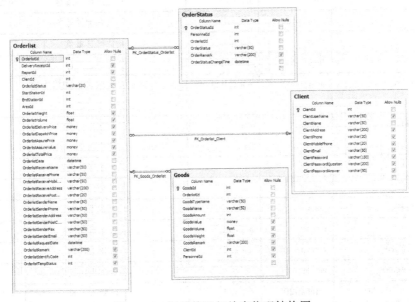

图 14-3　订单管理相关表物理结构图

② 订单表数据字典参考（见表14-4）。

表14-4　订单表数据字典

<table>
<tr><td>

名字：Orderlist
别名：订单
描述：客户运输货物的订单
定义：订单 = 订单编号+订单状态+货物总重量+货物总体各+运送价格+配送价格+总价格+保价+时间+收货人姓名+收货人联系电话+收货人地址+寄件人姓名+寄件人联系电话+寄件人地址+寄件人邮箱+订单描述+交接单号+路线编号
位置：

</td><td>

名字：订单编号
别名：
描述：唯一标识订单表中的一个订单
定义：订单编号 = int(8)
设置自增
位置：订单表
货物表

</td></tr>
</table>

③ 订单表数据库设计文档（见表14-5）。

表14-5　订单表设计文档

Orderlist					
字段名	数据类型	是否为空	默认值	含义	备注
OrderlistId	int	not null		订单编号	主键
ReportId	int			报表编号	外键
DeliveryReceiptid	int			交接单编号	外键
ClientId	int			订单客户编号	外键
OrderlistStatus	varchar(20)			订单状态	
StartStationId	int	not null		发货配送点	外键
EndStationId	int	not null		送货配送点	外键
AreaId	int	not null		配送范围编号	外键
EndArea	varchar(50)	not null		收货配送范围	
OrderlistWeight	float	not null		货物总重量	
OrderlistVolume	float	not null		货物总体积	
OrderlistDeliveryPrice	money	not null		货物运输费用（起始配送点）	
OrderlistDispatchPrice	money	not null		货物配送费用（目的配送点）	
OrderlistAssureValue	money			货物保价金额	
OrderlistAssuretPrice	money			货物保价费用	
OrderlistTotalPrice	money	not null		总费用	
OrderlistDate	datetime	not null		订单日期	
OrderlistReceiverName	varchar(50)	not null		收货人姓名	
OrderlistReceiverPhone	varchar(250)			收货人固定电话	
OrderlistReceiverMobilePhone	varchar(20)	not null		收货人手机	

		Orderlist			
字段名	数据类型	是否为空	默认值	含义	备注
OrderlistReceiverAddress	varchar(200)	not null		收货人地址	
OrderlistReceiverPostCode	varchar(20)			收货人邮编	
OrderlistSenderName	varchar(50)	not null		寄件人姓名	
OrderlistSenderPhone	varchar(20)		空	寄件人联系电话	
OrderlistSenderAddress	varchar(200)		空	寄件人地址	
OrderlistSenderPostCode	varchar(20)			邮编	
OrderlistSenderFax	varchar(20)			寄件人传真	
OrderlistSenderEmail	varchar(50)			寄件人邮箱	
OrderRequestDate	datetime			要求发货日期	
OrderlistRemark	varchar(200)		空	订单描述	
OrderlistIdentifyCode	int	not null		订单验证码	

④ 数据库创建脚本如下：

```
USE [master]
GO

/****** Object: Database [Csu]    Script Date: 01/06/2012 14:39:52 ******/
IF  EXISTS (SELECT name FROM sys.databases WHERE name = N'Csu')
DROP DATABASE [Csu]
GO

USE [master]
GO

/****** Object: Database [Csu]    Script Date: 01/06/2012 14:39:52 ******/
CREATE DATABASE [Csu] ON  PRIMARY
( NAME=N'Csu',
FILENAME=N'C:\Program Files\Microsoft SQL Server\MSSQL10_50.MSSQLSERVER
\MSSQL\DATA\Csu.mdf' ,
SIZE=3072KB ,
MAXSIZE=UNLIMITED,
FILEGROWTH=1024KB )
 LOG ON
( NAME=N'Csu_log',
FILENAME=N'C:\Program Files\Microsoft SQL Server\MSSQL10_50.MSSQLSERVER
\MSSQL\DATA\Csu_log.ldf' ,
SIZE=1024KB ,
MAXSIZE=2048GB ,
FILEGROWTH=10%)
GO
```

⑤ 创建订单表脚本如下：

```
USE [Csu]
GO
IF EXISTS (SELECT * FROM sys.foreign_keys WHERE object_id=OBJECT_ID(N'[dbo].
[FK_Orderlist_Area]') AND parent_object_id=OBJECT_ID(N'[dbo].[Orderlist]'))
```

227

第14章 综合项目实训——物流配送系统设计

```
ALTER TABLE [dbo].[Orderlist] DROP CONSTRAINT [FK_Orderlist_Area]
GO

IF EXISTS (SELECT * FROM sys.foreign_keys WHERE object_id=OBJECT_ID(N'[dbo].
[FK_Orderlist_Client]') AND parent_object_id=OBJECT_ID(N'[dbo].[Orderlist]'))
ALTER TABLE [dbo].[Orderlist] DROP CONSTRAINT [FK_Orderlist_Client]
GO

IF EXISTS (SELECT * FROM sys.foreign_keys WHERE object_id=OBJECT_ID(N'[dbo].
[FK_Orderlist_DeliveryReceipt]') AND parent_object_id=OBJECT_ID(N'[dbo]. [Orderlist]'))
ALTER TABLE [dbo].[Orderlist] DROP CONSTRAINT [FK_Orderlist_DeliveryReceipt]
GO

IF EXISTS (SELECT * FROM sys.foreign_keys WHERE object_id=OBJECT_ID(N'[dbo].
[FK_Orderlist_Report]') AND parent_object_id=OBJECT_ID(N'[dbo].[Orderlist]'))
ALTER TABLE [dbo].[Orderlist] DROP CONSTRAINT [FK_Orderlist_Report]
GO

IF EXISTS (SELECT * FROM sys.foreign_keys WHERE object_id=OBJECT_ID(N'[dbo].
[FK_Orderlist_Station]') AND parent_object_id=OBJECT_ID(N'[dbo].[Orderlist]'))
ALTER TABLE [dbo].[Orderlist] DROP CONSTRAINT [FK_Orderlist_Station]
GO

IF EXISTS (SELECT * FROM sys.foreign_keys WHERE object_id=OBJECT_ID(N'[dbo].
[FK_Orderlist_Station1]') AND parent_object_id=OBJECT_ID(N'[dbo].[Orderlist]'))
ALTER TABLE [dbo].[Orderlist] DROP CONSTRAINT [FK_Orderlist_Station1]
GO
```

```
USE [Csu]
GO

/****** Object:  Table [dbo].[Orderlist] Script Date: 01/06/2012 14:43:25
******/
IF EXISTS (SELECT * FROM sys.objects WHERE object_id=OBJECT_ID(N'[dbo].
[Orderlist]') AND type in (N'U'))
DROP TABLE [dbo].[Orderlist]
GO

USE [Csu]
GO

/****** Object:  Table [dbo].[Orderlist] Script Date: 01/06/2012 14:43:25
******/
SET ANSI_NULLS ON
GO

SET QUOTED_IDENTIFIER ON
GO

SET ANSI_PADDING ON
GO

CREATE TABLE [dbo].[Orderlist](
```

```
[OrderlistId] [int] IDENTITY(1,1) NOT NULL,
[DeliveryReceiptId] [int] NULL,
[ReportId] [int] NULL,
[ClientId] [int] NOT NULL,
[OrderlistStatus] [varchar](20) NOT NULL,
[StartStationId] [int] NOT NULL,
[EndStationId] [int] NOT NULL,
[AreaId] [int] NOT NULL,
[OrderlistWeight] [float] NULL,
[OrderlistVolume] [float] NULL,
[OrderlistDeliveryPrice] [money] NULL,
[OrderlistDispatchPrice] [money] NULL,
[OrderlistAssurePrice] [money] NULL,
[OrderlistAssureValue] [money] NULL,
[OrderlistTotalPrice] [money] NULL,
[OrderlistDate] [datetime] NOT NULL,
[OrderlistReceiveName] [varchar](50) NOT NULL,
[OrderlistReceivePhone] [varchar](50) NOT NULL,
[OrderlistReceiveMobilePhone] [varchar](50) NOT NULL,
[OrderlistReceiveAddress] [varchar](200) NOT NULL,
[OrderlistReceivePostCode] [varchar](20) NOT NULL,
[OrderlistSenderName] [varchar](50) NOT NULL,
[OrderlistSenderPhone] [varchar](50) NOT NULL,
[OrderlistSenderAddress] [varchar](50) NOT NULL,
[OrderlistSenderPostCode] [varchar](50) NOT NULL,
[OrderlistSenderFax] [varchar](50) NOT NULL,
[OrderlistSenderEmail] [varchar](50) NOT NULL,
[OrderlistRequestDate] [datetime] NOT NULL,
[OrderlistRemark] [varchar](200) NULL,
[OrderlistIdentifyCode] [int] NULL,
[OrderlistTempStatus] [int] NULL,
 CONSTRAINT [PK_Orderlist] PRIMARY KEY CLUSTERED
(
[OrderlistId] ASC
)WITH (PAD_INDEX=OFF, STATISTICS_NORECOMPUTE=OFF, IGNORE_DUP_KEY = OFF,
ALLOW_ROW_LOCKS=ON, ALLOW_PAGE_LOCKS=ON) ON [PRIMARY]
) ON [PRIMARY]

GO

SET ANSI_PADDING OFF
GO

ALTER TABLE [dbo].[Orderlist] WITH CHECK ADD CONSTRAINT [FK_Orderlist_Area]
FOREIGN KEY([AreaId])
REFERENCES [dbo].[Area] ([AreaId])
GO

ALTER TABLE [dbo].[Orderlist] CHECK CONSTRAINT [FK_Orderlist_Area]
GO

ALTER TABLE [dbo].[Orderlist] WITH CHECK ADD CONSTRAINT [FK_Orderlist_Client]
FOREIGN KEY([ClientId])
```

```
REFERENCES [dbo].[Client] ([ClientId])
GO

ALTER TABLE [dbo].[Orderlist] CHECK CONSTRAINT [FK_Orderlist_Client]
GO

ALTER TABLE [dbo].[Orderlist] WITH CHECK ADD  CONSTRAINT [FK_Orderlist_DeliveryReceipt]
FOREIGN KEY([DeliveryReceiptId])
REFERENCES [dbo].[DeliveryReceipt] ([DeliveryReceiptId])
GO

ALTER TABLE [dbo].[Orderlist] CHECK CONSTRAINT [FK_Orderlist_DeliveryReceipt]
GO

ALTER TABLE [dbo].[Orderlist]  WITH CHECK ADD  CONSTRAINT [FK_Orderlist_Report]
FOREIGN KEY([ReportId])
REFERENCES [dbo].[Report] ([ReportId])
GO

ALTER TABLE [dbo].[Orderlist] CHECK CONSTRAINT [FK_Orderlist_Report]
GO

ALTER TABLE [dbo].[Orderlist]  WITH CHECK ADD  CONSTRAINT [FK_Orderlist_Station]
FOREIGN KEY([StartStationId])
REFERENCES [dbo].[Station] ([StationId])
GO

ALTER TABLE [dbo].[Orderlist] CHECK CONSTRAINT [FK_Orderlist_Station]
GO

ALTER TABLE [dbo].[Orderlist] WITH CHECK ADD CONSTRAINT [FK_Orderlist_Station1]
FOREIGN KEY([EndStationId])
REFERENCES [dbo].[Station] ([StationId])
GO

ALTER TABLE [dbo].[Orderlist] CHECK CONSTRAINT [FK_Orderlist_Station1]
GO
```

14.4　数据库开发阶段

14.4.1　阶段目标

① 根据具体系统功能需要，在设计阶段的数据库表基础上，开发存储过程和视图。

② 监督、引导学员树立良好的编码规范和设计规范。

14.4.2　实训组织方式

实训组织方式如表 4-6 所示。

表 14-6　实训组织方式

项目组	沿用设计阶段的项目组，在指定时间内完成所有系统需要的存储过程和视图
项目组长	沿用设计阶段选出的项目组长
教师	教师负责向各项目小组讲授数据库存储过程开发基础知识和技巧，指导项目小组按照编码规范保质保量的完成数据库存储过程和视图开发

14.4.3 实训提交成果

各个功能模块存储过程和视图源代码。

所有存储过程和视图的注视说明、功能介绍和方法签名（传入传出参数、返回值）介绍。

14.4.4 提交成果参考实例

以下订单功能举例：

① 下订单存储过程代码如下：

```
USE [Csu]
GO
/****** Object: StoredProcedure [dbo].[AddOrder]  Script Date: 01/06/2012 14:48:11
******/
SET ANSI_NULLS ON
GO
SET QUOTED_IDENTIFIER ON
GO
-- =============================================
-- Author:        张三
-- Create date: 2011/03/09
-- Description: 添加新订单
-- =============================================
Create PROCEDURE [dbo].[AddOrder]
-- Add the parameters for the stored procedure here
        @OrderID int out,
        @ClientId int,
        @StartStationId int,
        @EndStationId int,
        @AreaId int,
        @OrderlistAssureValue money,
        @OrderlistReceiveName varchar(50),
        @OrderlistReceivePhone varchar(50),
        @OrderlistReceiveMobilePhone varchar(50),
        @OrderlistReceiveAddress varchar(200),
        @OrderlistReceivePostCode varchar(20),
        @OrderlistSenderName varchar(50),
        @OrderlistSenderPhone varchar(50),
        @OrderlistSenderAddress varchar(50),
        @OrderlistSenderPostCode varchar(50),
        @OrderlistSenderFax varchar(50),
        @OrderlistSenderEmail varchar(50),
        @OrderlistRequestDate datetime,
        @OrderlistRemark varchar(200)=''
AS
BEGIN
-- SET NOCOUNT ON added to prevent extra result sets from
-- interfering with SELECT statements.
INSERT INTO Orderlist (ClientId, OrderlistStatus, StartStationId, EndStationId,
AreaId, OrderlistAssureValue, OrderlistDate, OrderlistReceiveName, Orderlist
ReceivePhone,OrderlistReceiveMobilePhone, OrderlistReceiveAddress, Orderlist
ReceivePostCode,OrderlistSenderName,OrderlistSenderPhone,OrderlistSende
```

```
rAddress,OrderlistSenderPostCode,OrderlistSenderFax, OrderlistSenderEmail,
Orderlist RequestDate, OrderlistRemark)
VALUES(@ClientId, '未生效', @StartStationId, @EndStationId, @AreaId,
@OrderlistAssureValue,GETDATE(),@OrderlistReceiveName,@OrderlistReceivePhone
,@OrderlistReceiveMobilePhone,@OrderlistReceiveAddress,@OrderlistReceive
PostCode,@OrderlistSenderName,@OrderlistSenderPhone,@OrderlistSenderAddr
ess,@OrderlistSenderPostCode,@OrderlistSenderFax,@OrderlistSenderEmail,@
OrderlistRequestDate,@OrderlistRemark)
    Set @OrderID = @@Identity;
    -- Insert statements for procedure here
END
```

② 添加订单明细存储过程代码如下：

```
    USE [Csu]
GO
/****** Object:  StoredProcedure [dbo].[AddOrderDetail]        Script Date:
01/06/2012 14:51:37 ******/
SET ANSI_NULLS ON
GO
SET QUOTED_IDENTIFIER ON
GO
-- ===============================================
-- Author:      张三
-- Create date: 2011/03/09
-- Description: 插入订单明细记录
-- ===============================================
Create PROCEDURE [dbo].[AddOrderDetail]
-- Add the parameters for the stored procedure here
@OrderlistId int,
        @GoodsTypeName varchar(50),
        @GoodsName varchar(50),
        @GoodsAmount int,
        @GoodsValue money,
        @GoodsRemark varchar(200)=''
AS
BEGIN
-- SET NOCOUNT ON added to prevent extra result sets from
-- interfering with SELECT statements.
INSERT INTO [Csu].[dbo].[Goods]
        ([OrderlistId]
        ,[GoodsTypeName]
        ,[GoodsName]
        ,[GoodsAmount]
        ,[GoodsValue]
        ,[GoodsRemark])
    VALUES
        (@OrderlistId,
        @GoodsTypeName,
        @GoodsName,
        @GoodsAmount,
        @GoodsValue,
        @GoodsRemark)
    -- Insert statements for procedure here
END
```

14.5　实训考核体系

14.5.1　考核原则

① 突出个人考核，兼顾团队考核。
② 突出每阶段的提交评审，兼顾平时表现。
③ 强调考核的公开性，及时公布考核标准和结果。

14.5.2　各阶段考核安排

各阶段考核安排如表 4-7 所示。

表 14-7　各阶段考核安排

序　号	阶段名称	考核方式	考核内容
1	需求分析	无	无
2	数据库设计	设计评审	以项目组为单位，给出设计评价和修改意见。根据设计的完成情况和合理度评分 根据每个成员在项目组中完成任务的多少，为每个学员进行个人评分
3	数据库开发	代码评审演示答辩	完成对每个学员的任务量的评分 对每个项目组编写的存储过程和视图的执行情况评分 对每个项目组编写的存储过程和视图的编码规范进行评分

14.6　实　训　准　备

为获得最佳的实习效果，建议学员在进入实习实训之前，作好下列准备：
① 熟悉数据库设计的理论基础知识，如范式、语法。
② 熟悉 SQL Server 2008 的安装、配置和开发工具的使用。
③ 熟悉 T-SQL 语言的语法和常用 CRUD（增查改删）操作。
④ 熟悉存储过程的理论与编写规范。

14.7　参考资料和提交成果配备

参考资料和提交成果见表 14-8。

表 14-8　参考资料和提交成果

阶段名称	提交成果
需求分析阶段	物流业务需求理解文档
	用例分析文档
	需求分析文档
	系统原型

阶 段 名 称	相 关 材 料
系统设计阶段	数据库设计文档
	测试用例文档
项目开发阶段	代码检查文档
项目提交阶段	存储过程创建脚本
	数据库脚本